河北省科技厅－软科学研究专项－河北省应用型本科院校科研人员薪酬激励改革试点研究（项目编号 215576156D）研究成果

高校科研人员薪酬激励机制

孟海峰　袁文娟　苏　哲　著

河北科学技术出版社

图书在版编目（C I P）数据

高校科研人员薪酬激励机制 / 孟海峰，袁文娟，苏哲著. -- 石家庄：河北科学技术出版社，2024.5

ISBN 978-7-5717-2100-8

Ⅰ. ①高… Ⅱ. ①孟… ②袁… ③苏… Ⅲ. ①高等学校 - 科研人员 - 劳动报酬 - 研究 Ⅳ. ① G316

中国国家版本馆 CIP 数据核字 (2024) 第 105823 号

高校科研人员薪酬激励机制

GAOXIAO KEYAN RENYUAN XINCHOU JILI JIZHI

孟海峰　袁文娟　苏　哲　著

责任编辑　刘建鑫
责任校对　王丽欣
美术编辑　张　帆
封面设计　优盛文化
出版发行　河北科学技术出版社
地　　址　石家庄市友谊北大街 330 号（邮编：050061）
印　　刷　河北万卷印刷有限公司
开　　本　710mm×1000mm　1/16
印　　张　25.25
字　　数　360 千字
版　　次　2024 年 5 月第 1 版
印　　次　2025 年 1 月第 1 次印刷
书　　号　ISBN 978-7-5717-2100-8
定　　价　98.00 元

前言

高校科研事业一直以来都是国家科技创新体系的重要组成部分，承担着推动科学进步和社会发展的重要使命。科研人员作为高校科研事业的中坚力量，在科学研究、技术创新以及知识传承方面发挥着不可替代的作用。然而，要想吸引和留住优秀的科研人才，高校需要建立一套科学合理的薪酬激励机制，以激发科研人员的工作热情和创造力，促进高校科研事业的持续健康发展。本书正是基于上述背景，对财务管理视角下的高校科研人员薪酬激励机制进行深入探讨，深入分析其理论基础、设计原则、要素、实施策略、差异性案例以及评价和改进等方面的问题，旨在为高校科研薪酬管理提供理论和实践指导，推动高校科研事业的不断发展。本书由孟海峰、袁文娟、苏哲共同撰写完成，孟海峰负责写第一章至第四章内容，共计 15.7 万字；袁文娟负责写第五章至第八章内容，共计 15.2 万字；苏哲负责写第九章内容，共计 5.1 万字。

第一章为绪论部分，这一章首先介绍高校科研人员薪酬激励机制研究的背景和动机。随着知识经济时代的来临，高校科研人员的作用愈加重要，因此对于科研人员的薪酬激励机制的研究至关重要。其次，这一章还探讨研究的目的和意义、方法和框架，明确人们关注的核心问题，并为后续章节的展开提供理论基础。

第二章为财务管理视角下的高校科研人员薪酬激励机制概述，这一章着重分析财务管理与薪酬激励机制的紧密关联。财务管理是高校管理的重要组成部分，它直接关系到薪酬策略的制定和实施。同时，这一章深入研究了高校科研人员多元化的需求层次、预算管理与绩效考核的协同、资金筹措与高校科研人员薪酬激励机制的关系，这有助于高校更好地理解科研人员的激励需求，为薪酬激励机制的设计提供经济学角度的指导。

第三章为高校科研人员薪酬激励的理论基础，这一章探讨薪酬激励的基本概念和作用、高校科研人员薪酬激励的理论基础以及高校科研人员薪酬激励的特点和挑战。薪酬激励作为管理领域的重要课题，有着深厚的理论基础，本书将挖掘这些理论，以帮助高校解决与科研人员薪酬激励相关的问题。

第四章为高校科研人员薪酬激励机制的设计原则，这一章阐述薪酬激励机制的设计原则，包括公平性原则、激励性原则、可行性原则和灵活性原则。这些原则能够为高校制定薪酬策略提供指导，确保薪酬激励机制有效地激发科研人员的工作动力和创造力。

第五章为高校科研人员薪酬激励机制的要素分析，这一章重点关注薪酬激励机制的各个要素，包括绩效评价体系、薪酬结构设计、激励方式选择以及绩效奖励和晋升机制。这有助于高校制定更具体的科研人员薪酬策略，以满足不同需求，激励科研人员不断创新、追求卓越。

第六章为高校科研人员薪酬激励机制的实施策略，这一章主要讨论高校发挥领导者的作用、建立有效的绩效评价体系、设计合理的薪酬结构、创新激励方式和手段、建立公正透明的奖励和晋升机制等策略。这有助于高校更好地实施薪酬激励策略，推动科研事业的不断发展。

第七章为通过具体案例分析国内外高校科研人员薪酬激励机制的差异，这一章主要对国内外高校科研人员薪酬激励机制进行详尽的案例分析，探讨其差异以及优势和不足。通过借鉴国际经验，本书为我国高校薪酬激励改革提供了更多的启示和参考。

第八章为高校科研人员薪酬激励机制的评价和改进，这一章对现有高校科研人员薪酬激励机制进行全面评价，识别其面对的挑战，研究如何通过预算管理与绩效考核相协同等方式进行改进。这有助于高校不断完善其薪酬激励机制，以更好地满足科研人员的需求。

第九章为结论和展望，这一章对研究进行总结的同时提出研究存在的局限性，并对未来研究的方向提出建议。这一章的内容能够为学术界和决策者提供关于高校科研人员薪酬激励机制的全面认识，并激发更多人对这一问题进行深入研究的兴趣。

编　者

2023 年 7 月

目录

第一章　绪论

第一节 研究背景

一、知识经济时代的到来

（一）财务资源的重新分配与投入

知识经济时代的到来为高校的发展带来了无数机遇，同时也产生了一系列的挑战。随着知识经济的快速崛起，知识和技能的创新和传播变得至关重要。高校作为这一进程的重要参与者，承载了培养新一代研究者和创新者的使命。在这样一个时代背景下，高校如何将有限的财务资源进行重新分配，投入研究与开发、设备更新、人才培养等领域，以促进知识和技能的创新和传播，推动高校创新能力的提升已成为决策层面上的关键问题。

面对知识经济的大潮，传统的预算管理模式已经不能满足高校创新发展的需要。如何在预算管理中充分考虑科研活动的长期性和不确定性，合理地配置短期与长期的财务资源，确保其有效性和效率已变得尤为重要。例如，是否应当为某一具有潜力的研究项目提供更多的资金支持？如何权衡教育教学和科学研究的财务需求，以实现高校长远发展的目标？这些都是需要高校深入思考的问题。在知识经济时代，人才是最宝贵的资源，为了吸引和留住高层次的科研人才，高校需要提供具有竞争力的薪酬待遇。这同样意味着高校需要在财务资源分配上做出权衡。如何确保在有限的财务资源下，为科研人员提供有吸引力的薪酬待遇，同时保证其他重要领域的财务需求也得到满足？这需要高校进行精细化的财务管理，确保每一分钱都发挥出最大的价值。

（二）薪酬激励与财务绩效的关联性

在知识经济的大背景下，高校所面临的任务是将有限的资源最大化地转化为知识产出。这意味着，薪酬激励的分配不仅要考虑到员工的短期需求，还要与高校的长远财务绩效目标相匹配。科研人员的工作成果，如论文、著作、专利等，可能直接影响高校的学术声誉，进而影响到学费住宿费收入、捐赠收入、研究资助收入等高校财务资金的来源。因此，薪酬的配置要考虑如何激励科研人员在研究上取得更好的成果，从而带动高校的财务资源增长。

在知识经济时代，简单的工资制度已无法满足科研人员多元化的需求。绩效考核变得至关重要，它不仅可以为薪酬激励提供一个公正、透明的依据，还能确保财务资源的投入得到合理的回报。高校需要根据科研人员的工作绩效，给予其相应的物质和精神鼓励。一方面，这种激励机制能够引导科研人员更加专注于其研究领域，从而提高其工作效率和产出质量，这些最终转化为高校的财务增益。同时，高校也需认识到薪酬激励的另一方面：与财务风险的关联性。不合理的薪酬激励可能会导致财务资源的浪费，或在某种程度上鼓励短视的行为。例如，可能会有科研人员为了追求短期的研究成果而忽略了长远的研究方向。因此，高校在设计薪酬激励制度时，除了要考虑如何激励员工，还要确保这些激励措施与高校的财务风险管理策略相一致。

（三）风险管理与薪酬策略

在知识经济时代，每一个科研项目都可以被视为一种投资。投入的不仅仅是资金，更包括人才、时间和机会成本。要为科研人员提供合理的薪酬，高校就需要对于这些投资的潜在回报有一个清晰的预期。这就需要高校的财务部门、人力资源部门和科研部门运用预测和分析工具，对科研项目的潜在收益进行评估。基于这些评估，高校可以为科研人员制定差异化的薪酬策略，确保每一个投资都能在风险可控的前提下，获得尽可能高的回报。

预算是高校财务管理的关键部分，它决定了高校能够为科研活动提供多少资源。然而，分配预算的过程中也涉及风险的选择。对于某些高风险、高回报的研究项目，高校可能需要设置更高的薪酬激励来吸引和留住顶尖的科研人才。同时，高校需要对这些项目进行更加严格的财务监控，确保投入的资源得到有效的利用。这要求高校的财务部门、人力资源部门和科研部门紧密合作，以确保预算分配与薪酬策略之间的平衡。对激励机制的设计不应仅仅关注如何提高科研人员的工作动力，还要考虑如何建立一个有效的责任机制。那些获得了较高薪酬激励的科研人员应承担相应的责任，高校应确保其研究工作按期完成并达到预期的质量标准。从财务管理的角度来看，薪酬支付应与研究绩效紧密挂钩，确保每一笔资金的支出都获得合理的投资回报。

二、人力资源管理的现代化转型

（一）成本效益与非物质激励

高校可能会误认为提供非物质激励不需要额外的财务成本，但事实并非如此。例如，为科研人员提供更多的研究自由度可能意味着需要为其提供更为灵活的研究资金，或为其创建一个充满创新性和探索性的实验环境。这可能导致更高的基础设施投资或研究资金的调配。另外，为了加强知识产权的保护，高校可能需要增加专利申请、版权注册等方面的费用。

在提供非物质激励时，高校必须对成本与效益进行权衡。比如，赋予科研人员更多的知识产权可能会带来更多的知识产权收益或更多的合作与资助机会。这些长期的潜在收益可以为高校带来更多的财务资源。

与此同时，为了保持和提升高校的竞争力，适当地调整非物质激励与实际的财务支出也是必要的。这就需要财务、人力资源和科研等部门紧密合作，确保每一项非物质激励都是在可承受的财务范围内，且能够为高校带来更大的长期效益。高校的预算策略在确定非物质激励时会发挥至关重要的作用，具体表现为财务部门需要确保预算的合理分配，使得在保障基本研究和教学任务的同时，为那些具有高研究价值和潜在回报的项目提供足够的支持。这样的预算策略需要充分考虑科研人员的需求和期望，确保科研人员在有保障的环境下进行研究。

（二）投资回报与个性化激励

在知识经济背景下，科研人员所具备的专业知识和技能使其成为高校最宝贵的资源。与此同时，人力资源管理的现代化转型意味着高校在设置薪酬激励机制时不再仅仅关注通用的、为所有员工提供的奖励，而是转向更为精细化、个性化的激励措施。个性化激励策略的实施需要高校的相关部门对每个科研人员或团队的具体需求、期望和贡献进行全面评估。这意味着，高校财务部门需要进行更为复杂的预算编制工作，确保资源精准地投入最具潜力和价值的领域。此外，每项个性化激励措施都需要有与其对应的预算支持，如研究资金、知识产权奖励等。

高校对于财务投入期望获得相应的回报。当高校决定为某个研究项目或科研团队提供特殊的薪酬激励时，预期的回报可能包括研究成果的商业化、知识产权的转让收入、更高的学术影响力等。然而，预期的回报并不总是能够实现，这就要求高校进行风险评估，以确保投入的资源得到合理的利用。为了制定和执行有效的个性化薪酬激励策略，高校财务部门、人力资源部门和科研部门需要紧密合作。在制定预算时，财务部门应该充分了解各研究团队的需求和潜在价值，同时与科研部门共同评估各个研究项目的回报率。这样的跨部门合作能够确保资源被合理分配，并鼓励科研人员更为积极地参与研究工作。

（三）预算管理与多元化激励

面对多元化激励的挑战，高校的财务部门需要意识到，仅仅依赖传统的、宏观的预算制定方法难以满足当前的需求。科研人员不仅关心基本的薪资，还看重与其研究工作直接相关的奖励与支持。这就要求财务部门在制定预算时，考虑到各种可能的激励措施，从而为科研人员提供足够的资金支持。同时，这种精细化的预算管理方法还可以帮助高校更好地评估各项激励措施的成本效益，确保财务资源的有效利用。

为了更好地应对多元化激励的财务挑战，高校财务部门需要与科研部门建立更加紧密的合作关系。科研部门对科研人员的需求、期望和价值有着深入的了解，而财务部门擅长资源分配和成本控制。两部门通过合作，可以确保预算制定既满足科研人员的实际需求，又不会超出财务的承受范围。例如，科研部门提出某个新的激励措施时，可以先与财务部门进行沟通，共同评估其可行性和预期的财务影响，然后进行决策。而且在知识经济的背景下，科研的方向和重点可能会随着时间推移而发生变化。因此，高校的预算策略也需要具有一定的灵活性，能够随时调整以适应新的研究需求和机会。这就要求财务管理在制定预算时，不仅考虑当前的需求，还为未来可能出现的新的激励措施留出一定的空间。同时，财务部门还需要定期进行预算的审查和调整，确保资源始终能够用在最需要的地方。

三、高校间的竞争加剧

（一）预算策略与人才吸引

当前高校之间的竞争日趋激烈，高校要想脱颖而出，如何利用好有限的财务资源就成为关键的问题。在这一背景下，高校需提升创新能力、吸引优秀科研人才，不仅要提供充足的研究资金，还需提供良好的工作环境、先进的设施和具有竞争力的薪酬待遇。因此，高校的预算策略应着重于如何进行有效的资金分配与优化，使其既能满足当前的需求，又能为未来的发展留出足够的空间。

为了吸引并留住科研人才，高校需要确保预算的透明性。科研人员如果能清楚地知道高校的财务状况、资金分配方式以及未来的投资方向，知道高校能为其提供长期的支持和稳定的研究环境，就更容易信任高校。信任是建立长期合作关系的基础。预算的透明性不仅可以减少不必要的猜疑和误解，还能让科研人员知道自己的工作是被高校所重视的，从而科研人员会更有信心地进行研究。随着时代的发展和科技的进步，研究领域也在发生变化，高校需要能够迅速适应新的研究趋势和迎接挑战。这就要求预算策略具有一定的灵活性，能够随时调整以满足新的需求。例如，当某个新的研究领域开始受到关注时，高校应该能够迅速调整预算，为该领域的研究提供足够的资金支持。这种应变能力不仅能为科研人员提供更多的机会和资源，进一步提升其对高校的忠诚度，还能帮助高校在竞争中保持领先地位。

（二）资金分配与激励制度

在知识经济大背景下，高校面临的重要挑战是如何确保资金的流动性。流动性高意味着资金可以迅速地从一个部门或项目转移到另一个部门或项目，以满足不断变化的需求。为了实现这一点，财务部门必须建立一套有效的系统，确保资金在不同的部门和项目之间流动，同时保持高效。资金的有效使用是至关重要的，原因是它能确保高校得到最大的投资回报，从而为更多的科研活动提供资金支持。

科研发展的重点领域会随着时代发展而变化，因此高校必须定期审视并调整其激励策略。为了确保激励策略与高校整体的目标和策略保持一致，高校财务部门需要与其他部门紧密合作。这种跨部门的合作不仅有助于激励策略吸引和留住优秀人才，还能够确保高校的长期财务健康。未来总是充满不确定性，这就需要财务部门有预见性地制定预算。这不仅是为了应对未来可能出现的风险，还是为了确保高校快速适应变化，利用新的机会。通过对历史数据的分析和对未来的预测，高校财务部门可以制定出灵活的预算策略，以满足不断变化的需求。同时，高校财务部门需要定期审查和调整预算，确保高校的资源始终用于最有价值的地方。

（三）风险管理与竞争策略

在当前的高度竞争的环境中，科研人员流失可能导致大量的知识资本和投资流失。因此，高校财务部门需积极预测可能的流失，并采取适当的策略来应对。这可能意味着高校财务部门需调整预算，为人才培养和招聘预留更多的资金；或建立紧急基金以应对突发的人才流失。同时，对于那些表现出流失倾向的科研人员，高校财务部门可以通过调整薪酬和激励结构来留住科研人员，使高校的知识资本和研究成果得到保障。

研究项目可能因各种原因失败，导致投入的资金无法得到预期的回报。这就需要高校财务部门定期对研究项目进行财务评估，确保资金的有效使用。对于那些显露出失败迹象的项目，财务部门需要及时调整预算，或者寻找其他的资金来源，以确保项目顺利进行。同时，通过对研究项目的财务评估，高校可以更好地理解项目的真实价值，从而针对未来的研究方向做出更明智的决策。为了降低资金来源单一导致的风险，高校应考虑资金来源的多样化。这不仅可以降低特定资金来源的变动会导致的风险，还可以为高校提供更多的机会。例如，除常规的学费住宿费和国家资助外，高校还可以通过知识产权转让、与企业合作、接受捐赠等方式来增加资金来源。财务部门在这方面的任务是确保各种资金来源的稳定性，同时优化资金使用，确保高校的长远发展。

四、国家和政府的支持

（一）政府资金的引导与分配

在接受政府资助后，高校的首要任务是明确资金使用的战略目标。

这一目标应与高校的长远发展策略相一致。因此，高校财务部门需要深入分析高校在各个领域的研究能力、人才需求和未来的发展趋势，然后基于这些分析制定出具体、可行的财务规划。为了确保资金的有效使用并建立良好的公众形象，高校需要建立一套完整的财务报告和审计机制。这不仅应包括每笔资金的使用情况，还应包括项目的进展、预期与实际效果的比较以及对未来的规划。只有做到公开透明，才能获得社会和政府的持续支持。

在使用政府资金时，高校需考虑如何将其与现有的薪酬激励机制相结合。例如，高校可以使用部分资金设立特殊的研究奖励机制，鼓励科研人员在特定领域取得更多的突破；高校还可以通过政府资金支持更多的交流与合作项目，为科研人员提供更广阔的研究平台。在财务管理中，为了使每笔资金都能获得最大的投资回报，高校需要对各个项目和人员进行细致的评估，并根据其价值和贡献进行资源的优化配置。尽管政府资金能够给予高校稳定的支持，但仍然存在一些不确定性，如资金的减少、政策的变动等，这就要求高校建立起一套灵活的财务管理策略，应对各种可能的风险和变化。例如，高校可以设立专门的储备基金，用于应对未来的资金不足或其他财务问题。同时，高校应持续关注政府的政策方向，及时调整财务策略，保障自身稳定发展。

（二）财务合规与政策对接

为确保资金合规使用，高校必须明确各级部门及个人的财务责任。这涉及资金的申请、使用、审核及报销等各个环节。同时，高校应制定一套清晰、可执行的流程，确保每一笔资金的流向都能得到有效的监控和管理。这不仅能满足政府的监管要求，还能确保资金的合理、高效使用。政府在资金上的支持往往伴随着一系列政策和指导意见的下达，为充分利用这些政策，高校需要组建专门的团队或部门来深入研究、解读这些政策的内容。财务部门与专业团队或部门通过紧密合作，可以找出那些最能为高校带来财务优势的政策点，如税收优惠、特定项目的资助等。进而，财务部门可以针对这些优势制定相应的财务策略，确保高校在争取政府资金支持的竞争中处于有利地位。

对于政府的财务要求，高校不能仅仅满足于达到标准。而应该建立一个持续的反馈与改进机制。这意味着，高校需要不断地对财务管理流程进行审查、评估，找出存在的问题和不足，同时根据政策的变化和高校发展的需要，对财务制度进行适时的调整和优化。为了确保财务的合规性和有效性，高校还需要对校内财务人员进行定期的培训和教育。通过学习国家的财务管理规定、最新的政策变化等，财务人员可以更加精准地执行高校的财务策略，确保与政策的最佳对接。同时，提高财务人员的专业素质和道德水平有助于高校更好地避免财务风险以及其他相关问题。

（三）长期财务规划与国家战略

为了自身发展与国家的长远战略相一致，高校需确定自身在科研领域中的定位和目标：是成为某一技术领域的佼佼者，还是专注于多学科交叉的创新？高校领导者对此有了明确的认识后，财务部门就可以为实现这些定位和目标制定专门的长期财务规划。基于国家战略的周期性和变动性，高校应对自身长期财务规划进行分阶段细化，每个阶段都应有明确的财务目标、预算分配和预期回报。例如，初期阶段可能重点投资基础设施和设备的建设，中期则转向招聘高水平的科研人员和提供高吸引力的薪酬激励，末期则注重前期投入的回报和成果转化。

高校的长期财务规划应具备一定的灵活性，以适应外部环境的变化。当国家战略或政策出现调整时，高校需及时审查并修正其财务规划，确保财务规划始终与国家战略保持一致，并能最大化地利用政府的支持。为确保长期财务规划的实施效果，高校与相关的政府部门之间应建立一个持续的沟通与反馈机制。这可以帮助高校及时获得关于国家战略和政策的最新信息，也能为政府提供关于资金使用效果和效益的反馈，有助于政府进一步完善相关的支持政策。长期财务规划的成功实施不仅需要外部的政府支持，还需要高校内部各部门，尤其是财务部门、人力资源部门和科研部门紧密协同。高校应通过培训和推动团队合作，确保每个部门都了解并支持长期财务规划，共同努力实现高校的战略目标。

第二节　研究目的和意义

一、研究的目的

（一）提高科研人员的工作积极性与效率

1.激发科研人员的创新潜能

在当前日益激烈的学术竞争环境中，高校需要依靠科研创新来凸显自身学术地位。然而，促使科研人员充分释放其创新潜能并非易事。此时，开展高校科研人员薪酬激励机制研究就成为一种策略性选择，以期能够激励科研人员，使其更为积极地投入科研工作，从而助力高校的科研水平进一步提升。科研人员所面临的研究任务常常需要科研人员突破传统框架、敢于质疑现有的学术观点，从而达到对知识边界的拓展。这种工作性质要求科研人员不仅具备扎实的学术功底，还有敏锐的洞察力和足够的勇气去追求真知。但是，这种追求并不总是能够得到即时的回报。研究的道路充满了未知和变数，有的时候科研人员可能会遭遇失败，或是进入长时间的探索阶段。这种情况下，如果没有充分的薪酬激励作为支持，科研人员的研究动力和决心就可能会受到影响。

因此，薪酬激励作为一种策略性的工具，可以帮助高校科研人员保持对研究的热情和投入。这不仅仅是为了给予科研人员物质上的奖励，更重要的是，这种激励可以被看作高校对科研人员努力和贡献的肯定。

当自己的工作被高度评价时，科研人员的自信和决心都会增强。这对于激发科研人员的创新潜能有着积极的推动作用。这种薪酬激励还可以引导科研人员选择更具挑战性、更有前景的研究方向。当科研人员知道，只要取得突破，就能得到丰厚的回报时，科研人员会更愿意投入那些可能会改变学术领域格局的研究中。这种激励方式不仅可以提高科研人员的工作积极性，还能确保科研人员始终保持着对研究的高度关注，从而使高校的科研水平不断提高。

2. 确保科研项目的持续性

科研项目的成功与否往往取决于科研人员是否能够持续、稳定地投入项目的研究中。在现实中，许多外部因素和内部因素都可能影响到科研人员的工作积极性。这时，一个恰当、合理的薪酬激励机制便显得尤为重要。科研人员投身研究工作不仅仅是为了物质回报，更多是为了深入探索自身专业领域的深入了解，是为了取得某种创新的成果，是为了实现自我价值。但无论如何，物质回报仍是一个不能忽视的驱动力。一个合理的薪酬体系可以确保科研人员在面对各种挑战和困难时，仍有足够的动力和决心去面对和克服。

考虑到科研项目的长期性和不确定性，很多时候，科研人员可能会遇到瓶颈期，或某个阶段的成果不如预期。这时，薪酬激励机制就起到了“稳定军心”的作用。它向科研人员传递了一个信息：高校认识到了科研人员的努力、尊重科研人员的付出，并愿意为此提供相应的回报。这种正向的反馈对于科研人员来说，无疑是巨大的鼓励和动力。而且适当的薪酬激励还可以为科研团队带来更为和谐、积极的工作氛围，当感知到自己的努力和贡献都能够得到应有的回报时，科研人员更愿意与团队其他成员分享资源、知识和经验，这对于团队合作和整体研究进展来说都是十分有益的。

3. 提高研究项目的质量和深度

在当下知识经济的背景下，科研工作对推进社会进步和技术革命的作用至关重要。高校是科研工作的主要阵地，高校的科研人员对项目的处理深度和研究质量直接影响到研究成果的实用价值和社会影响力。因此，提高研究项目的质量和深度就成了各大高校努力追求的目标。科研人员在进行研究时，往往会面临许多不确定因素。例如，研究的难点、未知领域的探索、实验的失败等。在这种情况下，如果没有强大的内驱力和相应的激励机制，科研人员可能会选择走捷径，仅仅满足于表面的研究成果，而不愿意深入钻研，这样就很难保证研究的质量和深度。

薪酬激励作为激励手段中的一种，对提高科研人员的工作积极性与效率具有不可忽视的作用。科研人员如果知道自己的每一次深入探索和努力都会得到相应的物质奖励，在面对研究中的难题时，他们就会更加坚韧不拔，更加敢于挑战和创新。进一步而言，薪酬激励还能够引导科研人员选择那些更为深入、有挑战性的研究方向。原因是科研人员知道，这样的研究不仅会为科研人员带来更高的学术地位，还会带来更好的物质回报。这种正向的反馈机制对于促进研究的深入进行，有着非常积极的作用。

4. 塑造积极的研究文化和氛围

薪酬不仅是针对某项工作的物质回报，还代表了对工作的尊重和认可。一个公正而有竞争力的薪酬激励机制对于科研人员来说意味着科研人员的努力得到了物质上的回报，更意味着科研人员的价值被认可、科研人员的工作被看重。这无疑会给予科研人员鼓舞和激励，使科研人员更加积极地投入科研工作。更为重要的是，一个积极的薪酬激励机制能够促进科研人员之间的积极交流与合作。当每个科研人员都觉得自己的工作是有价值的，他们就更愿意与他人分享自己的研究成果和经验，更愿意为共同的研究目标而努力。这样的合作和交流不仅能够提高科研效率，还能够促进知识的交叉融合，催生更多的创新点子。

同时，一个良好的研究文化和氛围还能吸引更多年轻的才华横溢的科研人员。对于科研人员来说，一个鼓励创新、重视团队合作，并且有公正的薪酬激励的高校无疑是科研人员就业和发展的首选。这样就能形成一个良性循环，吸引更多的优秀人才进入高校，为科研工作注入持续的新鲜血液。鼓励探索和进取的研究文化和氛围还能够提高高校的学术地位和影响力。当一所高校的科研工作能够持续产出高质量的研究成果时，这所高校会得到社会各界的广泛认可和尊重，进而其在国内外的学术声誉也会提高。

（二）优化高校科研人才结构与流动

1.打破学科间的壁垒，促进跨学科的合作与研究

薪酬激励机制在高校的引入和实施能够推动学术界从传统的学科固化模式走向跨学科合作模式。在当今的学术界，单一学科研究很难产生突破性的成果，而跨学科的合作研究更可能产生创新成果。原因是不同学科的知识结构和方法论可以为研究提供多种视角，从而帮助科研人员找到新的解决方案。为了鼓励这种跨学科合作，薪酬激励机制应当明确奖励那些勇于跨学科合作、产生创新成果的科研人员。这意味着，薪酬不仅是和个人的学术成果挂钩，还是和个人与团队，甚至和其他学科的合作成果挂钩。这种奖励机制的设计可以使科研人员更加重视与其他学科的交流与合作，进而提高研究的质量和深度。

薪酬激励机制能够为那些在传统学科中无法施展才能，但在交叉学科中发挥出色的科研人员提供更多的机会。这类科研人员在传统的评价体系下可能会被忽视，但在薪酬激励下，科研人员的贡献得到了应有的认可。这不仅有助于发掘和留住这部分人才，还有助于优化高校的整体科研人才结构。从更宏观的角度看，薪酬激励机制在鼓励跨学科合作的同时，也为高校创造了与其他研究机构、企业和政府部门合作的机会。当科研人员更愿意跨学科合作时，高校与外部组织的合作项目也将更为频繁。这样的合作不仅可以为科研人员提供更广阔的研究平台和机会，还可以为高校带来更多的研究资金和资源。

2. 平衡高校内部的人才分布，缓解人才供需矛盾

任何一个大型的教育机构，特别是综合类大学，都会面临学科间的人才分布不均的问题。有些学科由于其热门性、发展前景或其他原因，会吸引大量的人才涌入，而另一些学科可能由于各种原因相对较为冷门，导致人才供应不足。这种人才分布的不均衡性无疑会影响到高校的整体发展和教学、研究的质量。薪酬作为人才流动和分布的重要驱动力，自然对高校内部的人才分布平衡起着关键作用。高校可以通过制定差异化的薪酬策略，给予那些人才相对匮乏，但对高校和社会有着重要意义的学科更高的薪酬待遇。这种策略并非简单的“用高薪吸引人才”，而是结合学科的实际情况，结合了如学科特点、学科未来发展趋势、社会需求等因素制定的真正合理和有吸引力的薪酬策略。例如，某一技术学科虽然目前相对冷门，但随着科技的发展，在未来可能会成为新的技术热点。针对这种情况，高校可以提前布局，给予这一学科更多的研究资金和更高的薪酬待遇，以吸引更多的年轻、有活力、有创新思维的科研人员加入。这种薪酬策略也可以激发现有科研人员的积极性，使其更加积极地投入研究工作。

3. 提高高校的整体竞争力，强化高校的品牌效应

现代社会中，高等教育的重要性日益凸显，高校的竞争也日趋激烈。在这种环境下，高校不仅要竞争学生资源，还要竞争优质的教职工，特别是具有高水平科研能力的教师。如何构建并维护一个强大的科研团队无疑是每所高校都需要认真考虑的问题。科研人才是高校科研工作的重要支撑，科研人员的研究成果直接关系到高校的学术地位和影响力。因此，为了吸引和留住这部分人才，高校必须提供具有竞争力的待遇。薪酬作为最直接、最具吸引力的激励手段，在此起到了关键作用。通过研究并实施科研人员薪酬激励机制，高校不仅可以留住现有的科研人才，还能吸引更多的优秀人才加盟。

如果高校能够吸引一大批优质的科研人才，并且这些人才能够在高

校内部流动和发展，高校的整体竞争力就会大幅提高。原因是这不仅意味着短期内高校可以获得大量的高质量科研成果，还意味着在长远的未来，这些人才会为高校培养出更多的优秀学生，开展更多有影响力的研究项目。而且如果外界看到了这所高校能够持续吸引和留住科研人才，还能为科研人员提供良好的发展机会，此高校的品牌效应无疑会大大提升。一个学校的品牌效应不仅关系到学生的选择，还关系到学术界和社会的认可。一个具有强大品牌效应的高校，其发布的研究成果会受到更多的关注，其与其他高校或研究机构的合作机会也会更多。

4.促进个人与高校利益的一致性，加强组织凝聚力

薪酬作为反映个体价值的直接标志，在各种组织中都会起到关键作用。特别是在高校这种对人才高度依赖的环境下，薪酬的重要性更是不言而喻。而薪酬所代表的不仅仅是金钱，更是一种对个体付出的认可，是对其努力和价值的肯定。为了更好地将个人的利益与高校的利益结合起来，高校需要设计出一个公正、合理、有竞争力的薪酬体系。这样的体系不仅可以确保每位科研人员都得到与自身付出相匹配的回报，还可以激励科研人员进一步提高自己，达到更高的研究水平，科研人员的工作热情和积极性都会得到很大提高。

同时，当科研人员感受到自己是高校大家庭中不可或缺的一部分，科研人员的归属感和认同感也会得到增强。科研人员会意识到自己不再是单打独斗，而是成了一个团队的成员，为了共同的目标而努力。这种团队意识是任何物质利益都无法替代的。它不仅可以提高工作的效率，还能加强组织内部的合作和沟通，促进健康、积极的工作氛围的形成。高校需要深刻意识到，当个体的利益与组织的利益高度一致时，整个组织的凝聚力都会大幅提升。这种环境下，每位成员都愿意为组织的整体发展做出贡献，都愿意与组织同舟共济，共同面对各种挑战。这种凝聚力对高校来说价值很高，它不仅可以帮助高校克服各种困难，还可以帮助高校更好地应对外部的竞争和挑战。

（三）促进科研团队合作与创新

1.激发团队之间的正向竞争

薪酬激励机制的关键在于如何通过奖励来引导和驱动行为。在高校科研环境中，研究团队是最基本的运作单元。为了推动整个学术体系向前发展，高校需要确保这些团队之间的竞争关系是健康、积极的。当团队明确知道其优秀的表现和成果会得到相应的奖励和认可，那么每个团队成员都会受到鼓励，全心投入研究，寻求最佳策略和方法来实现目标。这种情境中的竞争与普通意义上的竞争有所不同，它更注重的是提高自身，而非超越他人。

同时，正向的团队间竞争可以为科研工作带来更多的创新机会。原因是在追求卓越的过程中，每个团队都可能尝试不同的方法或策略，这就意味着更多的思维碰撞和创新点的产生。每个团队都希望自己能够提出独特的观点或找到新的解决方案，从而获得薪酬的激励。而这种积极的团队间竞争实际上也是一种合作。团队之间可以通过分享经验、技术和方法来共同进步，从而实现整体的提高。在这个过程中，团队之间的交流和合作变得尤为重要。各团队可以相互学习、相互鼓励，共同面对科研中的挑战。不得不提的是，为了确保这种竞争是正向和健康的，高校必须设计一个公平、透明、有竞争力的薪酬激励系统。这样，每个团队中的科研人员都能知道自己的付出将如何得到回报，知道自己努力的方向和目标，这更有助于科研人员的积极研究和合作。

2.促进知识共享与技能互补

在复杂的科研领域，无论是深入的研究还是探索性的实验，团队合作都是实现突破的关键。这种合作的基础在于团队成员之间的知识共享与技能互补。而薪酬激励机制正是这种合作的强大动力。

知识被视为现代社会的重要资产，对于高校科研团队更是如此。每位团队成员都有自己的专长和独特的知识背景，但往往这些知识都是封闭在各自的领域中。当薪酬激励机制鼓励知识共享时，这些原本封闭的知识就开始流动起来，从而为团队带来更多的视角和思考方式。例如，一位生物学家的研究视角可能会为化学问题提供全新的启示，反之亦然。而当这种跨学科的知识流动为薪酬激励机制所支持时，其速度和范围都会得到很大的提升。

技能互补则是知识共享的实际应用。团队中的每位科研人员都有自己的长处和短板，如果科研人员能够明确自己的优势，并与他人合作实现技能上的互补，整个团队的效能就会显著提高。例如，一位擅长数据分析的科研人员与一位实验操作经验丰富的科研人员合作，他们就可以共同完成一个既有理论高度又有实践深度的项目。当这种技能互补得到合适的薪酬激励时，它不仅可以提高团队成员的工作积极性，还能为团队带来更多的创新机会。知识共享和技能互补还可以促进团队内的互相学习和成长。当团队成员看到分享和合作能带来更多的机会和回报时，他们就更愿意放下身段，互相学习，共同进步。这种积极的学习和进取精神对于高校科研团队的长远发展至关重要。

3. 增强团队凝聚力与忠诚度

团队之中的每一个成员都是独特的个体，都有着不同的背景、经验和期望。然而，在追求科学和技术进步的征途上，这些个体需要紧密合作，集结为一个整体，共同为一个目标而努力。凝聚力和忠诚度是实现这一目标的关键因素。而薪酬激励机制在此过程中扮演了至关重要的角色。

凝聚力实际上是指团队成员之间的默契程度和合作水平。合适的激励措施能够确保每个团队成员都认为为团队付出的努力是值得的。当每个人都认为自己的付出得到了应有的回报，这种感觉就会转化为对团队的归属感，使得整个团队更加团结。无论面对多大的困难和压力，只要团队之间有强烈的凝聚力，团队成员就能够战胜一切，达到科研目标。

忠诚度则更多地体现在团队成员对学校和团队的长期承诺上。当团队成员感到自己在学校和团队中是有价值的，自己的贡献能被看见并会得到奖励，这种情感就会转变为对学校和团队的忠诚。长时间的合作和共同的追求都会强化这种忠诚感，使得团队成员不是仅仅为了个人的利益，而是更多为了学校和团队的整体利益而工作。高度的团队凝聚力和忠诚度还能对学校起到其他正面影响。例如，降低人员流动率，这意味着学校可以节省在招聘和培训新员工上的时间和费用，稳定的团队也更利于长期的合作伙伴关系的建立和维持，这对于科研工作来说是非常宝贵的。要实现上述的效果，薪酬激励机制应该是公平、透明和与团队成果紧密相关的。当看到自己的工作和努力直接与自己的薪酬和奖励相关联时，科研人员会更加努力工作，为团队和学校做出更大的贡献。

（四）推动高校科研管理的现代化与规范化

1.规范化的财务分配制度

随着高等教育的发展和社会经济的进步，高校对于科研工作的管理已经不再是仅仅为了满足基本的教学和科研需要。而是逐渐演变为为了推动技术创新、培养高水平的科研人才，以及增强高校的整体竞争力。在这样的背景下，建立规范化的财务分配制度显得尤为重要。薪酬激励机制的实施使得高校能够基于工作绩效、项目完成情况和贡献大小对科研人员进行合理的经费分配和奖励，这在某种程度上反映了一个学校对于科研工作的尊重和重视。

在高校这样一个特殊的研究环境中，科研人员的工作常常是长期的、投入大的，但可能短期内难以产生明显的回报。因此，如何合理地给予科研人员回报，使得科研人员在长时间的研究中始终保持高涨的工作热情和积极性是高校管理者长期以来思考的问题。规范化的财务分配制度能够使经费的分配更加公正、透明，科研人员不必再担心由于各种原因而得不到应得的回报，从而能更加放心地投入自己的研究。而当科研人员的工作得到了应有的回报，科研人员对于高校的归属感也会增强。这种归属感是每个组织都希望成员拥有的，原因是这意味着组织更加稳定，团队合作更加和谐。而从高校的角度来看，规范化的财务分配制度不仅仅是为了给予科研人员应有的回报。更重要的是这种制度能够调动科研人员的工作积极性，推动科研人员在科研中寻找更为新颖的方法和方向，从而提高科研的整体质量。高质量的科研能够使高校在学术界树立良好的声誉，吸引更多的优秀科研人员加入。

2.透明与公正的财务报告

在高校中，透明与公正的财务报告是管理的基础，更是信任的桥梁。高校的薪酬激励机制作为一种旨在调动科研人员积极性和创造性的策略，其核心价值之一就是让科研人员明确知道自己的工作成果如何与薪酬挂钩，进而产生对高校的信任和对自己工作的满足感。

财务报告的透明度意味着每一位科研人员都能轻松获取与自己薪酬相关的所有信息，无论是项目经费的使用、研究成果的评估，还是薪酬的计算方式。这种透明度确保了公开、公平、公正的原则在薪酬分配中得到了真正的体现，这是每一个组织都希望实现的目标，原因是这与组织成员的工作满意度和忠诚度、组织的稳定紧密相关。

同时，公正性的财务报告能够激发科研人员的正向竞争。知道了自己的每一分努力都会得到公正的回报后，科研人员会更有动力去追求更高的科研成果、挑战更复杂的问题，从而推动整体的科技发展。透明与公正的财务报告能为高校吸引更多的优秀人才，在当今这个信息高度透明的时代，很多科研人员在选择工作单位时，不仅仅看重薪酬，更看重高校是否能给科研人员一个公平、公正、透明的工作环境。一所可以提供这样的环境的高校无疑会成为众多科研人员的首选。

3.高效的预算和财务流程

在当代高校的科研管理工作中，高效的财务管理工作无疑已成为关键内容，其中的预算和财务流程对于推动高校科研管理现代化与规范化有着重要作用。特别是在高校科研人员薪酬激励机制中，其重要性更是不言而喻。在薪酬激励机制发挥激励科研人员工作的作用时，必须有一个清晰、透明且高效的财务流程作为保障。这不仅能确保资金的有效使用，还可以让科研人员更加放心，专心于研究工作，而不需要为经费问题分心。而这背后，就需要高效的预算和财务流程作为支撑。

从预算制定的角度看，高效的预算流程意味着从科研项目立项开始，财务部门就能够根据项目的实际需求，进行合理的资金分配。这样，每个项目都能获得合理的投资，从而能够顺利进行。同时，预算制定的高效性还能在一定程度上提高资金使用的效率，避免资金浪费。在财务流程方面，高效性体现为能够快速、准确地处理各种财务事务，确保资金流动顺畅。例如，在科研人员完成特定的研究任务并达到一定的绩效标准后，高校应当有一套流程确保科研人员及时、准确地获得相应的奖励。这种高效的财务流程应不仅能够提升科研人员的工作积极性，还能够确保高校资金的合理、有效使用。进一步而言，高效的预算和财务流程还能够帮助高校建立一个清晰、透明的财务管理体系，有助于高校建立起良好的财务管理信誉。这对于提升高校的整体形象、吸引更多优秀的科研人才以及与外部组织合作都有着不可或缺的作用。

4.持续的财务培训与更新

科研活动的背后是复杂的经费管理、预算分配和薪酬结算。随着科技的进步和科研环境的变革，传统的财务管理方式可能已无法满足现代化科研工作的需求。因此，高校的财务管理需要与时俱进，适应科研工作的快速变化。为了保证薪酬激励机制能够真正地激发科研人员的工作热情，同时做到公平和透明，持续的财务培训与更新显得尤为关键。这不仅仅是为了使财务部门的工作人员跟上时代步伐，更是为了确保每一分经费都能用在刀刃上，每一项研究成果都能得到合理的回报。

财务培训不仅涉及纯粹的财务知识，还涉及如何结合科研工作的实际情况，进行有针对性的培训。例如，如何为跨学科的研究项目制定合理的预算？如何确保科研人员在项目进行中的各个阶段都能获得合理的经费支持？这些都是需要财务人员去深入了解和学习的。随着科研工作的不断发展，财务制度和流程也需要不断地更新和优化。这不仅要求财务人员具备灵活的思维和创新的能力，还需要财务人员能够深入科研一线，了解科研人员的真实需求，从而为科研人员提供更加合理、高效的服务。另外，持续的财务培训与更新能够提高整个财务部门的工作效率和服务质量。培训可以帮助财务人员快速地掌握新的知识和技能，制度和流程的更新则可以使科研人员的工作更加规范和有序。这样不仅可以提高财务部门的工作效率，还能确保高校的经费使用更加合理、透明。

二、研究的意义

（一）助推高校的科研质量与水平

1.优化研究方向与资源配置

在高校中，科研资源通常是有限的，而科研项目和方向的选择往往会直接影响到整体的研究质量和水平。如何确保这些宝贵的资源被合理利用并产出高质量的研究成果已成为高校管理层和科研人员共同面临的挑战。薪酬激励机制作为一种有效的管理手段，可以为科研人员提供清晰的方向指引。知道自己的努力和付出会得到与之相应的奖励后，科研人员就会更加明确自己的研究方向，聚焦于那些更有前景和价值的领域，避免将时间和精力浪费在可能并不会产生明显成果的方向上。

薪酬激励还能为高校的管理层提供关于如何进行资源配置的参考，通过对科研项目和研究方向的价值进行评估，管理层可以更有针对性地为各个项目提供支持，确保每个项目都能够获得其所需的资源。这不仅可以优化资源的使用效率，还可以促进各个项目之间的合作与协同，从而形成一个互相支持、互相补充的科研生态。而且当看到自己的付出都得到了合理的回报时，科研人员的积极性和创造性都会得到很大激发。这不仅可以提高研究的深度和广度，还能带来更多的创新性成果，进一步增强高校的科研实力。

2. 促进跨学科合作与创新

在当今科技高速发展的时代，单一学科的研究越来越难以满足社会和经济的需求。跨学科的研究逐渐成为新的科研趋势。它能够为科研人员提供一个更为广泛的知识体系，帮助科研人员发现和解决那些在单一学科范围内难以触及的问题。因此，薪酬激励机制的设计与实施在促进高校的跨学科合作与创新方面扮演着不可或缺的角色。当科研人员明白，跨学科合作和创新能够为他们带来更多的机会和奖励时，他们自然会更加积极地寻找其他学科或领域的合作伙伴，以共同探索未知的研究领域。这样的合作方式能够打破传统学科的束缚，使科研人员从不同的角度看待问题，进而促进更多的创新思维和方法的涌现。

这样的合作模式往往能够使科研人员更快地找到问题的答案。例如，生物学家和物理学家的合作可能促进新的医疗技术的发展；经济学家与心理学家的交流可能会推动更为深入的消费者行为研究。这些跨学科的合作不仅能够提高研究的效率，还能够使得研究成果更为丰富和有深度。一个鼓励跨学科合作的薪酬激励机制也能够为高校带来更多的机会与资源。例如，合作伙伴可能会带来新的研究资金、设备或技术；不同学科间的交流与合作也可能会吸引更多的学生和教职员工，从而使学校的学术氛围更加浓厚。而对科研人员来说，跨学科的合作与创新不仅能够带来物质上的奖励，还能够为其带来更为广阔的职业发展空间。通过与其他学科的科研人员进行交流与合作，科研人员可以扩大自己的知识领域，提高自己的研究能力和水平。

3. 留住与培养科研人才

高校的竞争力和影响力在很大程度上取决于其科研团队的实力和创新能力。这体现了吸引、留住并培养科研人才的重要性，这与恰当而有效的薪酬激励机制紧密相连。在现代经济环境中，工资和奖金不仅是物质奖励的体现，还是对个体能力、贡献和价值的认可。因此，对于科研人员来说，合理的薪酬不仅能够满足其物质需求，还能给予其心灵上的满足和鼓励。当感觉到自己的工作是被重视的，科研人员自然会更积极地投入科研工作，更积极地探索和研究，从而为高校带来更高水平的科研产出。

为了培养和发展科研人才，除了基础的薪酬，高校还需要为科研人员提供一个有利于个人成长和发展的环境。这包括优质的科研设施、前沿的科研项目、充足的研究资金以及与国内外顶尖科研机构的合作机会。当看到高校为科研人员提供了如此丰富的资源和机会，科研人员自然会对高校产生强烈的归属感，从而更加愿意为高校的科研工作做出长期的、有价值的贡献。在这一过程中，薪酬激励机制就起到了“桥梁”和“纽带”的作用。它连接了高校的资源与科研人员的需求，确保了资源的有效利用，也确保了科研人员的权益得到了保障。通过这种方式，薪酬激励机制在高校和科研人员之间建立了一种互信互利的合作关系。

4.提高科研的社会影响力

高校作为重要的科研基地，所产出的科研成果对社会的进步具有决定性的影响。但是，科研成果的影响力并不仅仅取决于研究的深度或复杂性，更多是取决于这些科研成果如何转化为具有实际影响的应用和解决方案。当科研人员不仅能够知道自己的努力会得到物质上的回报，还能看到自己的研究成果被社会所接受和应用，科研人员追求卓越的动力就会大幅提升。薪酬激励机制在这里起到了桥梁作用，将科研成果与实际的社会价值连接起来。

一方面，高校提供足够的奖励来鼓励科研人员探索具有社会应用潜力的研究方向可以确保科研工作不局限于学术圈内的交流与探讨，而是与更广泛的社会需求和挑战相结合。另一方面，当社会见证到高校的研究成果能解决真实的问题、改善人们的生活或推动产业的创新时，高校的声誉和影响力会更高。同时，这也为科研人员提供了更大的舞台，使科研人员能够更好地展现自己，为更多的社会问题提供解决方案。政府、企业和其他机构更愿意与能产生实际社会影响的高校合作，为这些高校的科研人员提供资金和资源支持。这能进一步提升高校的研发能力，使其能够在更大的范围和更深的层次上进行科研活动。

（二）促进高校内部人才的健康流动

1. 公平性和激励性相结合

薪酬激励作为高校财务管理的重要组成部分，不仅关乎高校经费的合理使用，还关乎学校人才的稳定和长期发展。为了吸引并留住优秀的科研人员，高校必须建立一个既有公平性又有激励性的薪酬体系。从公平性的角度来看，薪酬体系必须确保每位科研人员都能得到与其努力和贡献相符的回报。这意味着高校在分配经费时，不仅要考虑到科研人员的经验和成果，还要考虑到科研人员的潜力和成长空间，特别是对于那些刚刚加入高校的年轻科研人员。科研人员如果能够看到高校所提供的是平等的机会和公平的待遇，那么就更有可能为高校长期服务。财务管理在这里起到了关键的作用，主要表现为三方面。一是高校财务部门需要建立一个既公正又高效的薪酬分配机制。这需要对每位科研人员的工作绩效进行详细的评估，确保经费分配的合理性和公正性。二是高校财务部门需要定期对薪酬体系进行审查和调整，以适应科研人员的需求和高校的发展。三是财务管理要确保高校的研究经费得到有效的使用。这意味着高校不仅要对研究项目进行筛选，还要对研究经费的使用进行监督和管理，确保每一分钱都能用在刀刃上。

从激励性的角度来看，合理的薪酬分配可以激发科研人员的积极性和创造性，使其愿意为高校付出更多的努力和时间。特别是那些在某一领域有所建树的资深科研人员。如果自己的努力能够得到应有的回报，科研人员就更有可能继续为高校做出更大的贡献。

2. 培育与留存新锐人才

高校是知识的殿堂、科研的前沿。为了保持在科研领域的领先地位，吸引和留住新锐人才对于高校来说就变得尤为关键。这就需要高校拥有一个既能激励新人又能公正分配薪酬的机制，使得每一位加入高校的新锐科研人员都能感受到自己的价值被充分认可，从而更愿意长期扎根于此。薪酬作为一个人在组织中贡献与价值的直接反映，具有巨大的吸引力和激励作用。新锐科研人员多拥有新颖的研究视角和丰富的创新思维，是高校科研领域的宝贵财富。因此，为了确保这些新锐人才能够稳定地为高校服务，财务管理的作用就变得尤为关键。

要确保薪酬激励机制的公正与合理，高校财务部门就要在预算中为新人设定合适的薪酬范围，并根据他们的工作表现进行动态调整。这种动态的、基于绩效的薪酬制度能够鼓励新人持续地为科研做出贡献，并感受到其努力是被公正对待的。高校的财务部门、人力资源部门、科研部门还需定期对薪酬结构进行审查，确保它能够适应时代的发展和新锐科研人员的需求。这不仅包括基础薪资的调整，还涉及各种奖励和激励的设置，高校应确保每一位新人都能根据自己的贡献得到合理回报。更进一步分析，财务管理也需要确保科研经费的合理使用。这意味着高校要为新锐人才提供足够的研究资源，支持科研人员的创新项目，确保科研人员能够在高校内部得到充分的发展和成长。

3. 促进跨学科与跨部门合作

在当今复杂多变的科研环境中，单一学科的研究已经很难满足日益增长的创新需求，跨学科和跨部门的合作成为推动科研进步的关键。在这样的背景下，人才流动的重要性变得愈发明显，原因是它有助于打破传统的学科和部门界限，让各种资源和智慧得以集结，从而形成更为强大的创新合力。要实现这一目标，薪酬激励策略发挥着至关重要的作用。一个合理且富有吸引力的薪酬制度可以有效地吸引各学科、各部门的优秀人才，进而激发科研人员的积极性和创造力。当看到自己的贡献和努力能够得到应有的回报时，科研人员更容易与来自其他领域的同事合作，分享知识和经验。

财务部门也在其中扮演着关键角色。主要表现有两个：一是为了确保薪酬分配的公正性，财务部门需要制定清晰、透明的评价标准，确保每位参与者都能根据其实际贡献获得相应的回报；二是跨学科和跨部门的合作往往需要大量的经费支持。在这方面，财务部门需要提供灵活的经费使用方式，以满足不同项目的特殊需求。

4.形成积极的竞争氛围

在高校的科研领域，每个科研人员都渴望获得应得的认可和回报。薪酬作为科研人员的直接和重要的工作回报，无疑扮演着至关重要的角色。合理而又富有激励性的薪酬制度有助于营造一个既鼓励合作又注重竞争的氛围。在这样的氛围中，每个科研人员都知道只有真正努力和付出了，才能够获得相应的回报，这大大调动了大家的积极性、激发了大家的工作热情。

但高校要形成这样的氛围，仅仅依赖一个好的激励策略是远远不够的。财务部门需要确保这个策略的实施是公正、透明的。这意味着财务部门需要为薪酬分配制定明确、公正的标准和流程，确保每一分钱都能够用在刀刃上。而当每位科研人员都能看到自己的努力是如何转化为具体的薪酬时，他们的工作满足感和归属感都会大大增强。财务部门还需要制定合理的预算分配规划，确保每一个研究项目都能获得适当的资金支持。这样，科研人员就可以放心地进行研究，不用担心由于经费问题而受到限制。而当资金得到合理、高效的使用时，高校内部的人才流动也能够更健康。

（三）响应社会对于高校的期待

1.提升科研产出的社会价值

社会对于高校的期待不只是学术成果的积累，社会更希望这些学术成果能够转化为具有实际应用价值的技术和知识，为整个社会带来长远的利益。因此，怎样激励科研人员更加聚焦于社会应用就成为高校和有关部门需要思考的问题。其中，薪酬激励机制的研究和设计显得尤为关键，财务部门对此起到的作用不容忽视。在合理的财务支持和激励下，科研人员能将目光从不实用的学术成果转向具有社会价值的研究方向。要达到这一目标，高校财务部门需要先对科研项目的预算进行合理的配置，确保那些具有社会应用潜力的项目能够获得足够的资金支持。这也意味着，高校需要加强与社会各界的沟通与合作，了解社会的实际需求，将其转化为研究导向。

与此同时，薪酬结构也需要进行适当的调整。以往那种仅仅以论文数量或影响因子为依据的薪酬制度已经不再适应现今的形势。高校应当考虑到研究成果的社会影响力，如技术转让、产业合作等，这些都应该纳入薪酬考核的范畴。当科研人员明确知道，自己为社会创造的价值能够得到与之相匹配的回报时，必然会更加注重研究成果的实际应用。而且高校应加强对科研经费使用的监督，确保资金真正用于关键的研究环节，而不是被浪费在那些与研究目标不符的方面。透明、公正的财务报告可以让科研团队清楚知道每一笔资金的去向，从而更好地进行资源配置。

2.增强高校与产业界的连接

当今社会对高校的期望不仅在于培养学术型人才或产出学术论文，还在于高校能够直接回应和服务于社会的实际需求，尤其是与产业界紧密连接。在这一背景下，高校如何更好地与产业界合作，将研究成果转化为实际应用成了大家关注的焦点。薪酬激励机制的研究和建立正是为了促进这一目标的实现。财务管理在其中起到了桥梁的作用，一个合理、公正且具有竞争力的薪酬激励机制能确保在科研人员与产业界进行合作时，双方都能得到应得的回报。当科研人员明确知道自己的研究成果可以为自己带来直接的经济收益时，自然会更加积极地寻求与产业界的合作机会。在此基础上，高校需要建立一个与产业界合作的财务框架。这包括如何对接资金、如何分配合作成果的经济回报等。只有在明确、透明的财务框架下，双方才能建立起长期、稳定的合作关系。高校可以设定一些与产业界合作的优先领域或项目，并为这些领域或项目提供额外的薪酬激励。这样可以确保高校的研究方向与社会的实际需求更加匹配，也为科研人员提供了明确的方向和动力。

3.回应公众对于教育投资的期望

高校在当今社会中不仅是培养人才的场所，还承载了推进科技、文化、社会进步的重要职责。每一项科研活动背后，都有来自社会公众的投资支持。这种投资可能是纳税人的税收，也可能是企业的赞助或个人的捐赠。因此，高校有责任确保这些投资的利用合理、有效，以实现最大的社会效益。

从财务管理的角度看，薪酬激励机制在确保教育投资效益方面起到了关键作用。合理的薪酬激励机制可以确保资金被用于鼓励那些真正为学术和社会做出贡献的科研人员。这不仅可以吸引更多的顶尖人才加入高校，还可以激发科研人员的创新精神和工作热情。并且通过与财务部门的紧密合作，高校可以建立一套完整的预算和报账系统，确保每一笔资金都被合理分配和使用。这不仅可以减少浪费，还可以确保公众资金真正用于推动学术研究和社会发展。通过数据分析和财务报告，高校可以定期向社会公众展示其科研活动的成果和效益。这种透明化的管理方式可以进一步提升社会对高等教育的信任和支持，确保公众的教育投资得到了真正的回报。

4.建立科研诚信，担负社会责任

在高等教育领域中，公众对高校的科研成果的期待不仅仅是对于数量的期待，更多是对于质量和真实性的期待。而在这背后，科研诚信和科研人员的社会责任感起到了决定性的作用。诚信不仅是每位科研人员应当持有的基本原则，还是确保科研成果真实、可靠和有价值的基石。一个科研人员可能因为一篇出色的论文而受到瞩目，但只有持续的高质量科研成果和无可挑剔的诚信才能确保其在学术界的长久影响力。而对于高校来说，科研诚信更是与其声誉、公众信任直接相关的核心要素。

合理的薪酬激励机制确保了科研人员的努力和付出能得到应有的回报，这能在一定程度上消除经济压力导致学术不端行为的可能性。同时，明确、透明的财务流程也使资金的使用更为规范，确保公众投资用于最有价值的研究领域。但单纯的薪酬激励是不够的，高校要通过财务管理手段，将诚信和社会责任纳入考核和激励体系，如为那些在学术诚信和社会责任上有突出表现的科研人员提供额外的奖励或资助。这不仅可以鼓励科研人员继续保持高度的诚信和社会责任感，还可以为其他科研人员树立榜样。

（四）促进现代化的人力资源管理体系建立

1.构建合理的人才激励框架

在当今这个知识经济的时代，人才已经成为高校乃至整个社会最宝贵的资产。而如何管理、激励和留住这些人才，已经成为众多高校面临的一大挑战。所以构建一个合理的、有针对性的人才激励框架对于高校来说至关重要。薪酬激励作为一种非常直接、有效的管理工具，其背后所隐藏的是对人才价值的认知和对人才做出的贡献的肯定。这不仅仅是简单的金钱奖励，更是对其专业能力、创新精神和工作态度的一种回应。因此，一个科学、公正且有吸引力的薪酬激励机制是现代化人力资源管理体系的核心部分。

从财务管理的角度看，如何确保这些激励策略的可行性和持续性就显得尤为关键。这涉及如何配置有限的资源，确保每一分钱都能发挥出最大的价值，激发出科研人员的最大潜能。这不仅需要高校深入了解科研人员的需求和动机，还需要有一个清晰、透明的财务管理体系，确保每一笔支出都能得到合理的回报。而在设计激励框架的过程中，高校还需要考虑到各种潜在的风险。例如，过度的金钱激励可能会导致科研人员为了短期利益而做出不利于长期发展的决策。故而如何平衡短期与长期；如何确保激励策略既能满足科研人员的期望，又能促进高校的长远发展，都是财务部门在这一过程中需要重点考虑的问题。同时，为了确保薪酬激励机制的公正性，高校还需要建立一套完善的考核与评估体系。这不仅能够确保每一位科研人员根据其实际表现得到相应的回报，还能为高校提供一个及时调整管理策略的参考依据。

2.提高人才吸引和留存能力

在知识经济时代，人才是最核心的竞争资本。对于高校而言，吸引和留住优秀的科研人才直接关系到学术成果、创新研究以及高校的整体声誉。在这样的大背景下，一个合理的薪酬激励机制显得尤为关键。薪酬激励不仅仅是金钱的奖励，更深层次上，它是对一个人才努力、成果和价值的肯定。高校如果能够提供与科研人员付出相匹配的薪酬，就能满足其对物质的需求，更能满足其对成就、认同和价值的心理需求。这种心理需求是数字难以衡量的，但却是留住人才最有力的纽带。

当然，合理的薪酬激励机制的建立离不开精确的财务管理。高校财务部门在这里扮演的不仅仅是“支付者”的角色，更多是“规划者”和“执行者”的角色。其任务包括对科研人员的价值进行准确地评估，确保每一分钱的投入都能获得最大化的回报；根据高校的经济状况、未来发展策略等多方面因素，设计出既具有竞争力又可持续的薪酬激励方案；为了确保薪酬激励机制的公平性，建立一套完善的考核与评估体系，确保每一位科研人员都得到与其付出相匹配的回报。更重要的是，薪酬激励机制还需要随着时代的发展不断进行调整和优化。这就要求高校财务部门能够及时捕捉到外部市场、学术界以及内部组织变革等多方面的变化，确保激励策略始终处于最优状态。

3.加强与全球标准的对接

在这个日益全球化的时代，国际化的视野和策略对任何组织来说都至关重要，特别是对致力于前沿科学研究和人才培养的高校来说更是如此。如何适应这一趋势，更好地吸引和留住国际和国内的顶尖人才是每所高校都需要面临的挑战。在此背景下，与国际标准对接的薪酬激励机制显得尤为关键。通过这种机制，高校不仅可以确保本校的薪酬体系在全球范围内具有竞争力，还能确保本校的人才激励策略与全球最佳实践相一致，从而吸引全球范围内的优秀人才。

为了达到这个目标，财务管理的作用举足轻重。首先，高校财务部门需要对全球不同地区和国家的薪酬激励体系进行深入地研究和分析，找出其中的最佳实践和成功经验。这不仅需要财务数据的支持，还需要财务专家具备跨文化交流和分析的能力。其次，高校财务部门需要结合高校自身的实际情况和目标，制定一套与国际接轨的薪酬激励策略。这一策略不仅需要具备公平性、合理性，还要具备足够的灵活性，以适应快速变化的国际环境。最后，高校财务部门需要确保这一策略的有效执行，其中资金的筹措、预算的制定、薪酬的支付等一系列环节都是重要的保障条件。在执行过程中，高校财务部门应不断地监控和调整，这样能够确保每一笔投入都获得最大的回报。除上述观点之外，与国际接轨的薪酬激励机制还能为高校带来其他的好处。例如，它能帮助高校更好地与国际企业和研究机构合作，共同推进研究项目和技术转移；它还能帮助高校培养出具有国际视野和竞争力的学生和科研人员，为国家的未来发展做出更大的贡献。

4. 推动内部文化与价值观的形成

在高校的每一个角落，从图书馆的安静阅读区到实验室的繁忙工作台，高校的内部文化与价值观都在潜移默化地影响每一位科研人员。而在这背后，如何激励和评价这些人员实际上是这种内部文化与价值观的最直接体现。薪酬激励机制并不仅仅是一个简单的奖金或待遇问题，它更多地涉及对努力、成果、合作和创新的评价与认可。在设计这样的机制时，高校财务部门必须深入地考虑高校的长远发展、战略定位和文化建设。每一个奖励的设定、每一笔资金的投入，都是对某一种行为或成果的明确肯定。而这种肯定实际上是在鼓励所有人向着这一方向努力。

合理的预算分配、精准的成本控制、公正的薪酬设定都需要财务管理的专业支持。更重要的是，通过数据分析和预测，高校财务部门可以为高校提供有关人才流动、研究成果与薪酬之间关系的深入洞察，从而帮助高校制定更为合理和有效的策略。

当这种策略逐步落实，每一位科研人员都因自己的努力和成果得到了应有的回报时，高校更优质的内部文化和价值观也会逐渐形成。这种文化强调对人才的尊重、对创新的鼓励、对合作的重视。它能够为所有人提供一个公平、正直、开放的工作环境，让每一位科研人员都能够为梦想而奋斗，而不是仅仅为了某一笔薪酬。从长期的发展的角度看，这样的内部文化与价值观将为高校带来更加稳定的人才队伍、更加丰富的研究成果、更加紧密的团队合作，将使高校真正成为一个追求卓越、服务社会的知识殿堂，从而满足社会对高等教育的期待。

第三节　研究方法和框架

一、研究方法

（一）文献资料法

1.理论框架的构建与完善

对于薪酬激励机制的研究，特别是对于高校科研人员这一特定群体的薪酬激励机制的研究必须考虑到财务管理的重要性。当涉及激励的实施时，财务角度是不可或缺的。在构建和完善理论框架时，高校必须综合考虑薪酬激励和财务管理两个领域的交叉影响。采用文献资料法对相关研究进行系统梳理可以发现财务管理在薪酬激励制度中的关键角色。具体而言，高校科研人员的薪酬激励与高校的预算安排、资金筹措方式、绩效考核机制紧密相关。高校如何根据自身的财务状况制定合理、公平且有吸引力的薪酬方案，使方案既确保科研人员得到应有的回报，又不超出学校的财务承受能力对高校来说是一大挑战。文献资料法还能提供关于如何更有效地将薪酬激励与财务管理结合的策略和建议，以此来提高薪酬激励的实施效果。同时，文献资料法为研究提供了一个历史视角，使得高校的财务部门可以对比和分析不同时期、不同背景下的薪酬激励制度。这样的对比分析有助于财务部门识别历史上成功或失败的薪酬激励实践，从而为现代的高校提供宝贵的经验和教训。

2.跨学科的整合与拓展

高校科研人员薪酬激励机制涉及的问题是复杂多维的，它不仅与个体的动机、期望和满意度有关，还与高校的财务状况、资金流向和预算决策紧密联系。通过文献资料法，高校可以有效地整合各学科的研究成果，为研究提供更为宽广和深入的视野。从财务学的角度，薪酬是高校固定成本的重要组成部分，其规模、结构和变动都会对学校的财务状况产生直接影响。对那些致力研究和发展的高校而言，如何合理地设定和调整薪酬，确保能够吸引和留住顶尖的科研人员，同时又不使成本过高已成为一个核心议题。

经济学为研究提供了薪酬如何影响科研人员的行为和决策的理论基础，明确了薪酬也是一种“价格机制”，它在分配有限的资源、协调学校内部的利益关系以及塑造科研人员的预期和行为中起到关键作用。而心理学则为研究提供了薪酬如何影响科研人员的情感、态度和认知的深入洞见。例如，心理学研究表明，薪酬不仅与人们的物质满足有关，还与人们的自尊、归属感和职业满意度等心理需求紧密联系。因此，高校财务部门在设计薪酬激励机制时，除了考虑其经济效益，还应充分考虑其对科研人员心理健康和工作幸福感的影响。

（二）定量与定性结合的方法

1.定量研究的应用与价值

定量研究方法在高校科研人员薪酬激励机制中发挥着至关重要的作

用。特别是涉及与财务管理的关系时，具体、精确的数据统计为研究提供了强有力的支持。有了这些数据，高校决策者可以更加明确地了解哪些薪酬激励策略效果最佳，以及如何进一步优化这些策略来达到预期的效果。财务管理不仅关心资金的流入和流出，还关心如何最大化地利用这些资金来激励员工、提高其工作绩效。定量研究能够为高校管理者展示薪酬激励与员工绩效之间的确切关系，以及如何调整薪酬结构来达到最佳的激励效果。例如，高校财务部门可以通过回归分析来研究不同的薪酬水平、结构和激励方式如何影响科研人员的工作满意度和绩效，从而为高校提供关于如何分配有限的资源来达到最大效益的建议。

同时，财务管理中的预算制定与监控也与定量研究密切相关。预算不仅是一种财务规划工具，还是一种激励机制。通过对历年的预算执行情况、科研人员的绩效数据以及薪酬数据进行定量分析，高校财务部门可以更为精确地预测未来的预算需求，并制定更为合理的薪酬激励策略。在薪酬结构设计环节，定量数据的应用也显得尤为关键。例如，高校财务部门可以利用定量方法来研究固定薪酬与变动薪酬之间的比例会如何影响科研人员的工作积极性、满意度和忠诚度。又如，高校财务部门可以通过对不同高校的薪酬数据进行比较分析，了解哪些高校的薪酬结构更能吸引和留住顶尖的科研人员，从而为其他高校提供借鉴经验。

2.定性研究的深度与细致

定性研究方法在探索高校科研人员薪酬激励机制的过程中，强调对各种现象背后的逻辑、动机和背景的深入理解。薪酬激励不仅仅是数字，更多涉及人的情感、期望和满足感。因此，高校财务部门在对薪酬激励机制进行研究时，尤为重要的是利用定性研究方法捕捉那些定量研究方法无法触及的微妙之处。第七章对此便有所体现，深入了解每所高校的管理文化、组织结构和历史背景有助于解释为什么某些激励策略在某些高校中效果显著，而在其他高校中却不尽如人意。比如，一些高校可能强调团队合作，因此科研人员的薪酬激励更偏向于团队绩效；而另一些高校可能更加重视个人成就，因此科研人员的激励机制可能更偏向于个人绩效。

再考虑财务管理的角度，定性研究方法可以揭示预算制定、资金分配以及薪酬决策背后的逻辑和原因。例如，某所高校在制定预算时，为什么更倾向于投资基础科研，而不是投资应用研究；或者为什么某些高校更愿意为某些科研团队提供更高的项目资金。这些深入的洞察不仅可以为决策者提供更为具体和实际的建议，还可以帮助科研人员在未来的决策中避免某些潜在的问题。财务管理还涉及如何更有效地使用有限的资源，一些高校会通过非财务的方式，如培训、晋升机会或学术交流，来激励和留住顶尖的科研人员。这种通过定性研究进行的洞察可以为高校提供更为全面和多元的激励策略，而不仅仅局限于薪酬。

（三）层次分析法

1.需求的分层与权重分配

在探讨高校科研人员的薪酬激励机制时，理解和判断科研人员的多元需求显得尤为关键。层次分析法提供了一种结构化的方法来对需求进行识别、分类并给予需求不同的权重。每一个层次都代表了一个特定的需求或期望，对这些层次的相对重要性进行权重分配有助于高校更好地理解科研人员的核心关注点。高校科研人员可能存在的需求层次有以下几种：基础的生活需求，如合理的工资和福利；职业发展需求，如学术研究的机会、学术交流和培训的机会；更高层次的自我实现需求，如在研究领域取得的成就和认可。对这些需求进行明确的分类和权重分配有助于高校制定更有针对性的薪酬激励策略。

与此同时，将财务管理的视角融入其中，可以进一步优化资源的配置。财务管理不仅关心资金的分配和使用，还关心资金带来的回报。因此，在权重分配的过程中，财务部门需要考虑到各项需求对整体目标的贡献。例如，如果财务部门发现对增加学术交流机会进行投资可以显著增加科研人员的研究成果的数量和提高科研人员对工作的满意度，那么这一投资就可能会得到更多的预算支持。在权重分配的过程中，财务部门应意识到资源是有限的，可能需要做出一些权衡，确定哪些需求更为紧迫，哪些可以暂时放在次要位置。例如，如果预算有限，可能需要优先满足科研人员的基础需求，如合理的工资，而暂时减少在其他非核心领域的投入。

2.确保薪酬策略的针对性和有效性

薪酬激励机制的制定与实施都离不开对需求的明确认知。利用层次分析法，对科研人员的各类需求进行结构化分类和权重分配可以确保每个决策都是基于真实、具体的需求，而非“一刀切”。这对于提高策略整体的针对性和有效性有着直接的影响。在高校环境中，对科研人员的薪酬激励并不只是简单的工资增长或奖金发放，可能涉及研究经费的配备、学术会议的参与机会、专利权的分配、研究团队的支持等多方面内容。这些都需要资金，而资金来源和分配是财务管理的重点。通过对这些需求进行权重分配，高校的管理层可以进行更为合理地预算分配，确保每一笔支出都能对科研人员起到最大的激励效果。

从财务管理的角度看，对于每一笔投入，高校都希望能够得到明确的、量化的回报。如果薪酬策略的针对性和有效性得到了保证，那么这种投入就更容易为高校带来所期望的回报，如研究产出的提高、更高的论文发表率、更多的研究经费等。同时，确保策略的针对性和有效性还可以帮助高校减少浪费。如果对于某个需求分配了过多的资源，而这个需求并不是科研人员最为关心的，那么这部分资源就可能被浪费，无法为高校带来预期的回报。反之，如果某个关键需求被忽视，那么即使其他方面的激励措施再好，也难以激发科研人员的最大潜能。

（四）财务模型与预算分析法

1. 财务模型在激励方案设计中的作用

任何组织的资金都是有限的。因此，在制定科研人员薪酬激励策略时，高校财务部门需要确保这些策略不仅是吸引人的，还是可持续的，不会给财务造成负担。财务模型在这里就显示出了其重要性，它提供了一个框架，可以模拟各种激励方案对高校财务状况的潜在影响。

与此同时，高校财务部门还需要考虑到资金的时间价值。即同样数量的资金，现在和未来的价值是不同的。因此，在计划长期的薪酬激励策略时，如何在不同的时间节点分配资金也是一个需要关注的问题。财务模型可以帮助高校财务部门在这方面做出更为明智的决策，确保在未来的某一时间点，高校不会因今天的决策而面临财务危机。而且，高校科研项目往往需要多年才能完成，并在完成后高校才能获得经济回报，如专利收入或项目续费。财务模型可以帮助高校预测这些长期项目的潜在经济价值，从而为高校提供如何在项目初期给予科研人员适当激励的建议。这不仅关乎科研人员的积极性，还直接影响到高校的财务健康。

2. 预算分析确保绩效考核与财务目标的协同

预算分析中涉及的各项财务数据实际上是对高校未来的经济活动和预期成果的预测和规划。与此同时，绩效考核作为评价机制，直接影响科研人员的积极性和研究成果。因此，将预算与绩效考核相结合实际上是一种双向调节和平衡的过程，确保高校的财务健康和科研发展同步。科研活动往往需要前期的投入，但回报可能是长期的，这使得预算分析在高校中尤为关键。例如，当研究项目的预算受到限制时，绩效考核机制可以鼓励科研人员寻找更为经济高效的研究方法，避免不必要的开支，而专注于核心的研究内容。这种方式下，科研人员不仅能够在有限的资源中发挥最大的价值，还能为高校节省宝贵的研究经费。

而在经费充裕的情况下，预算分析可以为绩效考核提供更多的激励手段。例如，那些在研究中表现出色的团队或个人可以获得更多的研究基金或奖励，以鼓励科研人员在未来的研究中持续创新和进步。这样，预算分析不仅确保了高校的财务目标得到实现，还促进了科研人员的发展和成长。并且绩效考核和预算分析的协同作用也为高校的财务管理提供了更为清晰的方向。例如，在分析科研人员的绩效数据时，高校可以及时发现那些资源使用不当或效率不高的项目，及时进行调整或干预，确保资金的有效利用。而那些在绩效考核中表现优异的科研团队可以得到更多的经费支持，确保科研人员在研究中获得更好的成果。

（五）对比与综合分析法

1.深入挖掘国内外差异性的根源

对于国内高校而言，财务管理是制定薪酬激励机制的核心因素。高校的财务来源、经费使用效率以及与政府、社会和企业的合作关系直接影响高校的薪酬激励策略。而一些发展得较好的国外高校往往拥有更为成熟的薪酬激励制度和更为稳定的财务来源，这使得它们能够更灵活地调整和优化薪酬结构，更好地激励科研人员。财务管理中的预算策略、资金来源和财务透明度等因素在不同国家的高校之间存在明显差异。例如，西方国家的高校往往更依赖于企业和社会捐赠，而我国高校更多地依赖于政府资助。这种不同的资金来源可能导致薪酬激励的重点和方式有所不同。在依赖政府资助的情况下，高校可能更注重与政府的科研方向保持一致；而在依赖企业和社会捐赠的情况下，高校可能更注重与市场和社会需求保持同步。

另外不同国家对研究成果的评价标准和机制也存在差异。一些国家可能更重视论文的发表数量和影响因子，而另一些国家可能更看重科研项目的实际应用价值和产出。这种差异也可能影响到薪酬激励机制的设计。国内高校在制定薪酬激励策略时，除了参考其他国家的经验，还需要根据自身的财务状况、科研方向和目标进行调整。对比与综合分析法的应用能够帮助国内高校认识到，国外的薪酬激励策略可能并不适合国内的实际情况，单纯地模仿国外高校可能不会起到很好的效果。我国高校只有结合自身的财务管理特点，深入挖掘国内外差异性的根源，才能制定出既具有国际视野又符合国内实际的薪酬激励策略。

2.综合优化薪酬激励策略

毋庸置疑，财务管理在薪酬激励策略的优化中起到了决定性的作用，原因是每一笔经费的分配、每一个预算的决策都与高校的长远发展、科研人员的工作动力和成果产出息息相关。因此，如何有效地将有限的财务资源转化为对科研人员的最大激励是每所高校都会面临的重要问题。通过运用对比与综合分析法，高校财务部门可以识别出那些在国外高校中效果显著、但在国内尚未被广泛采纳的薪酬激励方法。例如，某些国外高校可能会为那些在国际学术刊物上发表高质量论文的科研人员提供额外的研究资金支持。这种方法不仅能够鼓励科研人员积极发表论文，还能提高学校的国际声誉。对于国内高校而言，这可能是一个值得考虑的激励手段。

但是，任何激励策略都不能脱离财务的约束而独立存在。综合优化薪酬激励策略的过程中，高校财务部门必须考虑到高校的财务状况、预算分配原则以及未来的经费筹措计划。薪酬激励策略需要与财务目标高度协同，确保在鼓励科研人员的同时，也能保障学校的经济效益和长远发展。例如，如果某种激励策略需要较大的经费投入，但预计能够带来明显的科研产出提升，那么高校可能需要重新调整预算，确保有足够的资金支持这种策略的实施；如果某种激励策略的经费需求较小，但其效果不明显，那么高校可能会考虑将经费用于其他更为重要的地方。

二、研究框架

（一）研究背景、理论、概念明确

1.历史与现状对照

薪酬激励机制在历史上经历了诸多变革，从早期单一的工资制度，到如今多元化、绩效与贡献并重的激励策略，每一次变革的背后，都少不了财务管理的影子。数十年前，高校的薪酬体系相对固定，高校将重点更多地放在教学上而非科研，科研人员的薪酬更多地依赖于固定的工资；当时的财务管理也相对简单，更多是预算管理和资金分配，考核绩效的方式简单直接。但随着时代的发展，科研逐渐成为高校发展的重要动力，薪酬体系开始转向对科研产出的奖励。这也要求财务管理必须跟进，从简单的预算管理转为更复杂的投资回报率分析、风险评估等。其中，如何确保在增加对科研人员的激励投入的同时，保证财务的稳健和长远发展已成为每所高校财务部门需要考虑的核心问题。现在，面对国际化的趋势和日益激烈的学术竞争，高校的薪酬激励策略已不再仅仅关注工资，而是包括了研究资金、学术交流机会、高级研究设备使用权等多方面的内容。这种变革的背后无疑是财务管理的策略性调整，高校财务部门需要研究如何在有限的预算下，最大化科研人员的潜力和产出。但是，这也带来了一系列的挑战。如何确保每一笔投入都能得到合理的回报？如何避免科研人员为了短期的经济利益而牺牲长远的学术追求？如何保证所提供的丰厚激励不会导致财务的风险过大？所有这些问题都需要财务管理给出答案。因此，从历史到现在，薪酬激励机制与财务管理始终是密不可分的。只有两者高度协同，才能确保高校的发展稳定和科研人员的待遇合理。这种对比和反思不仅为现在提供了方向，还为未来的变革和发展提供了宝贵的经验。

2.理论与实际的连接

要在理论与实际之间搭建桥梁，特别是在薪酬激励机制的研究中，意味着需要全面解读高校科研人员的内在驱动力，为制定合适的薪酬策略提供参考。在这一过程中，财务管理起到了决策支持和战略指引的关键作用。当探讨科研人员的需求和期望时，不仅要考虑经济收益，还要涵盖职业发展、学术交流、科研自由度等多个维度。每一项需求背后都有相应的财务支出。例如，提供更多的学术交流机会可能意味着增加会议、研讨会的资金支出；提供更多的科研自由度可能涉及项目经费的重新分配。

这正是财务管理在理论与实际的连接中的价值所在，财务模型和预算分析可以预测不同激励策略对高校财务状况的影响，帮助决策者在满足科研人员需求的同时，确保财务的稳健；财务管理还能够对各种激励策略的投资回报进行评估，确保每一笔资金的投入都能产生最大的效益。进一步而言，理论与实际的连接还需要考虑薪酬激励与高校整体战略的结合。这意味着，高校财务部门在设计激励策略时，不仅要使策略满足科研人员的短期需求，还要使策略与高校的长远发展目标相协调。财务管理在这里扮演的角色既是战略的守护者，又是实施的指导者。只有确保了薪酬激励策略与财务目标、战略目标相协同，才能确保高校在激励科研人员的同时，实现持续、稳定的发展。

3. 交叉领域的整合

交叉领域的整合意味着必须从多个角度和层面对薪酬激励机制进行探讨和分析。财务管理作为整合的核心，不仅涉及预算分配和资金流动，还与组织内部的激励和动力机制相关联。因此，为了更好地了解和优化高校科研人员的薪酬激励，高校财务部门需要对这些交叉领域进行深入研究。从财务管理的角度，薪酬激励并不仅仅是一笔开销或投资，而是与高校的长期目标和战略紧密相关的关键环节。考虑到科研人员的心理和行为模式，财务激励策略会受到科研人员对于工作满意度、职业发展和自我实现等非物质的需求的影响。因此，如何在有限的财务预算内制定出能够最大程度激励科研人员的薪酬策略已成为财务部门需要面临的挑战。

不可否认，组织行为学提供了关于人在组织中如何互动和影响组织目标的深入见解。例如，当高校重视团队合作和交叉学科研究时，如何确保薪酬激励能够鼓励这种合作而不是引发内部竞争，就需要组织行为学的理论支持。再进一步分析，心理学关于动机和满足的研究也为薪酬激励提供了理论基础。例如，自我决定理论强调人的内在动机和外在动机，这为分析科研人员在薪酬激励下的行为提供了理论框架。在这种背景下，对这些交叉领域进行整合能够构建一个既符合财务管理的实际需求，又能满足科研人员心理和行为需求的薪酬激励机制。这不仅要求高校财务部门深入理解每一个领域的理论和研究，还要求其具备跨学科的综合思维能力，能够在实际操作中找到最佳的平衡点。只有这样，高校才能确保其薪酬激励机制既经济高效，又能真正地激发科研人员的工作热情和创新能力。

（二）薪酬激励的设计与实施策略

1.设计原则的内涵与外延解读

薪酬激励机制的设计原则有公平性原则、激励性原则、可行性原则、灵活性原则。公平性原则应深深刻在每个科研人员的心中。它不仅关乎物质报酬，还与每个人的心理感受、职业自尊和工作动机紧密相连。公平性的要求并不是简单的一视同仁，而是按工作的性质、难度、结果等因素给予相应的报酬。在公平性的考量中，财务管理能够起到关键的作用。为了实现公平分配，财务管理需要确保资源的有效分配、预算的合理性、薪酬结构的合理性、激励与绩效的匹配性。再来看激励性原则，激励性意味着薪酬系统应能有效激发科研人员的工作积极性和创新精神。这与财务管理的预算编制、绩效评估、奖金制度等多个方面紧密相关。例如，高校财务部门可以通过合理的预算分配，确保高绩效的科研团队得到更多的资源支持，从而激发其继续努力的动力。而可行性原则涉及薪酬激励方案在实际操作中的执行性，一个理想的激励方案如果没有得到财务层面的充分支持，很可能会流于形式，不能真正发挥效果。因此，财务管理需要确保激励方案在财务预算、资金流、税务处理等方面的可行性，确保方案的平稳运行。灵活性原则是指薪酬激励机制应具有一定的适应性和弹性，能够根据高校的发展需要、科研人员的变化需求，以及外部环境的变化进行调整。财务管理在此起到的作用是对薪酬策略的调整进行预算分析，确保每次调整都是在财务承受范围内，并确保每次调整都能为高校带来更好的绩效。

2. 资金筹措与预算管理的战略性整合

资金筹措是高校薪酬激励机制中的核心环节，原因是只有资金保障充足，激励策略才能顺利执行。然而，面对各种经费来源的限制，如国家拨款、学费、社会捐赠、科研项目资助等，高校往往需要协调多个渠道，确保资金稳定流入。这就需要高校在筹资策略上有所创新，考虑如何通过公私合作、产学研合作、技术转让等方式，增加非公有制资金的引入。与此同时，预算管理成了确保资金有效利用的关键。每笔经费的去向、如何分配、如何使用都需要明确的预算安排。特别是在薪酬激励方面，预算安排应该与高校的长期战略目标相一致，确保每笔投入都能带来所期望的回报。例如，对于那些重点支持的研究方向或团队，高校可以考虑提供更为优厚的薪酬待遇；而对于一些基础性、长期性的研究，高校财务部门在做预算时需要有所平衡，确保基础研究与应用研究之间的均衡发展。

绩效考核与预算管理的协同也非常关键，原因在于只有确保了每位科研人员都能在有限的资源下发挥出最大的潜力，高校资金的有效利用才能得到保证。这就要求高校将绩效考核与预算制定紧密结合，确保预算分配的公平性、合理性，同时鼓励科研人员积极参与项目申报、学术交流、技能提升等活动，提高整体的研究水平。高校还需要建立一个完善的反馈机制，这包括定期的财务报告、绩效考核结果、科研项目的进度报告等，确保管理层对资金使用的情况有清晰的了解，从而及时调整策略，确保预算的执行与初衷相符。

3. 实施过程中的持续优化与反馈机制建立

激励机制的核心目标是激发科研人员的积极性、创造力和效率。然而，由于外部环境的变化、科研领域的进步以及员工需求的多样性，单一的、静态的薪酬策略很难长期保持激励效果。因此，持续优化和反馈机制的建立显得尤为关键。

在财务管理的框架内，持续优化意味着对已有薪酬激励策略的经济效益进行评估。这需要高校财务部门深入分析薪酬支出与科研产出之间的关系，从而判断现有策略是否仍然具有高性价比。例如，如果增加的奖金支出并没有带来预期的研究产出增长，那么这种激励策略就可能需要调整。

反馈机制的建立则涉及与科研人员的直接沟通，定期的满意度调查、面对面的交流会议和建议箱等手段都可以帮助高校了解科研人员对现有薪酬激励策略的看法和建议。这种直接的反馈不仅可以帮助高校了解策略的实际效果，还可以帮助高校发现员工的新需求，从而及时调整。与此同时，高校的财务部门还应与人力资源部门紧密合作，确保薪酬激励策略与预算控制相一致。对于任何新的激励提议，高校财务部门都应进行详细地财务影响评估，检验其在经济上的可行性。除了上述的持续优化和反馈，高校财务部门还需要考虑薪酬激励策略与高校的整体战略目标的对齐。如果高校决定更加重视某一研究方向，那么财务部门也应对薪酬激励策略进行相应调整，确保其与战略目标高度一致。

（三）案例分析与比较研究

1.多维度的案例选择与分析

为了进一步加强对薪酬激励机制的理解，高校财务部门应对各种案例进行分析与比较研究，从而更好地评估各种薪酬激励策略的经济效益和可持续性。这包括但不限于高校的资金来源和预算分配、不同薪酬激励策略的投资回报率。

从财务管理的角度观察，可以发现某些薪酬激励策略虽然短期内带来了明显的科研成果增加，但长期的财务持续性却可能受到挑战。原因是高额的奖金和补贴可能导致了预算的紧张，从而影响到其他重要的学术和教育活动。因此，在分析案例时，高校财务部门不仅需要关注科研成果，还要深入分析这些成果背后的经济成本和长期效益。

也有可能出现这样的情况：某些看似经济效益不高的激励策略，但由于与高校的长远战略、文化和价值观高度匹配，从而在长期内产生了积极的影响。例如，某高校可能更加重视基础研究和长期项目，因此其薪酬激励策略可能更偏向于鼓励长期的研究深度而非短期的成果产出。从财务管理角度看，这种策略可能会在短期内增加研究支出，但长期来看，它有可能为学校带来更多的资金来源，如研究资助、赠款或专利收入。研究还会关注各高校如何通过预算管理和资金筹措，为其薪酬激励策略提供持续的财务支持。这不仅涉及如何合理分配有限的资源，还涉及如何通过外部合作、项目申报等方式为薪酬激励策略寻找新的资金来源。

2.国内与国外薪酬激励差异性探索

在不同国家和地区，高校的资金来源、预算制定、经费使用与管理均有所不同。这些财务管理上的差异往往与薪酬激励策略的制定和实施紧密相关。以资金来源为例，一些国家的高校可能更依赖于政府拨款，而另一些国家的高校则更多地依赖于企业合作、科研项目资助和学费收入。这种不同的资金来源往往导致高校在制定薪酬激励策略时，有不同的考量和侧重点。如果一所高校的主要资金来源是企业合作，那么其薪酬激励策略可能更偏向于鼓励与产业界的合作研究；如果资金来源主要是政府拨款，那么高校可能更偏重于鼓励基础研究和学术创新。

再来看预算制定与管理。不同的财务管理制度和习惯可能导致各高校在科研资金分配、使用和审计上有所不同。例如，一些国家的高校可能拥有更加灵活的预算制定和使用的权限，允许科研人员更自由地调配资金；而另一些国家的高校则可能需要更严格地遵循预算规定，对资金的使用进行严格的监控和审计。这种财务管理的差异无疑会影响到薪酬激励策略的实施和效果。

在了解了这些财务管理上的差异之后，研究还需要探讨如何将国际经验与国内实际情况相结合，为国内高校提供更有针对性的薪酬激励策略建议。这可能包括如何调整资金来源结构，以更好地支持科研活动；如何优化预算制定与管理，以提高资金使用的效率；如何借鉴国际上成功的薪酬激励实践，为国内科研人员提供更合适的激励。

3. 从实践中提炼策略与建议

在各个案例中，无论是国内还是国外，每所高校的薪酬激励机制都受到其财务状况和管理策略的影响。财务管理作为核心，连接了激励机制与高校的经济利益，确保资源的合理分配并持续创造价值。由于从案例中可以观察到资金来源的多样性，不同的资金来源对应不同的管理要求和风险。例如，政府拨款可能要求高校进行更加严格的预算管理和提供更加严谨的资金使用报告，而与企业的合作项目可能涉及更为复杂的盈利分配和投资回报计算。因此，为了确保薪酬激励机制的有效实施，高校需要建立与资金来源相匹配的财务管理策略，确保每一笔资金都能够发挥最大的效用。

预算管理是另一个重要的环节，从各种案例中可以发现，那些能够明确预算并确保资金使用与预算相一致的高校往往能更好地激励科研人员，并取得更好的研究成果。这是因为明确的预算可以为科研人员提供一个清晰的工作方向，让科研人员知道在哪些方面可以得到支持，从而更有动力去开展研究。除了预算管理，风险管理也是一个关键点。在案例中，那些能够有效管理财务风险的高校往往能够更好地实施薪酬激励机制，而不会出现突发的财务危机导致激励机制破裂的情况。这需要高校建立一个完善的风险管理体系，对各种可能出现的财务风险进行预测，并提前做好应对策略。

（四）评价、改进、未来展望

1. 全面的评价机制建立

在深入探讨高校科研人员薪酬激励机制时，评价机制的建立显得尤为关键。这样一个评价机制应当充分考虑与财务管理的紧密结合，确保评价的精准性、及时性和有效性。全面地评价机制主要包括以下四方面。

一是数据的完整性与真实性。为了确保评价的客观与准确，所有与薪酬激励相关的数据都应当来源于经过严格审计的财务报告。这确保了数据的真实性和准确性，为评价提供了坚实的基础。二是财务可持续性考量。在评价薪酬激励机制时，高校财务部门必须深入分析其对高校财务健康状况的长远影响。这包括但不限于其对高校的流动资金、资产负债比率、长期负债的潜在影响。三是成本与收益分析。薪酬激励机制所带来的直接和间接成本都应被详细列明和分析。例如，提高科研人员的奖金和津贴可能会增加高校的人力成本，但是这些增加的成本是否能够带来相应的研究产出或其他形式的回报是评价机制应当深入探索的。四是与高校整体战略的契合度。建立评价机制时，高校财务部门还应当深入探讨薪酬激励策略与高校的整体战略、使命和愿景之间的关系。这样可以确保薪酬激励策略不仅在短期内有效，还与高校的长远发展策略相一致。

2.基于评价的改进策略推导

对于薪酬激励制度而言，持续的评价与改进是实现目标、确保制度公平并激励科研人员的关键。在深入了解现有机制后，财务管理为推导出的改进策略提供了坚实的基础。具体有以下五个方面。

一是细化预算分配。在薪酬激励制度中，如何将有限的资源分配给众多的科研人员是一大挑战。从财务管理角度看，更细化的预算分配可以确保资源的有效利用。例如，为每个研究团队或个人科研人员设定详细的预算，这既可以确保资源的公平分配，又有助于跟踪和评估每一项支出的效果。二是关联绩效与预算。薪酬激励往往与绩效挂钩。因此，确保绩效考核与预算分配的紧密结合是关键。高校财务部门应根据每个科研人员或团队的实际绩效，调整其预算分配，这不仅可以鼓励高绩效，还有助于确保财务的可持续性。三是灵活性资金管理。高校科研活动往往充满变数，一些项目可能需要额外的资金支持，而另一些项目可能节省了预算。从财务角度看，建立一个灵活性资金池可以确保在面对这些突发情况时，高校能够迅速做出决策，为科研人员提供必要的支持。四是风险管理与激励。财务风险是所有机构都必须面对的挑战。为了确保薪酬激励制度的稳健，如何将风险管理与薪酬激励结合是值得探讨的。例如，为那些愿意承担更高风险的科研项目提供更高的激励，但同时确保有足够的风险缓冲措施。五是反馈循环的建立。确保财务管理与薪酬激励制度相互反馈是持续改进的关键。定期收集关于薪酬激励制度的反馈，同时对比财务数据，进行交叉分析，可以确保薪酬激励制度与高校的财务状况保持同步。

3. 面向未来的展望与建议

随着全球化的发展和知识经济的崛起，我国高校更为重视与国际接轨，这使得比较和借鉴他国科研人员的薪酬制度尤为关键。不同国家和地区的薪酬激励模式在实施中可能存在差异，但背后的核心理念和目标具有共通性：激发科研人员的工作热情，推动科研创新。财务管理作为薪酬激励机制的核心支撑，承载了使制度有效实施的基础任务。未来的财务管理不仅关乎预算的分配，更涉及如何通过资金流向反映科研的价值、效益与成果。其中，科研成果的量化与定性评价、科研人员的贡献识别、科研项目的长期投资与短期收益之间的平衡等都需要财务管理提供清晰、合理的决策支持。

随着科技的进步和数字化转型的深入，财务管理工具和方法也将更为先进。未来，可能会有更多的算法和模型帮助高校对科研投入与预期回报进行精确预测，进而为薪酬激励提供更为科学的依据。还有一点需要高校高度关注，即科研人员的需求和期望也在发生变化。除了基本的经济回报，科研人员可能更加关心自身成长、团队合作、研究自由度等非物质方面的激励。如何在财务管理中融入这些非物质因素，使薪酬激励更加人性化、全面化也是未来值得深入探讨的方向。

第二章　财务管理视角下的高校科研人员薪酬激励机制概述

第一节　财务管理与激励机制的关联性分析

一、业绩考核与员工激励

（一）目标对齐与员工行为指引

明确的财务管理目标在业绩考核中扮演着至关重要的角色，能够为员工提供清晰的行为方向和决策方向。当这些财务目标被设定并与员工的日常工作和绩效考核相结合时，整个组织都会朝着一个统一、清晰的方向努力。这不仅使得组织内部的各个部门和团队能够同心协力，还确保了员工的工作与组织的整体战略和目标保持一致。这种目标对齐为员工创造了一个明确且可量化的工作方向，知道为什么而工作，以及如何衡量成果能够对员工产生积极的激励效果。当员工了解到自己的努力可以为组织带来实际的财务价值，并且这种价值会被组织所认可和奖励时，他们会更加投入工作，追求卓越的绩效。

激励机制在这里起到了桥梁的作用，它连接了员工的工作表现与组织的财务成果。一个有效的激励机制不仅会奖励取得成果的员工，还会鼓励他们继续努力，超越自己，以实现更高的绩效。这种机制使得员工更有动力去实现或甚至超越财务管理目标。这种相互关系体现了财务管理与激励机制之间相互依赖的关系，原因在于如果没有明确的财务管理目标，员工可能会感到迷茫，不知道如何衡量自己的绩效。同样，如果没有有效的激励机制，员工可能会缺乏达到这些目标的动力。因此，业绩考核与员工激励在财务管理中是相辅相成的。

（二）深度激励与业绩评价

深度激励是对员工对组织目标的超额贡献的认可。这种激励的核心在于不是满足于基本任务的完成，而是鼓励每一个员工走得更远、做得更好。换句话说，这是对超常发挥的奖赏。这种深度激励与业绩评价之间存在着密切的关系，原因是只有当组织明确并量化了业绩标准，员工才能知道如何超越它们。明确的业绩评价提供了一个基准，让员工知道自己在哪里、该向哪里前进，以及如何到达那里。

考虑到财务管理与激励机制，业绩评价成了连接两者的桥梁。当考核制度明确、公正并与组织的财务管理目标紧密结合时，它就成为了激励员工追求卓越的强大工具。员工知道，当组织达到或超越了财务管理目标，自己也将因对这些成果的贡献而受益。而在财务管理视角下，任何超出预期的正面业绩都会直接影响到组织的财务状况，无论是提高销售、减少成本还是创新产品。因此，为员工提供深度激励，鼓励他们超越自己实际上是在鼓励他们努力改善组织的财务状况。而且为了维持和增强这种激励机制的效果，组织也需要对业绩评价进行持续的优化。这意味着评价标准需要不断地调整和更新，以反映组织的变化和市场的需求，确保员工始终有明确且具有挑战性的目标可以追求。

（三）反馈机制与持续激励

对于任何组织，反馈机制都是其持续激励策略的核心组成部分。当员工了解了其努力会如何转化为实际业绩，以及如何对组织的整体财务状况产生影响，他们就会更加努力地工作，更好地将自己的目标与组织的财务管理目标相对齐。当员工的行为和成果直接影响到高校科研组织或机构的财务表现时，反馈机制不仅能够作为一个确认工具，证明员工的贡献对高校科研组织或机构有实际的积极影响，还能够使得员工与高校科研组织或机构之间的关系更紧密。

再进一步而言，反馈机制与财务激励的结合可以为员工提供明确的方向，指导他们在未来如何调整策略以更好地达到财务管理目标。这种与财务相关的明确反馈能够确保员工始终知道他们在组织中的价值和地位，以及如何通过改进自己的表现来提高自己的地位。当员工看到自己的工作直接影响到高校科研组织或机构的财务状况，他们更有可能采取主动，找到新的方法和策略来做出更多贡献，从而进一步提高自己的绩效奖励。反馈机制与激励机制结合后就能够成为员工与组织之间沟通的桥梁，确保每个人都明确地知道自己的角色，以及如何通过自己的努力为高校科研组织或机构创造更大的价值。

（四）激励公平性与业绩对比

无论是在大型高校科研组织或机构还是中小型高校科研组织或机构中，公平性始终是员工关心的核心话题。当谈到业绩考核与员工激励时，公平性的问题尤为突出。为确保公平性，财务部门可以采用业绩对比作为一个关键工具，以确保激励的分配与实际业绩相匹配。透明的业绩对比可以清晰地揭示每个员工、团队或部门与预定目标的距离，这对于公平分配激励至关重要。不仅如此，当员工看到业绩数据时，他们更容易接受激励的分配决策，原因是这种决策是基于事实和数据的。

当激励与真实业绩之间存在明确的关系时，员工会更有动力去努力工作。知道自己的努力和成果会得到相应的回报对于激发员工的积极性和工作热情至关重要。如果员工认为激励的分配是随意的，或者与实际业绩无关，那么他们可能会感到挫败和不满，这可能导致他们工作效率低下、离职率上升、士气低落。通过对比自己的业绩与同事或其他部门，员工可以发现自己的长处和短处，从而找到提高业绩的方法。这种对比可以应用于个体，也可以应用于团队或部门，从而帮助整个组织找到优化和提高的方向。这不仅可以提高员工的满意度和士气，还可以确保组织达到财务管理目标。因此，业绩对比作为一个有效的工具，能够帮助组织确保激励与实际业绩之间的公平对应，从而实现财务管理与激励机制之间的有效对接。

（五）长期视角与持续激励

激励机制通常以财务为基础，旨在奖励员工为实现组织目标所做出的努力。但是，如果激励机制仅仅关注短期的财务成果，可能会导致员工过于关注短期目标，而忽略长期的利益和机会。当考虑到长期视角时，激励机制会更加注重持续的绩效，鼓励员工在日常工作中考虑长远的决策和策略。例如，激励机制可以设计为奖励员工在项目中采取可持续的方法，或者奖励员工为满足长期财务目标而做出的努力。

一旦员工认为自己的未来与高校科研组织或机构的未来紧密相连时，他们工作时会更加投入，且更有可能为实现组织的长期目标而工作。优秀的员工通常寻求的是一个长期发展的机会，而不仅仅是一个短期的奖励或激励。通过为员工提供长期的职业发展机会和持续的激励，组织可以更容易地吸引和留住这些人才。

二、预算控制与目标设定

（一）预算参与度与员工投入性

预算作为组织内的一个关键财务工具，不仅用于规划和控制资源的使用，还在员工行为和组织文化的形成中起到关键作用。预算的编制、实施和控制过程为组织提供了一个框架，使员工能够理解和支持组织的目标和策略。这不仅能帮助员工更好地理解组织的需求和期望，还能让他们更加投入地做好自己的工作，原因是他们知道自己的努力与组织的成功有直接的关联。

在预算控制与目标设定的过程中，员工可以明确地看到他们的工作与组织的整体战略和目标之间的联系。当员工了解到自己的工作会如何影响组织的发展，他们就更有可能为实现这些目标而努力。而预算与目标的设定不仅与数字有关，还与员工的期望、动机和价值观有关。预算控制不仅是为了确保组织的财务健康，还为员工提供了一个明确的方向，指导他们如何分配自己的时间和资源，以实现组织的目标。当预算目标与员工的激励挂钩时，员工会更有动力确保预算的实施和控制。他们会更加关注成本控制、资源优化和效率提升，从而更好地为组织创造价值。为了确保预算控制与目标设定之间的关联性，组织可以定期对预算进行审核和评估，以确保预算目标与组织的长期策略和目标保持一致。组织还应该鼓励员工在预算编制和实施过程中提出建议和反馈，以确保预算的实用性和适用性。

（二）灵活的预算调整与激励适应性

灵活的预算调整意味着预算能够对外部和内部环境中的变化做出响应，从而保持与目标的相关性，使目标实现的可能性更大。这种灵活性能够使组织快速适应市场的波动，而不是僵化地坚持一个可能已经过时的预算目标。不但预算的调整需要有灵活性，激励机制也需要具备适应性。激励机制的目的是推动员工实现预设的目标，但当这些目标因各种原因而变得不再切合实际时，激励机制也应随之调整，以确保依然能够驱动员工的行为。

可以这样理解预算和激励机制之间的关联：预算为组织提供了一个方向和框架，激励机制为员工提供了一个推动力。但是，如果这两者之间存在不匹配的地方，如预算目标被认为过于苛刻或不切实际，而激励机制又不能提供足够的奖励，员工可能会感到沮丧或失去积极性；当预算目标与激励机制相匹配并且都具有一定的适应性时，员工会更有可能买账。他们不仅可以看到自己的努力是如何帮助组织实现财务目标的，还会知道当环境发生变化时，他们的努力依然会得到公正的回报。预算和激励机制之间存在的明确且合理的联系还可以提升组织的透明度。员工知道自己的努力是如何被计算和奖励的，这可以提高他们对激励机制的信任，从而增强他们对组织的忠诚度。

（三）短期与长期预算平衡与激励策略

短期预算通常关注季度或年度的目标，重点是实现及时的业绩；长期预算则更看重未来几年的业务规划和发展趋势。这两种预算形式都有其独特的价值和意义，为高校科研组织或机构的持续运营和发展提供了方向。激励策略应当与预算的特点相结合，确保员工的行为和决策与高校科研组织或机构的财务目标保持一致。当考虑短期预算时，激励机制可能更多地关注即时的奖励，如季度奖金或年终奖。这些奖励的发放通常基于员工在特定时间段内的表现。当涉及长期预算时，激励策略可能更倾向于鼓励员工关注高校科研组织或机构的长远目标。例如，股票期权或长期绩效奖金可以鼓励员工更多地考虑高校科研组织或机构的未来，而不仅仅是眼前的利益。这样的策略可以确保员工的目标与高校科研组织或机构的长期目标保持一致，促进组织或机构的持续稳定成长。高校科研组织或机构太关注短期业绩可能会失去长远的发展视角，而只看重长期可能会忽略了眼前的机会和挑战。因此，预算控制与目标设定必须同时考虑这两个方面，确保在实现即时业绩的同时，也为高校科研组织或机构的未来打下坚实的基础。同样，激励策略也需要做到这一点，如果只鼓励员工追求短期的利益，可能会导致他们忽视了组织或机构的长远目标；反之，员工可能会对眼前的业绩缺乏积极性。

（四）预算透明度与员工信任度

预算作为高校科研组织或机构的财务规划工具，反映了高校科研组织或机构的目标和战略。当这些信息公开并与员工共享时，员工能够清晰地看到高校科研组织或机构的发展方向和自己的角色。透明度不仅能够使员工了解到高校科研组织或机构的经营状况，还能够使员工看到自己在高校科研组织或机构中的价值和贡献。这种了解和认知有助于强化员工与高校科研组织或机构的联结，从而提高员工的投入度和工作热情。

不可否认，预算透明度还可以帮助员工理解激励机制背后的原理和逻辑。当员工知道了激励是如何与预算、目标和业绩挂钩的，他们就会更加信任这一机制。信赖是任何激励策略成功的关键。当员工相信了高校科研组织或机构的激励策略是公正和合理的，他们就会更加努力工作，以实现预定目标并获得相应的激励。在没有足够信息的情况下，员工可能会对高校科研组织或机构的决策和目标产生疑虑，这可能会导致士气低落和动力缺失。而当预算信息公开透明时，员工能够看到高校科研组织或机构的整体发展态势，了解到自己的工作如何与高校科研组织或机构的整体策略相匹配。而且对于激励机制来说，透明度同样重要。员工需要知道自己的表现如何影响到激励，以及他们可以如何改进以获得更多的激励。当员工看到了自己的努力被公正地评估并获得了回报时，他们会更加自信，并更有动力去追求卓越的业绩。

（五）预算绩效评估与持续激励

预算绩效评估是一种有效的工具，可以确保组织或机构的资源得到合理利用、目标得以实现。这样的评估不仅关注数值或财务目标的达成，还关注各项活动和过程，确保整个组织在正确的轨道上前进。为确保预算的成功实施，绩效评估是不可或缺的一部分，它为组织提供了一个调整和完善预算的机会，从而组织能够更好地达到其目标。财务部门对预算绩效评估，并且将其与所设定的目标进行比较后，那些为组织做出了卓越贡献的员工应当受到奖励。这种奖励可能是金钱、晋升或其他形式的认可。通过这种方式，员工可以清楚地看到自己的表现与激励之间的直接关联。

预算绩效评估也可以为员工提供有价值的反馈，这种反馈可以帮助员工了解自己的长处和需要改进的地方。当员工知道哪些行为和结果会受到奖励时，他们更可能调整自己的工作方式，以满足高校科研组织或机构的预算目标和期望。而且，预算是对高校科研组织或机构未来期望的财务表现的反映，而目标为高校科研组织或机构提供了一个明确的方向。

预算绩效评估确保高校科研组织或机构朝着这些目标前进，持续激励则鼓励员工为实现这些目标而努力。持续激励是一种动态的、长期的激励机制，这种激励方式超越了单次的奖励或短期的激励措施，旨在通过不断的支持，激发和维持个人或团队在工作和创新方面的积极性。在高校科研人员薪酬预算控制与目标设定中，持续激励的重要性也较为突出。其原因有以下几点。科研工作通常需要长期的投入和专注，持续激励能够帮助科研人员保持对研究的热情和创新能力，特别是在面对复杂、长期的科研项目时；科研工作往往充满不确定性和风险，研究成果可能需要较长时间才能显现，持续激励可以帮助科研人员在面对挑战时保持积极态度；持续激励鼓励科研人员规划和投资自己的长期职业发展，这不仅有利于科研人员个人成长，还有助于高校建立一支稳定且高效的科研团队；持续激励可以确保科研人员的工作目标与高校的长期战略目标保持一致，这种一致性对于高校整体的科研质量和声誉至关重要；在预算控制的背景下，应用持续激励机制可以帮助高校更加高效地使用有限的资源，更好地分配薪酬和奖励，最大化激励效果，同时避免不必要的开支。

三、薪酬结构与风险管理

（一）平衡短期与长期激励

短期激励往往与高校科研组织或机构即时的业绩和利润挂钩，长期激励则与高校科研组织或机构的长远发展、股东价值和高校科研组织或机构战略相关联。因此，薪酬结构中短期和长期激励的比例不仅影响员工的工作动机，还关乎高校科研组织或机构整体的稳定性和持续性。当短期激励过于受重视时，员工可能更注重短期利益而忽视了长期风险。例如，为了迅速达到业绩指标，员工可能采取高风险的投资策略，这可能会给高校科研组织或机构带来巨大的长期损失。如果长期激励得到了适当的重视，员工则更可能注重持续和稳健的增长，而不是短期的快速回报。

为实现这种平衡，高校科研组织或机构可以引入一系列的薪酬策略。例如，高校科研组织或机构可以为员工提供与高校科研组织或机构股价表现相关的股票期权或股票奖励。这样，员工的利益就与高校科研组织或机构的长期利益紧密相连，他们会更有动力采取有益于高校科研组织或机构长远发展的策略。此外，长期绩效奖金可以根据员工在高校科研组织或机构多年来的综合表现进行发放，确保员工在考虑短期业绩的同时，也不会忽略高校科研组织或机构的长期目标。同时，对员工进行风险管理的培训也是十分必要的。让员工了解冒险行为可能给高校科研组织或机构带来的后果，以及如何在日常工作中做出风险评估都是预防过度冒险行为的重要手段。

（二）薪酬与风险容忍度的匹配

风险管理不仅与高校科研组织或机构的财务结构和投资策略相关，还与员工的行为和决策直接相关。而这些行为和决策在很大程度上又受到激励机制的影响。因此，将风险管理与激励机制相结合，确保两者之间的协同作用对高校科研组织或机构长期稳健增长至关重要。合理的薪酬结构应该能够鼓励员工在追求个人利益的同时，也考虑到高校科研组织或机构的整体利益和风险。但在实际操作中，很容易出现员工过度追求短期利益，而忽视长期风险的情况。因此，如何在薪酬结构中平衡短期和长期利益成了风险管理的重要议题。

有的人或团队可能更愿意冒险、寻求高回报；而有的可能更加保守、注重稳定。这种风险容忍度的差异会在很大程度上影响他们的决策和行为。如果薪酬结构与风险容忍度不匹配，可能会导致员工过度冒险，或者对可能的机会持过于保守的态度。为了解决这个问题，高校科研组织或机构应该深入了解员工和团队的风险偏好，确保薪酬结构与之相匹配。例如，对于那些愿意冒险的员工，高校科研组织或机构可以提供更多的绩效奖金或股票期权等与业绩直接相关的激励；对于那些更加保守的员工，高校科研组织或机构则可以提供更稳定的固定工资和长期福利。

（三）激励上限与风险控制

在组织或机构的运营中，薪酬结构与风险管理之间的协同效应起着至关重要的作用。特别是在当前复杂又竞争激烈的经济环境下，合理的薪酬结构和风险管理策略对激励员工，确保高校科研组织或机构健康、稳定和持续发展都是必不可少的。激励上限与风险控制在这个体系中扮演着关键的角色。

“激励上限”，顾名思义，就是对员工所能获得的最大激励进行的限制。这不仅意味着员工的薪酬受到一定的约束，还意味着高校科研组织或机构为员工创造了一个明确和可预期的工作环境。如果员工为了追求更多的收益，不惜一切代价去冒险，这种行为不仅可能损害到高校科研组织或机构的利益，还可能对高校科研组织或机构的长远发展造成严重威胁。但是，一旦设定了激励上限，员工就知道了自己的努力到了一定程度后所能获得的回报是有上限的，这会在一定程度上遏制他们采取冒险行为。但是，单纯地设定激励上限并不意味着风险就得到了完全的控制。还需要确保激励结构与高校科研组织或机构的整体风险管理策略相匹配。这要求高校科研组织或机构在制定薪酬结构时，不仅要考虑员工的工作绩效，还要考虑他们的行为是否与高校科研组织或机构的风险管理策略相符。为了进一步强化风险控制，高校科研组织或机构可以将激励上限与其他手段结合起来，如对存在冒险行为的员工进行培训，提醒他们关注长期目标而不是短期的薪酬；或者设定更为严格的业绩考核标准，确保他们在追求激励的过程中不会损害高校科研组织或机构的长远利益。

（四）绩效反馈与风险教育

绩效反馈在高校科研组织或机构的运营中扮演着核心的角色，它旨在告诉员工他们的表现如何，并为他们提供改进的方向。而风险教育是教育员工如何在决策时权衡风险和回报，以及如何在可接受的风险范围内做出决策。这两者紧密结合，可以强化员工对风险管理的理解和实践。当员工了解了自己的绩效如何，并知道了如何改进，他们就更有可能去努力表现得更好。但单纯的绩效反馈并不足以确保员工做出的决策与高校科研组织或机构的风险管理策略相匹配。因此，风险教育变得尤为重要。如果一个员工面临着两个选择，一个是可能会带来高回报但风险较高的项目，另一个是回报适中但风险相对较低的项目。单纯根据绩效反馈，员工可能会选择高风险的项目，原因是这样可以带来更高的回报，从而获得更好的绩效评价。但是，如果员工接受过风险教育，他们就会知道如何权衡这两个项目的风险和回报，可能就会做出与高校科研组织或机构风险管理策略更为一致的决策。在制定薪酬结构时，高校科研组织或机构应该考虑到绩效反馈和风险教育的结合。例如，高校科研组织或机构可以为员工提供与风险相关的培训和教育，确保他们在追求绩效的同时，也能够理解和管理与之相关的风险。这样不仅可以确保员工的绩效与高校科研组织或机构的长期目标相匹配，还可以确保他们的决策与高校科研组织或机构的风险管理策略相一致。

（五）薪酬结构的透明性与风险沟通

透明的薪酬结构不仅意味着科研人员能够清晰地了解自己的收入构成，还意味着他们可以看到自己的努力是如何转化为高校科研组织或机构的利润，并进一步转化为自己的收入的。

从风险管理的角度看，透明的薪酬结构为科研人员提供了一个清晰的检视风险和回报的视角，也为高校科研组织或机构提供了一个与科研人员进行风险沟通的平台。有效的风险沟通应包括关于风险对科研人员薪酬激励影响的说明。例如，当一个项目面临较高的风险时，科研人员的绩效奖金或未来此项目得到的资金支持就可能受到影响，如果相关部门能够清晰地传达这些信息，科研人员就可以对项目的风险和回报有更全面的理解。而且在科研环境中，风险可能包括资金不足、研究延误、数据丢失或科研成果未达预期等。透明的薪酬结构能够使科研人员更好地理解这些风险如何影响自身的薪酬和职业发展，这样，科研人员在参与项目时就会做出更明智的决策。

如果薪酬结构中包含了与高校科研组织或机构绩效相关的变动性奖金，科研人员就可以直观地看到自己的努力与高校科研组织或机构风险承担之间的联系。通过薪酬结构，高校科研组织或机构可以向科研人员传达其对风险与回报的权衡，以及高校科研组织或机构在风险管理上的期望。当科研人员了解到高校科研组织或机构是如何看待风险的，以及高校科研组织或机构是如何为风险支付代价的，他们在做决策时就会更加小心，更加考虑到其决策对高校科研组织或机构整体风险的影响，确保其决策与高校科研组织或机构的风险策略相一致。

透明的薪酬结构还可以帮助高校科研组织或机构获得科研人员的信任，原因是当科研人员相信高校科研组织或机构在薪酬方面是公正公开的，他们就会更加信任高校科研组织或机构的其他决策，包括风险管理决策。这样的信任是双向的，当高校科研组织或机构信任科研人员，并愿意与科研人员共享关键的财务信息时，科研人员也会更加信任高校科研组织或机构，并愿意为高校科研组织或机构承担合理的风险。

四、投资决策与长期激励

（一）多方合作价值与长期绩效

为实现长期、稳健发展，高校科研组织或机构需要做出诸多投资决策，这包括但不限于合作伙伴选择、项目投资、研发方向等。这些决策涉及的是对于未来机会的预测和评估，以及对于风险的识别和管理。与其他高校科研组织或机构、政府部门建立合作伙伴关系可以获得技术、资金和市场等多方面的利益。然而，多方合作也可能伴随着风险，如合作伙伴的不确定性、技术的可行性问题等，所以建立一种可以量化和评估这些合作价值的机制是至关重要的。

另外，要鼓励员工参与和支持这些长期的投资决策，高校科研组织或机构制定与之相匹配的激励机制同样重要。当员工看到所得到的回报与高校科研组织或机构的长期绩效紧密相关时，他们会更倾向于为高校科研组织或机构的长远目标而努力，而不是只看到眼前的利益。长期绩效不仅包括高校科研组织或机构财务上的盈利，还包括品牌形象、市场份额、技术创新等多方面的内容，这些因素都与员工的日常工作紧密相关，而长期激励策略是一座桥梁，将员工的工作与高校科研组织或机构的长期目标连接起来。

（二）项目持续性与员工承诺

投资决策，尤其是涉及大型项目或技术创新的决策，常常需要几年甚至更长时间才能看到成果。这种延迟的回报性质使得项目持续性成为一项关键考量。为了确保项目不仅能够启动还能够顺利完成，员工的长期承诺是至关重要的。这样的承诺不仅仅是形式上的，它涉及员工对项目目标的深入理解、对项目可能面临的挑战的预见以及对于项目成功的真正信仰。当员工真正信仰他们所做的工作，并认为它会为高校科研组织或机构带来长期价值时，他们更有可能付出最大努力，确保项目成功。

而长期激励策略为员工提供了一个明确的信号，表明高校科研组织或机构也对这些长期项目有同样的承诺。当员工知道了他们的努力会在未来得到回报，而不仅仅是得到短期利益，他们就更有可能长时间坚守在岗位上。这种承诺和稳定性为项目提供了一个坚实的基础，使得项目能够更好地应对各种挑战和不确定性。还有一点需要高校科研组织或机构高度重视，即投资决策中的风险考量也与员工的长期承诺有关。如果员工感受到高校科研组织或机构的投资策略太过冒险，他们的长期承诺就可能被动摇。而一个明确、公平的长期激励策略可以减少员工的这种担忧，使员工感到高校科研组织或机构在做决策的同时考虑到了他们的长期利益。所以确保员工与高校科研组织或机构的目标一致，并通过合适的激励策略来实现这一目标是财务管理的关键任务之一。

（三）风险分摊与长期视角

在进行投资时，高校科研组织或机构通常需要在追求最大回报与控制风险之间找到平衡。而在财务管理中，如何确保投资策略与高校科研组织或机构的长期目标相匹配，并鼓励员工也从长远的角度出发是一个重要议题。风险分摊的概念不仅是指将风险在多个投资项目之间进行平均分配，还是一种更为深远的思考：如何让整个组织都对风险有所认知，并共同努力去应对它。这种共同的责任感可以鼓励员工更为深入地了解和评估风险，从而在决策时更加谨慎。

长期激励策略在这里发挥着重要的作用，当员工知道他们得到的回报与高校科研组织或机构的长期绩效紧密相关时，他们会更加关心高校科研组织或机构的长远发展，而不是仅仅注重短期利益。这就意味着，员工在面对投资选择时，会更倾向于选择那些即使短期内可能不那么有吸引力，但长期来看能够为高校科研组织或机构带来稳定、持续回报的项目。

风险分摊与长期视角之间的这种紧密关系有助于为高校科研组织或机构打造一个稳健的投资环境。在这样的环境中，员工会更有动力去寻找那些能够为高校科研组织或机构带来长期价值的机会，并避免那些风险可能过大的投资。当员工明确知道高校科研组织或机构也在和他们一起承担风险时，他们对高校科研组织或机构的归属感和忠诚度都会有所提升。这种相互的信任和合作可以进一步加强组织内部的凝聚力，使得员工和高校科研组织或机构更为紧密地合作，共同应对各种风险和挑战。

（四）投资回报期与激励时间

在财务管理中，投资回报期是一个至关重要的考量因素，这不仅决定了资金的使用效率，还与高校科研组织或机构的现金流稳定性息息相关。而员工作为高校科研组织或机构的一部分，其行为和决策都会影响到这一回报期。因此，激励机制在这里起到了至关重要的作用。

考虑到投资的长期性，员工需要持续推进投资项目，并确保能够在预期的时间内获得投资的回报。如果激励机制的时间框架与投资回报期不匹配，员工可能会在项目还未完成或未达到预期回报时就失去了推进项目的动力，这无疑会对高校科研组织或机构的整体绩效带来负面影响。相反，当激励的时间节点与投资的关键节点相匹配时，员工会更有意愿为了长期的目标而努力。例如，如果一个项目预计需要三年时间才能开始产生回报，那么激励策略也应当考虑到这三年的周期，确保员工在这期间都能获得与他们的努力相匹配的激励。另外，在某些快速变化的行业中，尽管投资回报期较短，但风险也相对较高。在这种情况下，激励策略应当鼓励员工在短期内取得明显的业绩，也应对他们在面对市场变化时所做的适应性决策给予奖励。

（五）员工发展与高校科研组织或机构发展

当高校科研组织或机构决定投资某个项目或业务时，除了需要资金，更需要有一支能够执行这一决策的团队。这意味着，员工是执行者，更是这一投资决策成功与否的关键因素。因此，对员工的发展投资与对资本的投资一样，都是高校科研组织或机构发展的重要组成部分。

提供长期激励意味着高校科研组织或机构看到了员工的潜力和价值，并希望他们能够在组织或机构内有更长远的发展。例如，向员工提供高级管理培训或领导力发展项目不仅可以提高员工的职业技能，还可以加强他们与高校科研组织或机构的联系，使他们更愿意为高校科研组织或机构的长期利益而努力。这种努力正是推动高校科研组织或机构发展的重要动力。员工的成长和发展会带来新的视角、技能和策略，这些都能为高校科研组织或机构带来更高的效率和更好的业绩。与此同时，当员工看到自己的努力被认可，他们的忠诚度和归属感也会提升，他们为高校科研组织或机构的成功做贡献的意愿也会进一步增强。

五、财务透明度与员工信任

（一）公平感受与信息对称

在现代的经营环境中，财务透明度已经成为高校科研组织或机构内部沟通和管理的关键要素。当高校科研组织或机构采用开放和透明的方式分享财务信息时，员工会有机会理解高校科研组织或机构的经营状态、策略方向以及面临的挑战。而这种理解会为员工和高校科研组织或机构之间建立一座坚实的信任桥梁。当员工能够清晰地看到高校科研组织或机构的收入、支出、利润和其他关键财务数据时，不但他们对高校科研组织或机构经营状况的了解会有所增加，而且他们能更好地理解自己的角色和价值。例如，员工可以看到自己所在部门的绩效如何，以及这对高校科研组织或机构整体的影响有多大。这种了解会使员工更容易接受激励机制，并对其产生更强的认同感。

公平不仅仅是给予员工应得的报酬，更重要的是让员工知道他们得到了什么，以及为什么得到，这是通过信息对称来实现的。当员工和管理层都掌握了相同的信息时，员工更容易接受激励机制，原因是他们知道这是基于公正和客观的数据制定的。这种信任和公平的感受不仅会使员工的满意度上升，还会鼓励他们为高校科研组织或机构的成功做出更大的贡献。而且当员工知道了高校科研组织或机构在哪些方面面临挑战，以及在哪些领域有成功的机会时，他们也可以更有针对性地提出建议或改进方案。这样，财务透明度不仅能够提升员工的信任和忠诚度，还能够使员工成为高校科研组织或机构改进和创新的重要力量。

（二）真实的业绩与激励合理性

在高校科研组织或机构的经营中，业绩与激励之间的关系始终是焦点所在。员工希望自己的努力能够得到合理的回报，而高校科研组织或机构希望激励策略能够真实反映员工的贡献并推动整体业绩的提升。要达到这一目的，一个公开、透明且真实的财务管理体系是有必要的，这样员工就能清楚地看到自己的努力是如何为高校科研组织或机构带来真实价值的。在这样的一个财务管理体系中，所有的业绩数据都是真实的、没有被修饰的，这意味着当高校科研组织或机构宣布某项业绩达标或超标时，确实是基于实际的数据，没有对数据进行人为的调整。这种真实性对于员工的认知极为重要，原因是它意味着高校科研组织或机构对待员工的态度是公平的，不会因某些隐秘的原因或利益关系而对业绩数据进行操纵。

与此同时，真实的业绩数据还为激励策略的制定提供了坚实的基础。当高校科研组织或机构根据真实的业绩数据来设计激励策略时，员工会更容易接受，原因是他们知道这些策略是合理的、与他们的实际贡献相匹配的。这种匹配性是激励机制的核心，只有当激励与员工的真实贡献相匹配时，员工才会认为激励是公平的，从而更加积极地投入工作。而且真实的业绩数据还可以帮助员工更好地理解高校科研组织或机构的经营策略和方向，从而调整自己的工作方法和态度。例如，如果某个部门的业绩一直低于预期，员工可以根据真实的数据来分析问题的原因，并寻找解决方案，而不是被不真实的数据所误导。

（三）决策参与与员工积极性

员工不仅是高校科研组织或机构的基石，还是业务运作的关键驱动力。对于任何成功的组织来说，员工的见解、经验和专业知识都是不可或缺的。而当这些员工的意见和建议在高校科研组织或机构的决策过程中被充分采纳时，他们的满足感、忠诚度和整体的工作效率会大大提升。当员工能够参与到预算制定、资本分配或其他重要决策中时，他们就能够更直接地看到自己的意见和建议是如何影响高校科研组织或机构的整体策略和业务方向的。这种参与感会使员工更容易理解并接受高校科研组织或机构的决策，原因是他们知道自己为这个决策过程做出了贡献。

然而，决策参与不仅是为了提高员工的满足感和积极性。从财务管理的角度看，员工的参与可以为高校科研组织或机构带来更为深入和全面的视角。员工往往离业务的实际运作更近，他们的日常工作和与客户的交互为他们提供了宝贵的洞察力。因此，他们在决策过程中提出的建议往往更具有针对性和实用性。从激励机制的角度看，决策参与与财务管理之间的联系尤为紧密。财务透明度使员工能够清楚地看到高校科研组织或机构的财务状况，而决策参与进一步加强了他们与高校科研组织或机构的联系。当员工看到自己的建议被采纳，并直接影响到高校科研组织或机构的财务业绩时，他们就会更有动力去追求更好的绩效。这种动力来自激励策略，更来自他们对高校科研组织或机构的归属感和对自己能力的信心。

（四）透明的反馈机制与持续激励

透明的反馈机制能够为员工提供一个实时的、直观的业绩展示，允许他们清晰地看到自己的工作与高校科研组织或机构整体目标之间的联系。这种明确性不仅有助于员工明白自己在哪里、要到达哪里，还有助于他们明确自己能如何为高校科研组织或机构带来价值。当员工看到高校科研组织或机构的财务状况，并了解到自己的直接贡献是如何反映在这些数字中时，他们会更加信任高校科研组织或机构。这种信任感来源于他们知道，无论高校科研组织或机构的业绩高低，他们都能够获得实时、真实的信息，而不是被蒙在鼓里。

当员工知道他们的努力和贡献能够被看到，并且与高校科研组织或机构的财务成果直接相关时，持续激励就变得更为有效。不仅如此，透明的反馈机制也鼓励员工去追求更好的业绩，原因是员工能够知道自己的每一次努力都能被看到并得到认可。为了让激励机制发挥最大效果，高校科研组织或机构必须确保其与透明的反馈机制相匹配。当员工能够看到自己的业绩与激励直接关联时，他们会更有动力去超越自己，为高校科研组织或机构创造更多的价值。这样，财务透明度就变成了一种激励工具，不仅提高了员工的积极性，还增强了高校科研组织或机构和员工之间的信任。

（五）建立长期信赖与稳定的激励

对于员工而言，了解高校科研组织或机构的真实状况意味着他们能够更好地理解自己的角色和贡献在整个组织中的位置。这样，他们不仅会对自己的工作更有信心，还会对高校科研组织或机构的未来有更强烈的信念。而这种信念是员工每天投入工作、追求卓越的重要动力。另外，当高校科研组织或机构的财务状况透明时，员工就能够更清晰地看到激励机制是如何工作的。例如，当高校科研组织或机构的盈利情况得到了改善，员工就能直接看到这种变化如何反映在他们的激励中。这种直接性会使得激励机制更具吸引力，员工能更容易看到他们的努力是如何转化为具体奖励的。

同时，长期的信赖关系还确保了激励机制的稳定性。在一个高度信任的环境中，员工不太可能因短暂的业务波动或财务数据的小幅度变化而失去对激励机制的信心。相反，他们会因看到了高校科研组织或机构始终如一地公开和透明地报告数据，从而相信激励机制是公平和持续的。还有一点不容忽视，即长期的信赖与稳定的激励之间的关系也会使得高校科研组织或机构能够更好地做出长期规划和决策。因为员工信任高校科研组织或机构，所以他们更有可能对高校科研组织或机构的长期策略表示支持，从而确保高校科研组织或机构能够在一个积极、稳定的环境中实现长期目标。

第二节　高校科研人员多元化的需求层次分析

一、经济保障需求

（一）基本薪酬与市场竞争性

薪酬在组织中起到的作用不仅仅是为了回报员工的工作，更重要的是，它是满足员工经济保障需求的重要手段。人们努力工作、追求卓越，其中一个核心动力是为了确保稳定的经济来源，以满足自己和家庭的基本需求。因此，如何设计薪酬体系，使之既合理又具有市场竞争力对组织来说是至关重要的。如果市场上对某一职位的需求很大，而供给却很小，那么这一职位的薪酬往往会提高，反之亦然。因此，为了吸引和留住人才，组织需要时刻关注市场上的薪酬变化，确保自己提供的薪酬是具有竞争力的。

除了市场竞争性，组织还需要考虑到员工的经济保障需求。这意味着薪酬不应该仅仅基于市场情况来设定，还需要确保员工可以通过自己的工作获得稳定的收入，满足基本的生活需求。这既是组织对员工的责任，又是员工对工作的期望。

基于以上原因，基本薪酬的设定就显得尤为重要。它是员工收入的主要部分，对于员工的经济保障起到关键作用。如果基本薪酬过低，员工可能会选择离职，去寻找更好的机会。这对于组织来说是巨大的损失，原因是员工流失意味着组织需要重新招聘、培训新员工，这不仅增加了成本，还可能影响组织运营。如果基本薪酬过高，超过了市场的平均水平，组织可能会面临财务压力，组织其他的投资和发展可能会受到影响。

因此，如何在满足员工经济保障需求和保持市场竞争性之间找到平衡是组织在制定薪酬策略时需要重点考虑的问题。

（二）绩效奖金与研究成果

在科研领域，研究成果的价值往往不是短期内就能体现的，需要一定的时间周期。但科研人员的努力和付出是确实存在的。为了鼓励科研人员持续地进行高质量研究，绩效奖金就成为一个重要的工具。它将员工的努力与具体的成果联系起来，为科研人员提供了明确的经济回报。考虑到科研工作的特点，单一的绩效标准不足以涵盖所有的研究活动。因此，绩效奖金的标准应该是多元化的。研究论文的发表是科研活动的一个重要输出，它代表了科研人员的学术贡献；项目的获得则代表了外部对研究团队工作的认可；科研成果的转化体现了研究的实用价值。通过这些多元化的标准，绩效奖金可以更准确地反映科研人员的实际贡献。

但仅仅将绩效奖金与研究成果挂钩是不够的，还需要考虑其与经济保障需求的关联性。经济保障需求是每个人的基本需求，它关乎人们的生活品质、家庭和未来。科研人员也不例外，科研人员也有生活压力，也需要稳定的收入来满足日常开支。绩效奖金可以在一定程度上满足这种需求，但关键是要确保它的稳定性和持续性。要实现这一点，绩效奖金应该与长期的研究目标和计划相结合。这样，即使在某一时期没有显著的研究输出，科研人员也可以根据自身对长期目标的贡献获得奖励。这不仅可以满足科研人员的经济保障需求，还可以鼓励科研人员进行更长远的研究。

（三）长期福利与员工忠诚度

长期福利已成为满足科研人员经济保障需求的重要组成部分。例如，退休金可以为科研人员提供退休后的经济保障，使科研人员在职业生涯中不必过多担忧未来；健康保险可以确保科研人员和科研人员的家庭在面临健康问题时，不会因高昂的医疗费用而陷入经济困境；而子女教育基金体现了高校对员工家庭的关心，能够为科研人员的子女提供更好的教育机会。为科研人员提供的这些长期福利不仅满足了科研人员的经济保障需求，还体现了高校对科研人员的尊重和关心。这不仅能提高科研人员作为员工的满意度，还可以让他们建立对高校的强烈的归属感，从而提高他们的忠诚度。

忠诚度是每一个组织都要追求的目标，尤其是对于科研机构而言。原因是科研人员的离职不仅意味着才华的流失，还可能导致项目的中断和团队的瓦解。而高忠诚度的员工往往更愿意为公司付出额外的努力，更容易与同事建立良好的合作关系，并且更容易传递正面的公司文化。因此，从财务管理的角度看，高校科研组织或机构为科研人员提供长期福利不仅是一种经济保障策略，还是一种长期的投资。这种投资可以确保科研人员的稳定和高效率，为高校带来长期的回报。

（四）特殊津贴与研究方向

当今新兴技术以及其他涉及高端设备和专业知识的研究领域对资金的需求较高。对于科研人员来说，这不仅仅是经济上的考虑，更与研究工作能否顺利进行息息相关。当科研人员知道在某个具有挑战性的研究方向上高校会提供额外的经济支持时，他们会感到受到了鼓励。

一方面，这种经济支持意味着高校对科研人员研究的认可，也是对科研人员专业技能和付出的一种回报。另一方面，特殊津贴给予科研人员的这种经济支持可以看作高校对特定研究方向的投资。这一投资策略的目的是确保学校在某个领域取得领先地位或确保某项关键技术的研发。当然，这也与学校的长期规划、使命和愿景有关。对于科研人员来说，特殊津贴不仅提供了资金上的支持，还可能意味着更多的研究自由度、更好的设备、更多的助手或其他资源。这有助于保证研究的顺利进行、提高研究的质量和影响力。更重要的是这种特殊津贴与经济保障需求之间的联系。对于科研人员来说，经济保障不仅包括薪水，还包括研究经费、实验设备、实验材料和其他与研究相关的支出。高校提供的特殊津贴实际上是在满足这些特定的经济保障需求。

（五）专项基金与研究创新

专项基金作为一种经济支持手段，已在多个领域证明了其对促进研究和开发活动的重要性。对于科研人员而言，这不仅是对资金的保障，还是对其创新能力的认可和鼓励。这也反映出高校对创新和研究的高度重视，高校愿意投入资源支持那些可能改变未来的项目。很多时候，一个新的研究方向或想法可能需要长时间的努力和尝试才能获得实质性的结果。在这个过程中，如果缺乏持续和稳定的资金支持，许多有前景的研究方向可能会被迫中断。而专项基金的存在正是为了确保这些有潜力的研究得到足够的资金支持和资源支持。

专项基金还能帮助高校吸引和留住顶尖的科研人员。对于那些追求卓越、渴望在自己领域做出突破的科研人员来说，专项基金不仅是经济上的保障，还是高校对其专业能力和贡献的认可。这种认可可以增强科研人员对高校的归属感，使科研人员更加专注于研究工作。但仅仅设立专项基金还不够，如何管理和运用这些基金也至关重要。需要确保基金的使用是透明的，确保每一笔资金都用在真正有价值的项目上。同时，高校还应设立一套有效的评估机制，定期对研究项目进行评审，确保项目进展顺利，按计划使用资金。

二、研究经费与项目支持

（一）经费分配与研究方向的关联

从宏观角度看，当财务策略与研究目标保持高度一致时，整个机构就可以形成一个有效的工作生态。这种生态下，科研人员不必因经费问题而被迫转向其他不那么符合机构战略的研究方向，而是可以集中精力于最有潜力的研究项目。其中，经费的分配也是对科研人员进行间接激励的方式之一。高校为某个项目或研究方向提供充足的资金实际上是在传达对该研究方向的认可和期望。当科研人员意识到自己所从事的工作受到高校的高度重视时，他们的工作积极性和投入度会大大提升。

但同时，经费的分配也带来了一定的责任和压力。科研人员需要确保经费得到合理和高效的使用，确保项目的进展和成果能够达到预期。这种责任感确保了科研工作的严谨性和专业性。从长远的角度看，经费的合理分配不仅有助于提高当前的研究效率和质量，还有助于培养和留住有潜力和才华的科研人员。当科研人员认为自己的研究方向得到了充分的支持和重视时，他们长期留在该高校并继续开展研究的意愿会更加强烈。

（二）经费使用的灵活性与监督

有时，原有的预算可能不适应随后的研究进展，或者可能会出现新的研究方向和机会，需要对原先的经费分配进行调整。财务管理如果过于死板，可能会限制科研人员的创新空间，对科研成果造成不必要的阻碍。但是，灵活性并不意味着高校可以任意使用经费。为了确保经费的有效利用和避免浪费，明确的监督和审计机制是必不可少的。这不仅是对财务的基本要求，还是对每一位纳税人和捐赠者的尊重。

适当的监督和审计有助于确保经费用于其预定的目的，并按照预期的方式产生效果；也有助于及时发现和纠正可能的经费使用不当或经费滥用的行为。当科研人员知道自己的经费使用会受到监督时，他们会更加谨慎和负责任地使用经费。此外，明确的监督和审计机制还可以为科研人员提供反馈，帮助科研人员更好地理解和优化自己的经费使用策略。通过与财务部门的沟通，科研人员可以更加清晰地了解到自己的经费使用状况，以及如何更加高效地利用经费。当科研人员知道自己有足够的自由度去调整经费使用，且需为自己的决策承担责任时，他们会更加努力地工作，确保每一笔经费都得到最大的回报。

（三）项目绩效与经费激励

经费与项目绩效的直接挂钩自然会使得科研人员对其研究工作更加专注负责。从微观角度看，每一个研究项目都有其特定的目标与所期望的产出。当项目达到或超出预期时，理应得到更多的资源与支持，以继续深入发展和创新。而与此同时，那些暂时未能达到预期目标的项目，高校需要重新评估其战略和资源分配，或者寻找新的研究方向。这种经费激励制度并不仅仅是简单地“奖励”好的项目和“惩罚”差的项目。更重要的是，它为每一个项目设置了明确的目标和期望，使得科研人员更容易了解自己的工作进度和方向，从而进行针对性的改进。

而从宏观角度看，高效的财务管理能够确保资源流向最有潜力的研究领域，从而提高整体的研究质量和效益。这也意味着高校或研究机构能够得到更好的社会和经济回报，其在学术界和产业界的地位进一步提升。值得注意的是，这种经费激励制度也可能带来一些潜在的问题。例如，科研人员可能为了追求短期的经费支持而牺牲长期的研究深度。因此，当高校实施这种制度时，必须有一个公正、透明且合理的评估机制，以确保科研人员不是仅仅为了追求经费而工作，而是真正致力为社会和人类带来长期的价值。为了确保经费激励制度的效果，高校还需要设立一个有效的反馈系统。科研人员应该可以通过此系统及时了解自己的项目绩效，以及绩效与经费支持之间的关联。这样，他们就可以更有针对性地调整自己的研究策略，从而更好地满足财务管理的要求。

（四）跨学科研究与经费整合

跨学科研究已成为现代科学研究的趋势，不同领域的知识互相融合，带来更加全面和创新的研究视角。但跨学科研究也常常伴随着更复杂的经费需求和使用，如何有效地整合和管理这些经费，使之既能满足各学科的需求，又能为项目整体服务已成为财务管理面临的挑战。一方面，跨学科的研究常常涉及多个学科的资源、技术和知识。例如，一个生物医学工程项目可能涉及生物学、医学、工程等多个领域的知识和技术。每个学科都有其特定的经费需求，如实验材料、设备租赁或购买、人员工资等。财务管理需要对这些需求进行整合，确保资金流向最需要的地方。另一方面，为了鼓励科研人员进行跨学科合作，财务管理还需要考虑如何为这种合作提供额外的支持。这可能包括为跨学科研究团队提供额外的经费、为合作团队的研究成果提供额外的奖励、为团队成员提供交流和学习的机会等。但与此同时，财务管理也需要考虑如何防止经费的浪费和重复使用。在跨学科合作中，不同学科可能会有相同或相似的资源和技术需求。财务管理需要确保这些需求不会被重复计算和支持，从而确保经费的有效使用。

（五）外部资金与学校支持的结合

在现代科研环境中，研究经费的来源变得多样化。而随着科研的复杂性和成本不断上升，大型、长期的科研项目如果仅依赖学校内部的资金就往往难以支撑。这就需要科研人员积极筹措外部资金来填补经费的缺口。外部资金的引入不仅能够带来更多的经费，还可能带来与外部组织或机构的合作机会，从而开展更宽广、更深入的研究。例如，与政府部门合作的项目可能会涉及国家层面的重大问题；与企业合作的项目可能会涉及实际应用和市场转化。

然而，要成功获得外部资金并不容易。科研人员需要付出大量的时间和精力来编写申请书、与资助方进行沟通和协调。在这个过程中，高校的支持显得尤为重要。高校可以为科研人员提供申请外部资金的培训和指导，帮助科研人员提高申请的成功率。学校还可以通过提供匹配资金或其他形式的支持来鼓励科研人员筹措外部资金。这种支持不仅仅是物质上的，更是一种信任和肯定。科研人员如果看到学校愿意为科研人员的项目提供支持，就会更有动力去筹措外部资金，从而更为认真地进行研究。

三、绩效奖励与知识产权激励

（一）定量与定性的奖励评价机制

对于科研人员来说，知识产权成果往往是其研究成果的具体体现。而知识产权的产生、利用和保护与个人和团队的经济利益紧密相连。因此，如何将绩效奖励与知识产权激励结合起来，更好地促进科研人员的积极性和创新性是财务管理在科研领域的重要任务。

一方面，传统的绩效评价往往侧重于定量指标，如论文数量、项目数量等。这种评价方式可能会导致“数量”超过“质量”，甚至可能导致一些不正当的行为。因此，加入定性指标，如研究的深度、广度、创新性、社会影响等，可以为评价提供更全面的维度。

另一方面，知识产权作为科研成果的一种，对于科研人员具有特殊的经济价值。不仅如此，知识产权的成功申请和转化还是科研人员的研究成果得到社会认可的重要标志。因此，将知识产权纳入绩效奖励的考量可以更好地反映科研人员研究成果的价值。并且定量与定性相结合的奖励评价机制和知识产权的激励可以形成一个动态的、互补的评价体系。例如，虽然某个研究方向上的相关论文数量不多，但科研人员取得的此方向上的知识产权有很高的转化价值和社会影响，那么取得这种知识产权的科研人员应该得到更高的奖励。在实际操作中，高校可以设定不同的权重，为定量与定性指标赋予权重，结合知识产权的价值进行综合评价。这样的评价方式不仅更为公正，还更能反映科研人员的真实价值和贡献。

（二）知识产权的经济回报分享

知识产权在现代的研究环境中占有举足轻重的地位，它代表着创新、智慧和努力的结晶。但在知识产权背后，不仅有科研人员经历的数不清的日夜、无数次试验和失败，还有高校对科研人员无尽的投入。因此，当这些努力转化为具体的知识产权，并进一步产生经济效益时，那些为此付出的科研人员应当得到应有的回报。这种经济回报的分享机制并非单纯为了给予科研人员金钱奖励，更多是为了确认和尊重科研人员的贡献，提升其对所在高校和研究团队的归属感。当科研人员明确知道，自己的努力和智慧不仅会为学校带来声誉，还可以为自己带来实质性的收益时，他们对研究工作的热情和动力无疑会被进一步激发。

在实际的财务管理中，如何合理地设计和实施这种分享机制是一项关键任务。需要考虑的因素包括知识产权的具体类型、产生的经济效益、相关的研发成本以及科研人员的贡献程度等。而这背后蕴含了一个核心原则：公平。每一位参与知识产权创造的科研人员，无论其角色大小，都应得到相应的、与其贡献相符的回报。同时，知识产权的经济回报分享也与高校的长远发展策略紧密相关。为了持续地吸引和留住顶尖的科研人才，高校需要建立一个公正、透明且具有吸引力的知识产权激励机制。这不仅可以促进知识产权的持续创造和转化，还可以为学校带来稳定的经济收益。

（三）研究项目的层级奖励制度

由于研究工作的性质、规模和影响力各不相同，所以不可能采取“一刀切”的奖励制度。因此，根据各种项目的各种属性，设计一个分层级的奖励制度是至关重要的。这样的制度可以确保每位科研人员都能根据其投入和贡献获得相应的回报，也可以为高校提供一个长期、稳定的研究动力来源。在这里，一个有效的层级奖励制度应当考虑以下几个要点。

一是项目的重要性。是不是与高校的整体研究策略和目标紧密相关？是不是可以为高校的学科建设、声誉和竞争力提供重要支持？二是项目的难度。是不是需要高水平的专业技能和经验？是不是面临许多未知的科学或技术难题？三是项目的影响。是不是可以为学术界、产业界或社会带来深远的影响？是不是可以为相关领域树立新的研究标杆或方向？通过对这些要点的仔细权衡，高校可以为不同的项目设定不同级别的奖励，确保每个项目都能得到与其价值和贡献相符的回报。这种层级奖励制度的设置不仅可以激励科研人员更加努力地投入研究，还可以引导科研人员选择与学校的发展策略和目标更加匹配的研究方向。当科研人员明确知道，选择那些具有更高价值和前景的项目可以获得更好的奖励时，科研人员就更有可能做出更有意义、更有深度的研究。

（四）长期绩效的积累与激励

科研与其他领域相比，常常需要更长的周期才能看到成果。因此，重视和奖励长期绩效的累积对于鼓励科研人员在学术研究中保持持续的热情和动力至关重要。一方面，对于高校来说，考虑长期绩效的积累与激励意味着需要维护一支稳定的、长时间为学校做出贡献的科研团队。这样的团队通常具有丰富的经验，能够更好地指导年轻的科研人员，推动学术创新，也更有可能在学术界和产业界取得更高的声誉。另一方面，长期绩效的积累与激励和绩效奖励与知识产权激励之间有着紧密的联系。如果科研人员知道不但自己长时间的努力会得到适当的经济奖励，而且自己取得的知识产权能得到尊重和保护，他们就更有动力进行深入研究，探索新的研究领域，甚至尝试那些可能需要很长时间才能看到成果的高风险项目。而且为持续多年产出高质量研究成果的科研人员提供额外的长期奖励或福利可以看作对其知识产权的一种非物质性的奖励。与此同时，这是对科研人员在学术界取得的声誉和地位的一种认可。

（五）跨学科与创新研究的特殊激励

跨学科与创新研究是当前学术界和产业界越来越关注的领域，原因是这类研究有潜力开创新的思维模式、技术和解决方案，为社会和经济发展带来更广阔的可能性。但要知道，跨学科与创新研究往往伴随着更高的不确定性和风险，这就需要高校给予足够的经济激励和保障。从财务管理的角度出发，为跨学科与创新研究提供特殊激励是至关重要的，原因是这直接关系到研究的质量、深度和广度。当科研人员明白自己的努力和风险能得到合理的回报时，他们就更愿意深入投入，勇于尝试，进而推动研究的进展。

还有一点不可否认，即绩效奖励与知识产权激励在此背景下变得尤为重要。知识产权不仅代表着科研人员的智慧和努力，还是科研人员未来可能的经济来源。如果知识产权能得到充分保护和合理利用，科研人员在经济上得到的回报会更加明显。在这里，高校还应注意跨学科与创新研究常常需要各种资源的整合，包括人才、技术、资金等。在这种情况下，科研人员对于经济保障和激励的需求更为迫切。而财务管理在这里起到了桥梁作用，将科研人员与其所需的资源连接起来，保证研究的顺利进行。

四、长期职业发展与学术地位

（一）职称晋升与研究经费的关联

职称晋升通常意味着科研人员已经获得了一定的学术认可和地位，在所从事的领域中取得了显著的研究成果和影响。要维持这样的影响力，确保持续的创新和研究质量，对科研人员充足的研究经费支持是有必要的。否则，科研人员的潜能和影响力可能会受到限制，甚至退步。研究经费对于任何科研活动都至关重要，它可以确保所需的资源、设备、实验材料和研究助手等都得到满足，从而使研究过程更加顺利，成果更加丰富。但是，职称晋升后，科研人员研究的规模、深度和广度通常也会提升。这就意味着科研人员需要更多的经费来支持更为复杂和大规模的研究项目。

进一步而言，职称晋升后，科研人员可能会从事更为高风险、高回报的研究，这些研究可能需要更为昂贵的设备和技术。因此，研究经费的增加不仅仅是为了满足基本的研究需求，更是为了鼓励和支持科研人员进行更为冒险和创新的研究。同时，更高的职称意味着更大的学术责任，可能会涉及指导更多的学生、管理更大的团队和组织更大的学术活动，这也需要额外的资金支持。此外，研究经费的增加有助于科研人员与其他科研人员和团队的合作关系，提升其在国际学术界的影响力和地位。

（二）学术领导角色与额外津贴

学术领导角色不仅仅是基于一个科研人员的研究成果和影响力设定的，更多是体现该科研人员对于学术界的引导、对于学术团队的培养、对于研究方向的设定和推动。这种领导力是难以量化的，但对于整个学术机构、研究团队甚至整个学科的发展都至关重要。因此，在学术领域内具有这样的领导地位的科研人员，其职责和影响力远超出普通科研人员。担任学术领导角色往往意味着需要承担更多的责任和压力。例如，需要确保研究团队的健康发展，解决团队内部可能出现的各种问题；需要在学术界建立广泛的联系并维护，以促进学术交流和合作；需要为研究团队争取更多的资源和资金支持；还需要对外界，包括公众、媒体和政府等，展示学术机构的研究成果和价值。

由于有这些额外的挑战和责任，基本薪酬很难反映出学术领导角色的真正价值。额外的津贴或奖励不仅是对学术领导过去的成就和贡献的肯定，还是对学术领导未来的鼓励和支持。这样的经济激励可以使这些学术领导更加专注于自己的工作，继续为学术界做出更大的贡献。在财务管理的角度，这种额外的津贴或奖励也是必要的。原因是它可以确保学术机构吸引并留住那些真正优秀的学术领导，使得学术机构在学术界的地位和影响力得到进一步的提升。同时，这也是对那些努力追求学术领导地位的年轻科研人员的激励，让年轻科研人员看到，只要努力，就能得到应有的回报。

（三）学术交流与发展基金

学术交流在任何科研人员的职业生涯中都扮演着至关重要的角色。这是一个让科研人员可以展示自己的研究成果、吸取他人的经验、开展合作、与同行建立深厚的联系的机会。学术交流有助于科研人员获得新的启示、找到解决问题的新方法，并发现新的研究方向。而这些都是提高学术地位、推动职业发展的重要因素。学术交流的机会不局限于科研人员所在的国家或地区，国际性的学术会议、研讨会或学术访问都可以为科研人员提供一个与全球优秀科研人员交流的平台。但是，参与这些活动往往需要相当的资金支持，尤其是当涉及国际旅行时。许多科研人员可能没有足够的资金参与这些活动，尤其是那些刚开始自己的职业生涯或者来自资金有限的研究机构的科研人员。

因此，从财务管理的角度看，设立专门的学术交流与发展基金是非常必要的。这不仅可以确保科研人员有足够的资金参与这些活动，还可以鼓励科研人员更加积极地寻找和抓住这些学术交流的机会。这对于科研人员的长期职业发展和提高科研人员的学术地位都是非常有益的。而且学术交流与发展基金还可以为科研人员提供其他形式的支持，如资助科研人员参加专业培训课程、购买专业书籍或订阅学术期刊等。这些都可以帮助科研人员扩充知识、提高技能，从而使科研人员能够更好地开展研究工作。

（四）持续教育与技能更新支持

今天的研究成果可能在明天就被新的发现和技术所取代。因此，对于科研人员而言，终身学习并非口号，而是维持在学术领域的竞争力，甚至促进职业生涯的持续发展所必需的。学术地位与长期职业发展是密切相关的。在学术界，声誉、认可和影响力都是基于研究成果和专业知识的。如果停止学习，科研人员可能会发现自己迅速被边缘化，失去与同行交流的机会，甚至失去进一步的研究资金支持。因此，科研人员不断地学习和更新知识不仅是为了应对研究中的新挑战，还是为了保证自己在学术界的地位和影响力。

持续教育和技能更新不仅包括参加培训和研讨会，还包括更为深入的学术研究、合作和交流。这可能需要资金来支付培训费、会议费、旅行费等。此外，购买新的书籍、软件和其他资源，或者参加在线课程，也需要资金支持。财务管理在这里扮演了至关重要的角色。如果财务管理可以为科研人员提供持续教育和技能更新的资金支持，那么科研人员就更有可能选择进一步学习和研究，而不是满足于现状。这样，科研人员就可以更容易地追上学术前沿，甚至领先一步。

五、国际交流与学术合作

（一）会议与研讨会资助

国际学术会议和研讨会在学术界占有举足轻重的地位。这些活动为科研人员提供了一个宝贵的平台，使科研人员可以直接与学术前沿接触，了解最新的研究进展、技术革新和思想趋势。而对于任何高校来说，将高校内科研人员与国际学术社区更紧密地联系在一起都是高校长期战略的重要组成部分。参与国际会议和研讨会不仅可以增强科研人员的学术影响力，还可以促进其研究的国际化。通过与来自不同文化和背景的科研人员交流，高校科研人员可以得到新的启示、拓宽研究视角，甚至可能得到跨国、跨学科的合作机会。

然而，参加这些活动需要资金支持。从会议注册费、差旅费到住宿费，这些开销可能会很高，尤其是对于那些在国际顶级会议上发表论文或做主题报告的科研人员。如果没有适当的资金支持，科研人员可能会错过这些宝贵的学术交流机会。此时，财务管理的角色变得至关重要。为科研人员提供会议和研讨会的资助实际上是在投资学术的未来和机构的国际声誉。这种投资可以为高校带来长期的回报，如更多的国际合作、更高的学术影响力和更广泛的学术认可。而且这种资助也可以看作对科研人员的一种激励，当科研人员知道学校愿意支持科研人员参与国际学术活动时，他们就更有可能为自己的研究工作投入更多的热情和精力，追求更高的学术成就。这种积极的态度和对学术的追求最终会反映在科研人员的研究成果上，进一步提升高校的学术声誉。

（二）国际合作项目资助

国际合作在学术界的重要性日益凸显，它提供了一个平台，使科研人员能够与全球的同行交流、合作和分享。通过国际合作，研究可以得到更广泛的观点、吸引更多的资源，科研人员可以共同解决那些一个国家或一个学科难以单独解决的复杂问题。然而，国际合作的研究项目通常面临着更高的经费需求。这些需求可能包括国际旅行、高额的实验设备采购、数据收集等。这些费用超出了传统研究项目的范围，因此需要特殊的财务支持。

其中，财务管理起到了桥梁的作用。为了确保国际合作项目的顺利进行，额外的资金支持变得至关重要。如果缺乏必要的资金，项目进程可能会被耽误，甚至合作伙伴可能会失望从而终止合作。因此，为国际合作项目提供适当的资助不仅是为了满足立即的财务需求，还是为了保证学术研究的连续性和质量。这种对国际合作项目的资助也是对科研人员的一种鼓励，科研人员知道了存在这样的支持机制后，就更有可能考虑与其他国家的科研人员合作，探索更广泛、更具挑战性的学术领域。这不仅有助于提高高校研究的质量，拓宽研究广度，还可以提高高校在国际学术界的知名度和影响力。

（三）访学与短期学术访问支持

访学与短期学术访问在学术界中占据了重要地位。这些活动能够为科研人员打开一个全新的世界，允许科研人员与其他国家和文化背景的科研人员互动，分享知识、技能和经验。要实现这一目标，财务管理是不可或缺的。从历史的角度看，各种文明和文化之间的交流总会催生新的知识、技术和艺术。如今，随着全球化的进程加速，学术交流变得更加频繁，而跨国合作在推动学术界发展中发挥了关键作用。但无论是个人还是机构，与国外同行的互动都需要一定的经费支持。

为科研人员提供访学或短期学术访问的资金支持不仅能够满足科研人员当前的需求，还能够为科研人员的未来职业生涯铺路。在国际学术圈建立的联系、积累的经验以及获得的新知识都能够为科研人员未来的学术研究和合作提供有利条件。这种支持直接关系到国际交流与学术合作的需求。如果科研人员能够在全球范围内与同行合作，新的研究发现也会增多，这对于科研人员、学术机构甚至整个学术界都是有益的。此外，访学和短期学术访问还能增进科研人员之间的信任和友谊，这对于后续的学术合作来说是不可或缺的。

（四）国际学术交流活动的组织与资助

国际学术交流活动不仅可以为高校科研人员提供一个展示研究成果的平台，还能够为高校科研人员与其他国家的科研人员建立联系、开展合作创造条件。这种交流有助于高校吸引全球的优秀科研人员，为学术团队注入新的活力和创新思维。

从财务角度来看，为此类活动提供资金支持是一个明智的投资。高校每成功组织一次国际学术研讨会，高校的名声和地位都会有所提升。长远来看，这将吸引更多的学生、科研人员和资金进入学校，从而为财务带来更多的投资回报。而从科研人员的角度来看，参与或组织这种活动是一种职业发展的机会。在这些活动中，科研人员不仅可以与国际同行交流想法、分享研究成果，还可以与他们建立长期的合作关系。这对于科研人员的职业生涯和研究工作都是非常有益的。与此同时，学校为科研人员提供的资金支持表明了学校对科研人员研究的高度重视，这无疑是对科研人员的一种激励。再看国际交流与学术合作的需求，现今的学术研究日益趋向于跨国合作，为了维持学术竞争力，与其他国家的科研人员合作、共同研究就成了一种必然，而国际学术交流活动正是为这种合作提供了契机。从财务管理与科研人员激励机制的角度来看，为国际学术交流活动提供资金支持是一种双赢策略。这不仅能够提升学校的学术地位，还能够为科研人员提供成长与发展的机会。同时，随着高校的国际影响力不断提升，更多的资金和资源也会流入高校，从而为财务管理带来更大的空间和可能性。

（五）国际学术合作平台的建设与维护

为了实现真正的国际化，高校必须认识到建设并维护国际学术合作平台的重要性，并承诺为其提供所需的资源。考虑到国际交流与学术合作的需求，很明显，有一个稳定的合作平台将大大增加学术合作的机会。与国外的学术机构建立长期合作关系可以确保双方都受益。对高校来说，这意味着能够获得更多的研究机会、学术资源和国际知名度。对于作为合作伙伴的国外学术机构，机构内的科研人员可以使用高校的设施、专业知识和学术网络。

财务管理与科研人员薪酬激励机制之间之所以存在明显的关联性，是因为如果没有足够的资金支持，这些合作平台就无法建立或维持。高校如果想要吸引优秀科研人员参与国际学术合作平台，就必须确保有足够的资源进行研究。这不仅包括基本的设备和实验材料，还包括其他形式的支持，如培训、技术支持和研究资助。对于科研人员来说，这样的合作平台为科研人员提供了一个展示才能、与国际同行交流和合作的机会。而这一切都是基于财务的支持，只有当高校能够提供足够的经费时，科研人员才能充分发挥其才能，从而使学术合作的效果最佳。随着合作平台的成功运行和发展，高校的声誉和知名度也会得到提升。这将吸引更多的优秀科研人员，为学校带来更多的资金和资源。因此，从长远来看，为国际学术合作平台提供财务支持是一种非常有价值的投资。

第三节　预算管理与绩效考核的协同关系分析

一、预算制定与绩效目标设定

（一）明确的预期与资源分配

为了确保研究项目成功进行且学术成果达到预期，预算分配必须与研究目标和预期相匹配。此时，预算不仅是一份简单的财务计划，还成为一个强有力的工具，促使科研人员更加专注于其研究工作。当涉及国际交流与学术合作时，预算制定变得尤为重要。为了确保与海外学术机构和科研人员的成功合作，高校必须考虑到各种费用，如差旅费、会议费、设备和材料费等。此外，为了实现成功的国际合作，高校的预算还需要确保合作双方都能获得足够的资源和支持。因此，预算制定应包括国际合作的所有相关费用，确保合作过程中的所有活动都能得到充分的资金支持。

在此期间，预算的分配也反映了研究项目的优先级，那些被认为具有重要意义或有望产生重大学术影响的项目往往会获得更多的资金支持。而这种分配决策通常是基于对项目绩效的预期。通过这种方式，预算制定与绩效目标设定形成了一个协同的关系，确保了资源的有效利用。并且预算制定还可以为科研人员提供一个清晰的方向，让科研人员知道为了达到某一绩效目标，科研人员可以使用多少资源。这种明确性有助于提高科研人员的工作效率，使科研人员更加专注于自己的研究任务，从而提高研究质量。而对于学校或研究机构来说，明确的预期与资源分配可以确保资金的有效利用，避免资源的浪费。这种方式不仅可以提高研究的效益，还能增强学校或研究机构的竞争力，吸引更多的资金和合作机会。

（二）动态调整与实时反馈

在现代的学术界，研究活动充满了各种不确定性。这种不确定性来源于许多因素，包括但不限于科学问题的本质、实验技术的复杂性、实验材料的可得性等。当涉及国际交流与学术合作时，这种不确定性变得更加明显，原因是各个国家或地区的研究团队有各自的工作流程、研究方向和预期成果。在这样的背景下，预算管理与绩效考核之间的协同变得尤为关键。国际交流与学术合作为高校带来了无数的机遇。新的科研项目、技术交流、学术会议和联合出版等都为学术研究提供了更广阔的平台。然而，与此同时，这些机会也给预算管理带来了新挑战。传统的预算管理方式可能无法满足这种跨文化、跨学科、跨机构的复杂合作形式。因此，需要一种新的预算管理方式，以灵活应对这种多样化的学术环境。

动态调整与实时反馈就是这样的预算管理方式。一方面，动态调整允许高校在研究活动进行过程中，根据实际情况，调整预算和资源分配。例如，在一个国际合作项目中，原计划的实验材料因供应链问题无法按时到达，但合作方提供了另一种可用的材料。这时，高校可以迅速地调整预算，确保研究不会因材料问题而停滞。又如，在某个学术会议上，高校有机会与另一研究团队展开深入合作，这可能需要额外的资金支持。通过动态调整，高校可以迅速做出决策，确保这个新的合作机会得到充分利用。另一方面，实时反馈也为绩效考核提供了支持。传统的绩效考核方法常常需要在项目结束后才能进行评估。但在国际交流与学术合作的背景下，这种方式可能效率较低。实时反馈允许高校在研究活动进行中，获取关于项目进展、资源使用和成果产出的信息。这不仅可以帮助高校更好地了解研究团队的工作情况，还可以为高校后续的预算调整提供依据。

（三）预算与激励的联动

为了确保合作的顺利进行，预算制定和管理必须考虑到所有参与者的需求和限制。同时，为了激励科研人员在这种跨界和多元的环境中发挥出最佳的绩效，薪酬激励机制需要与预算制定和管理相协同。预算制定旨在为研究活动提供资金和资源，需要对研究的目标、方法、资源需求和预期结果进行评估。在国际交流与学术合作的背景下，预算制定还需要考虑到合作方的资金来源、资源贡献和期望回报。这种复杂的预算制定过程要求高校进行细致的规划和调整，确保所有方的需求都得到满足。

薪酬激励机制是激发科研人员积极性和创造性的手段。它与预算制定和管理紧密相连。当科研人员达到或超过绩效目标时，其应得到的奖励应与预算制定过程中所设定的标准相一致。这不仅可以确保预算管理的有效性，还可以确保薪酬和激励机制的公正性和激励的效果。为了实现预算与激励的有效联动，高校财务部门需要在预算制定过程中明确地设定薪酬激励的标准。这些标准应与研究的目标、方法和预期结果相一致，确保科研人员在追求高绩效时，其努力和成果能得到相应的回报。同时，预算管理过程中的实时反馈和调整也可以为薪酬激励机制提供依据，确保其与研究的实际进展和成果相匹配。

（四）预算透明性与绩效责任

在国际交流与学术合作的背景下进行的项目往往更为庞大和复杂。这类项目涉及的合作伙伴多、资金来源广泛，其中的研究多为跨学科、跨文化的研究，这些都对预算管理提出了更高的要求。为了应对这些挑战，预算透明性与绩效责任就变得尤为重要。

在国际合作项目中，预算的透明性可以确保每个合作方都了解项目的整体预算、各自的资金贡献和预期的回报。预算的透明性有助于避免预算冲突、资源浪费和冗余投入，从而提高预算的执行效率和项目的成功率。

与此同时，预算透明性也为绩效责任提供了基础。科研人员如果能够清晰地了解预算的构成和分配，以及自己的绩效目标如何与预算相匹配，就可以更加明确自己的责任和期望。这不仅可以激发科研人员的积极性和主动性，还可以让科研人员更有针对性地进行研究。绩效责任是指科研人员对自己的研究活动和成果承担的责任，在国际交流与学术合作中，绩效责任不仅关乎科研人员自己，还关乎合作方、资金方和整个学术界。当绩效目标与预算相匹配时，科研人员更容易明确自己的责任，更容易对自己的研究活动和成果进行评估和调整。这不仅可以提高研究的质量和效率，还有助于国际合作项目的成功。

（五）科研预算与整体财务战略的融合

国际交流与学术合作意味着高校需要与多个合作方进行合作，涉及多种资金来源、多个项目和多个研究目标。在这种情境下，单纯的预算管理已经无法满足需求。高校需要确保其预算不仅满足当前的研究需求，还与长期的财务战略和发展目标相一致。科研预算与整体财务战略的融合意味着高校的预算制定和管理不仅要考虑研究的目标和需求，还要考虑高校的整体战略和发展目标。

这种融合的好处显而易见。一是它确保了高校的科研活动始终与其长期战略保持同步。当高校与国际合作方进行合作时，科研预算与整体财务战略的融合可以确保高校的研究活动不仅满足当前的需求，还有助于实现高校的长期目标。这样，高校可以更好地利用国际合作带来的机遇，发展得更好更快。二是科研预算与整体财务战略的融合还为绩效考核提供了支持。通过与绩效目标的匹配，高校可以确保其预算和绩效考核相协同，从而提高预算的执行效率和研究的质量。

二、预算调整与绩效反馈

（一）实时监控与即时调整

在当今瞬息万变的学术和研究环境中，动态的、灵活的管理方式已成为维持高效运营的关键。预算作为一个重要的管理工具，不能仅仅是一个固定的、静态的框架，应该是一个灵活、动态的过程，随着项目进展和环境变化而进行调整。通过建立实时的预算监控系统，财务部门可以持续跟踪预算执行的情况，及时发现与预算目标存在偏差的项目。这种实时性不仅能够使预算管理更为精确，还能够为决策者提供最新、最准确的数据，帮助科研人员做出明智的决策。

当通过监控发现预算执行与预期存在偏差时，财务部门不应该仅仅被动地接受这种偏差，而应该主动行动，迅速调整预算分配。这种即时性可以确保资源被用在最有价值的地方，从而使资金使用效率得到提高。同时，这也能确保项目在面对挑战时迅速调整方向，避免资源浪费。绩效反馈为预算调整提供了依据。当一个项目的绩效低于预期时，财务部门可以通过绩效反馈来了解原因，然后进行预算调整，确保资源能够被重新分配到更需要它的地方；当一个项目的绩效超出预期时，财务部门也可以通过绩效反馈来了解背后的成功因素，并据此调整预算，为这个项目提供更多的支持。预算不仅是一个数字，还是一个与实际工作紧密相连的工具。通过实时监控与即时调整，预算管理与绩效考核可以形成一个闭环，确保资源的有效利用，提高工作效率，推动学术和研究项目朝着既定的目标前进。

（二）动态的绩效评估机制

动态的绩效评估机制意味着在整个研究过程中，高校不仅仅在固定的时间点如年终进行绩效评估；在关键节点或者出现重大变化时，高校管理者也可以对研究项目进行评估。这种方法的好处有很多。传统的年终评估可能会导致对于整个年度的工作只进行一次评估，这在很多情况下可能不能让高校管理者对项目有一个全面的认识。而动态评估的施行意味着高校管理者可以在项目进行的任何阶段得到关于项目进度、资源使用和预期成果的信息。另外，这种评估机制和预算调整与绩效反馈的关系更为紧密。当通过动态评估发现一个项目的进展超出或低于预期时，高校可以迅速进行预算调整，确保资源能够被重新分配到更需要的地方。这不仅可以避免资源浪费，还可以确保研究进度不会因为预算问题而滞后。这样，预算就不再是一个静态的、一次性的决策，而是一个随着研究进展而持续调整的过程。同样，绩效考核也不再是一个简单的、一次性的任务，而是一个随着研究进展而持续进行的过程。当面对不可预测的挑战或新的机会时，高校可以迅速调整项目方向和策略，确保其始终在正确的轨道上运行。同时，这种灵活性也为项目提供了更多的成功机会。当可以迅速调整预算和策略以适应新的环境时，项目更容易达到所预期的目标和成果。

（三）奖惩结合的预算策略

为了进一步强化预算管理与绩效考核之间的相互协同，采用奖惩结合的预算策略变得尤为重要。在这样的策略下，预算不再是固定的、一次性分配的资源，而是与研究项目的绩效紧密相关的动态资源。

当一个项目的绩效超出预期时，提供额外的预算支持不仅是对科研人员过去努力的认可，还是对其未来发展的支持。这种额外的支持可以进一步激励科研人员，使科研人员更有动力去追求更高的绩效。

与此相反，当一个项目的绩效低于预期时，预算的削减不是对科研人员的惩罚，而是一种反馈机制。这种反馈可以帮助科研团队了解到哪里出了问题，从而及时进行调整。预算的削减也是对其进行激励的一种方式，能使其在面对困境时更加努力，寻求解决问题的方法。当预算与绩效紧密相关时，每一次预算的调整都是基于绩效的反馈。这不仅确保了资源能够被合理分配，还确保了预算管理与绩效考核之间的协同。这种奖惩结合的预算策略为学术和研究项目提供了更大的灵活性和动力，它使得预算管理与绩效考核之间形成了一个闭环，从而确保了资源的有效利用和项目的成功。当预算与绩效紧密相关时，科研人员更容易明确自己的目标，更有动力去追求高绩效，也更容易获得预算的支持。

（四）绩效反馈与长期研究目标的匹配

在科研的长河中，短期的绩效和成果固然重要，但更为关键的是如何确保这些短期成果能够与长期的研究目标相匹配和对接。这样，科研人员每一步的努力都能够为实现长远的目标提供支撑和助力，科研团队也能够有一个清晰的方向。当科研团队清晰地知道团队的工作与长期目标之间的关系时，团队中的科研人员就更容易找到正确的方向，更有动力去追求卓越的绩效。

当预算调整是基于与长期研究目标相匹配的绩效反馈时，每一次的预算分配和调整都会更加合理和有针对性。这样，科研团队可以确信，科研人员得到的资源会直接支持科研团队迈向长远的目标，从而科研人员在使用资源时也会更加珍惜，高效地使用每一份资源。这种匹配性为预算管理与绩效考核之间的协同提供了坚实的基础。当预算管理与绩效考核都围绕长期研究目标展开时，科研团队更容易明确自己的方向和目标，更有动力去追求卓越的绩效。

（五）跨部门协同与共同决策

预算管理本身是一个复杂的过程，它涉及资金的分配、使用和监控。绩效考核则是对研究项目成果和进度的评价。这两个过程在本质上都需要对研究活动有深入的了解。财务部门虽然擅长预算管理，但可能对具体的研究活动和需求了解不足，而科研部门恰恰相反。因此，跨部门协同和共同决策变得尤为重要。如果财务部门与科研部门能够紧密协作，预算调整与绩效反馈的过程将更加流畅和高效。科研部门可以为财务部门提供关于研究进展、需求和挑战的详细信息，从而确保预算的分配更加合理和有针对性；财务部门也可以为科研部门提供关于预算管理的专业知识和建议，帮助科研人员更好地使用和监控资金。如果两部门能够共同决策，预算分配将更加符合实际的研究需求，而绩效考核也将更加客观和准确。这种匹配性不仅可以提高预算的执行效率，还可以确保绩效考核的公正性和准确性。如果两部门能够共享信息、资源和经验，决策过程将更加迅速和高效。这不仅可以避免重复劳动和资源浪费，还可以确保各部门的工作都朝着共同的目标前进。

三、预算透明性与绩效责任

（一）公开与互动的预算制定过程

在复杂的学术研究领域中，预算管理的核心不仅仅在于资金的分配，更在于如何确保每一分资金都能够得到最有效的利用。而要实现这一目标，预算透明性与绩效责任就显得尤为重要。预算透明性意味着每一个科研人员都能够清晰地了解预算的来源、分配原则以及如何使用这些资金。而公开的预算制定过程正是为了实现这一透明性。当预算制定过程公开时，每一个科研人员都可以参与其中，了解预算的每一个环节，从而确保预算的公正性和合理性。

但仅仅公开预算制定过程还不够，更重要的是鼓励科研人员参与其中，表达自己的需求和意见。这种互动可以为财务部门提供更多的信息和建议，帮助财务部门更好地进行预算分配。同时，科研人员也可以通过这种互动，了解预算分配的原则和方法，从而更好地进行自己的研究工作。当科研人员清晰地了解了预算的分配原则和方法时，就更容易明确自己的责任和期望，知道自己只有达到了什么样的绩效，才能够得到更多的资金支持。这种明确性不仅可以激励科研人员更加努力，还可以确保预算的有效利用。当预算与绩效紧密相关时，科研人员更容易找到正确的方向，更有动力去追求卓越的绩效。每一次的预算调整和绩效反馈都会成为推动科研人员前进的动力，帮助科研人员更好地实现研究目标。

（二）明确的预算报告与反馈机制

预算管理在科研领域中不仅仅是关于数字和资金的分配，更重要的是其所承载的意义，即如何确保有限的资源得到最有效的利用，以实现最佳的研究结果。为了实现这一目标，预算透明性与绩效责任显得尤为关键。高校定期发布的关于预算使用的报告不仅为外部提供了关于预算使用情况的信息，还为校内的科研人员提供了一个明确的指引。这些报告明确展示了各个研究项目的预算的分配和使用情况，让科研人员能够了解到自己的研究项目得到了多少资金支持、这些资金是如何被使用的，以及为什么这样分配和使用。

同时，预算报告也为科研人员提供了一个与财务部门沟通的渠道。当对预算有疑问或意见时，科研人员可以直接参考预算报告，与财务部门进行沟通和交流。这种交互确保了预算的合理性和公正性，也为科研人员提供了一个明确自己绩效责任的机会。结合绩效考核的结果，高校可以为科研人员提供明确的反馈。这些反馈是对过去的评价，更是对未来的指引。当了解了自己的研究项目是如何与预算相关时，科研人员更容易明确自己的目标，更有动力去追求卓越的绩效。这种明确的预算报告与反馈机制为预算管理与绩效考核之间的协同提供了坚实的基础，它确保了预算与绩效之间的紧密关联，为科研人员提供了明确的方向和目标，也确保了预算的有效利用。

（三）科研人员的预算培训与指导

在科研领域中，要使项目成功，每一个环节都至关重要。其中，预算管理这一环节关乎整个项目的资金支持、资源分配和最终的研究效果。而科研人员可能更加关心研究内容和方法，对预算管理可能不够了解或者不够重视。这就要求高校提供关于预算管理的培训和指导，帮助科研人员更好地理解预算，更好地使用资源。科研人员如果了解了自己的预算是如何分配和使用的，就能更好地明确自己的责任，更有动力去追求卓越的绩效。而预算培训与指导就是为了实现这一目标。

预算培训不仅仅是为了让科研人员了解预算的基本概念和方法，更重要的是让科研人员了解预算与绩效之间的关系。在培训中，科研人员可以学习到如何根据预算制定研究策略、如何合理使用资源、如何进行有效的资源调配等。这样，科研人员在研究中遇到困难时，不仅能知道问题出在哪里，还能知道如何调整策略，以更好地使用资源，实现预期的绩效。而预算指导是一个更为实际的过程，在这一过程中，财务部门可以为科研人员提供具体的建议和方案，帮助科研人员解决预算中的实际问题。这样，科研人员不仅能够更好地使用资源，还能在研究过程中避免浪费，确保预算的有效利用。当科研人员能够清晰地了解预算与绩效之间的关系时，科研人员更容易明确自己的责任，更有动力去追求卓越的绩效。同时，这也为预算管理与绩效考核之间的协同提供了支撑。每一次的预算调整和绩效反馈都会成为推动科研人员前进的动力，帮助科研人员更好地实现研究目标。

（四）责任与奖励的联动

在科研领域，预算管理与绩效考核不仅仅是单纯的资金分配和成果评价，更关乎科研人员的责任和奖励的联动。这种联动不仅能够激发科研人员的工作热情，还确保了预算的高效使用和研究成果的最大化。预算透明性确保每一个科研人员都能够明确地了解预算的来源、分配原则以及如何使用这些资金，当预算与每一个研究项目的目标、需求和进展紧密相关时，科研人员更容易明确自己的责任。科研人员知道要得到更多的资金支持，必须实现预定的绩效目标，这就意味着科研人员需要更加努力地工作、更加精准地使用每一分资金。

当科研人员充分了解并承担了与预算相关的绩效责任后，科研人员更容易明确自己的工作方向和目标。科研人员知道只有当自己有效地使用预算并取得了出色的研究成果时，才能得到相应的奖励。这种明确性不仅有助于提高科研人员的工作效率，还能够激发科研人员的工作热情。高校设置的相应奖励机制则为科研人员提供了一个明确的激励。科研人员知道，只要自己能够有效地使用预算、实现预定的绩效目标，就能得到额外的奖励。这种奖励不仅是物质上的，还是对科研人员工作成果的肯定和鼓励。

（五）跨部门的协同合作

高校作为一个庞大的机构，拥有多个职能不同的部门。在预算管理与绩效考核的实践中，财务部门、人力资源部门与科研部门是三个关键的参与者。科研人员各自拥有独特的职责和功能，但只有当科研人员紧密合作时，预算透明性与绩效责任才能真正实现。

财务部门负责高校的预算制定和资金管理，原因是该部门具备对资金流动的深入了解，知晓哪些项目需要资金支持、哪些项目可能存在预算超支的风险。但财务部门的工作并不仅仅是关注数字。为了确保资金的有效利用，财务部门需要与科研部门紧密合作，了解科研项目的进展、需求和难点，确保资金能够在关键时刻得到合理的使用。人力资源部门则负责员工的招聘、培训和绩效考核，相关工作人员知晓哪些科研人员具备卓越的能力、哪些科研人员可能需要额外的支持和指导。与此同时，人力资源部门也是绩效责任的关键执行者，需要确保每一个科研人员都清楚了解自己的绩效目标，知道如何为实现这些目标而努力。科研部门则是高校研究活动的核心，科研人员知晓每一个研究项目的内容、目标和难点，知道哪些项目有望取得卓越的成果、哪些项目可能存在困难。与此同时，科研部门也是预算透明性的直接受益者。科研人员需要清楚了解自己的预算情况，知道如何有效使用资金，确保研究活动顺利进行。要实现预算透明性与绩效责任的真正协同，这三个部门之间的沟通和合作尤为关键。三个部门的人员需要共同确保预算和绩效的信息顺畅流通，从而加强资源的合理分配和使用。这样的跨部门协同合作不仅能确保预算的有效利用，还能为科研人员提供明确的方向和目标。

四、预算与绩效的长期协同

（一）长期战略与年度目标的结合

在整个科研领域中，确保每一步的稳健和精准都至关重要。每年的预算制定不仅是一个短期的财务规划，还是一个实现长期战略的手段。这就意味着，无论是面对眼前的任务，还是面对远景的规划，每一个决策都需要以长期的科研目标为基准。

长期战略为高校的发展提供了清晰的方向和明确的目标，它揭示了学校在未来数年，甚至数十年内希望达到的高度。然而，这样的目标需要分阶段、分步骤去实现。每一年的预算就是分阶段实现长期战略的关键。它既要反映出对长期战略的忠实，又要充分考虑到当前的实际情况和即将面临的挑战。年度目标作为每年的具体工作重点和关键任务，必须与长期战略紧密结合。每年的预算制定都应基于这些具体的年度目标，确保资源能够被投到关键领域。同时，这要求每一次的预算制定都有明确的指标和期望值，以衡量其实际效果。预算与绩效的长期协同意味着不但预算的制定和执行要与长期战略保持一致，而且绩效考核要围绕这些长期目标展开。当预算被有效地用于关键领域，当每一个科研项目都能够取得期望的结果，当绩效考核的反馈能够为下一步的工作提供有力的指引时，长期战略与年度目标的结合就真正实现了。在这个过程中，高校需要确保所有相关部门和团队都对长期战略有深入的理解，都明确知道自己的责任和任务。只有当所有的力量都朝着同一个方向努力时，预算与绩效的长期协同才能得到最大化。这不仅能确保资源的有效利用，还能为学校的长远发展提供坚实的基础。

（二）积累的绩效数据与未来决策

在任何组织或机构中，历史数据常常是决策的重要参考。特别是在高校这种对科研活动有长期追求的场所，多年累积的绩效数据就像一部历史书，详细记录了过去的努力、成果和不足。每一个数字、每一条趋势线都代表了科研人员的心血和智慧。正因为如此，这些数据在预算与绩效的长期协同中发挥着不可替代的作用。其中，分析积累的绩效数据，使学校能够深入理解每一个研究项目背后的故事。这不仅包括项目是否达到了预期的目标，还包括了在这个过程中遇到的挑战、所采取的策略以及取得的成果。这种深入的了解，使学校更加明白哪些策略是有效的，哪些策略可能需要调整，哪些资源分配是合理的，以及哪些领域可能需要更多的关注。

同时，这些数据也为未来的预算制定提供了宝贵的参考。高校可以根据过去的绩效数据，更加科学地制定未来的预算，确保每一分资金都投到最需要它的地方。这不仅提高了预算的有效性，还确保了高校的科研活动始终朝着正确的方向发展。对于薪酬激励策略，积累的绩效数据同样具有指导意义。高校可以根据这些数据，更加公正地评估每一个科研人员的绩效，从而为其提供合理的薪酬和激励。这种基于数据的薪酬激励策略不仅更加公正，还更具激励性，原因是它真实反映了科研人员的贡献和价值。

（三）持续的资源保障与科研稳定性

在科研领域，稳定性是一个被高度重视的要素。无论是研究的深度，还是其持续性，稳定的资金支持都是必不可少的。预算与绩效的长期协同正是为了确保这种稳定性，并最大化地发挥资源的价值。科研活动常常需要长时间的投入，很多研究成果可能需要数月甚至数年才能显现。在这样的背景下，短期的预算波动可能会导致研究中断，甚至导致之前的努力付诸东流。持续的资源保障特别是基于长期绩效考核的预算管理能够为科研人员营造一个安心投入研究、不断深化探索的环境。这不仅有助于提高研究质量，还能确保研究的连续性和完整性。

这样的稳定性不仅是财务层面的，还意味着科研人员能够对未来有更为明确的期待，能够更好地规划研究方向和策略。知道了资源会得到保障后，科研人员就可以更大胆地进行尝试，更有底气地开展研究。这对于创新性的研究尤为重要，原因是很多时候，突破性的发现恰恰来源于那些看似冒险的尝试。进一步而言，持续的资源保障与科研稳定性之间的关系也正是预算与绩效长期协同的体现。预算管理与绩效考核真正达到协同意味着学校不是仅仅按照短期的绩效给予奖励或惩罚，而是从长远的角度来看待研究成果，从而为科研人员提供更为长期和稳定的支持。而对于科研人员来说，这样的环境可以提高他们对工作的满意度。知道自己的努力不会因一时的挫折或失败而被忽视，反而会得到持续的支持和鼓励后，科研人员的工作热情和积极性无疑会大大增加。这样的正向循环能够进一步确保科研活动的顺利进行，为学校带来更为可靠和持续的研究产出。

（四）激励机制的持续优化与调整

在长期的科研活动中，激励机制起着至关重要的作用。激励机制与预算管理和绩效考核紧密相连，如果设计得当，科研人员的工作效率和研究成果的质量都可以显著提高。但是，仅仅建立一个激励机制并不足够，更为关键的是持续优化和调整这个机制，以确保它始终能够满足科研人员的实际需求和学校的长期目标。分析激励机制产生的数据可以发现哪些激励策略是有效的，哪些可能需要改进。例如，如果某一年的数据显示，尽管给予了丰厚的奖金，但科研人员的研究成果并没有明显的提升，那么这就意味着单纯的金钱激励可能并不是最佳选择。

同时，科研人员的需求和期望也是在不断变化的。随着研究的进行，科研人员可能需要更先进的设备、更多的研究资金或者更为宽松的研究环境。这意味着，激励机制也需要根据这些变化进行相应的调整，以确保始终为科研人员提供他们真正需要的支持。但是，持续的优化和调整并不仅仅基于短期的数据和需求，更为重要的是，它需要与高校的长期目标保持一致。如果高校希望在某一领域取得领先地位，那么激励机制就应该鼓励科研人员朝这个方向努力。这样不仅可以确保资源得到最有效的利用，还可以帮助学校在这一领域建立起自己的品牌和声誉。

（五）长期视角与研究持续性的促进

预算与绩效之间的协同关系，尤其是长期的协同关系形成了一种对科研人员的隐性引导。这种引导鼓励科研人员不是仅仅为了短期的绩效目标而工作，而是真正地深入思考、持续地进行研究，从而实现真正有意义的科学进步。当科研活动的支撑不再是一次性的、短暂的，而是基于长期视角的预算规划时，科研人员会更乐于去探索更为深远的科学问题，去挖掘那些可能需要数年才能得到答案的难题。因为知道背后有持续的资源支持，所以科研人员更有勇气去接受那些长期的、有风险的研究挑战。

与此同时，预算与绩效的长期协同也意味着高校更为重视研究的持续性。短期的成果固然重要，但真正能够影响学术领域，甚至影响社会的往往是那些深入、持续的研究成果。这样的成果需要时间、需要耐心、需要稳定的支持，而这正是长期协同所能提供的。另外，持续性的研究往往意味着更高的研究质量和影响力。原因是当科研人员知道自己有足够的时间和资源去深入一个问题、追求真正有价值的答案时，科研人员的工作往往会更加认真、更加细致。这不仅有助于提高研究的准确性，还有助于增强研究的创新性和独特性。

五、预算培训与绩效文化建设

（一）专门化的预算培训课程

预算管理不仅仅是数字和表格的组合，更是一个涉及策略、计划和决策的综合过程。在科研领域，预算不仅决定了研究的方向和深度，还关乎每一项研究任务的成功与否。因此，让科研人员深入理解并掌握预算管理的知识和技能，对于整体的研究效果有着至关重要的意义。高校推出的专门化预算培训课程应涉及预算管理的全过程，从预算的制定，到预算的执行，再到预算的监控和调整，每一个环节都需要详细的指导和培训。课程内容应该深入浅出，既有理论知识的讲解，又有实际案例的分析，使科研人员能够从中得到实际的操作经验。

更进一步分析，预算培训课程还应该强调预算与绩效之间的紧密联系。科研人员应该明白，预算不仅仅是对资金的分配，更是对研究成果的期望和目标的设定。通过培训，科研人员应该能够清楚地看到，如何通过合理的预算管理，更好地实现研究目标，进而提高绩效。另外，专门化的预算培训课程还应该注重与科研人员的实际需求和问题的结合。每一位科研人员都可能面临着不同的预算管理问题，因此培训课程应该设置一定的互动环节，让科研人员能够提出自己的问题，得到专业的解答和指导。

（二）绩效文化的宣传与推广

绩效文化并不仅仅是一个术语或一个管理工具，它是一种深植于机构内部的价值观，一种持续追求卓越、注重结果和反馈的工作态度。在科研领域，这一文化尤为重要，原因是科研活动需要长时间的耕耘，而成果的产出往往会与预期有所偏差。因此，如何确保科研人员始终对绩效目标保持关注，并根据预算目标进行研究活动就成了关键。高校可采用多种方式来宣传和推广这一文化。例如，可以组织研讨会，通过邀请经验丰富的专家分享进行科研的经验和故事，让科研人员获得启示；也可以组织工作坊，这一形式更注重实操，它可以帮助科研人员了解如何将绩效目标与日常研究活动结合、如何更好地使用预算资源；宣传材料如海报、手册等可以时刻提醒科研人员绩效文化的核心理念，这些材料可以放置在实验室、会议室等地，成为科研人员日常工作的一部分。但宣传与推广绩效文化的工作远不止于此，真正的文化推广是一个持续不断的过程，高校有关部门需要时刻与科研人员沟通交流，了解科研人员的需求和困惑，并根据反馈进行调整。同时，高校有关部门需要为科研人员提供持续的学习和成长的机会，让科研人员在实践中不断体验和理解绩效文化的价值。

（三）实例分享与经验交流

高校环境中一直存在着学习和研究的文化氛围，而实际的经验分享和案例交流是学习的最佳方式。在预算管理和绩效考核的领域，这种学习尤为重要，原因是它直接关系到科研资金的有效利用和研究成果的产出。拥有丰富经验的专家和前辈来高校分享进行科研的经验和故事对科研人员来说是一个难得的学习机会。这些分享不仅包括成功的经验，还包括失败和教训，能够帮助科研人员了解在预算和绩效管理中可能遇到的挑战和问题以及如何解决这些问题。

通过这种方式，科研人员可以了解到多种多样的预算管理和绩效考核策略，以及这些策略如何应用在实际的研究活动中。这样，科研人员可以根据自己的实际情况选择和调整策略，确保预算和绩效的真正协同。除了邀请外部的专家和前辈，高校还可以鼓励内部的科研人员分享相关经验和故事。这种内部的经验交流有助于营造一种开放和共享的文化氛围，使科研人员更容易接受和采纳新的管理策略和方法。同时，这也有助于科研人员之间的信任和合作关系的建立，进一步促进预算与绩效的协同。

（四）绩效反馈与持续改进

准确、及时的反馈可以让科研人员清晰地了解自己的工作进展与成果，同时识别潜在的问题与挑战。而对于预算管理来说，绩效的反馈会直接影响未来的资源分配和使用。高校在为科研人员提供绩效反馈时，应确保反馈内容具有深度和广度。这意味着，高校不仅要关注项目的当前进展，还要从长远的角度分析科研活动的潜在价值和影响。这样的反馈有助于科研人员对自己的工作进行全面的评估，进而做出更佳决策。

同时，持续改进应被视为科研活动的核心价值。预算管理不仅关注资源的分配和使用，还关注如何通过资源的合理配置推动科研水平的持续提升。为此，高校应强调持续改进的文化氛围，鼓励科研人员在面对困难和挑战时，寻求新的方法和策略，而不是满足于现状。在绩效反馈与持续改进的过程中，高校应提供必要的支持和资源。例如，高校可以为科研人员提供进一步的培训和指导，帮助其更好地理解预算管理的原则和策略，以及如何将其应用于实际的研究活动；高校还应鼓励科研人员之间的经验分享和交流，以促进知识的传递和创新的产生。

（五）预算与绩效的奖励机制

高校的科研活动充满了挑战与机遇。在这个背景下，如何使用有限的资源，如何确保每一笔投入都能带来最大的价值已成为每一个科研人员和管理者都需要面对的问题。而预算与绩效的奖励机制正是解决这个问题的关键。为了鼓励科研人员更加珍视每一份资源，高校应制定切实可行的预算管理策略，确保每一项研究活动都有明确的预算目标。与此同时，为了激发科研人员的工作热情，高校应建立起与绩效直接挂钩的奖励制度。只有当科研人员深知，只要付出了努力、达到了标准，就一定能获得应得的回报，科研人员的工作热情和创新能力才能真正被激发。

预算与绩效的奖励机制并不仅仅是简单的“完成任务，获得奖励”，更是一种能够将科研人员的个人目标与高校的长远发展结合起来的机制。这个机制可以确保科研人员不仅关注短期的研究成果，还会从长远的角度思考，努力为高校的持续发展做出贡献。为了实现这一目标，高校应不断加强预算培训，确保科研人员能够深入了解预算管理的重要性和具体方法；还应加强绩效文化的建设，确保高校中每一名科研人员都能够深知，优秀的绩效是获得更多资源和更高待遇的关键。

第四节　资金筹措与高校科研人员薪酬激励机制的关系分析

一、研究项目的资金来源与薪酬结构

（一）国家研究资金的影响

对于高校科研人员来说，资金来源往往是其进行研究活动的重要基础。研究项目的资金来源直接影响到薪酬结构的形成和调整，进而会对科研人员的工作积极性和创新能力产生深远的影响。研究项目的资金来源多种多样，其中，国家研究资金占据了重要的位置。国家为了鼓励科研创新、技术突破，往往会设立专门的研究基金，用于资助那些有潜力、有前景的研究项目。这类资金的规模通常较大，使用周期通常较长，可以为科研人员提供一个相对稳定的工作环境。

在薪酬结构上，国家研究资金通常采取基础薪酬与绩效奖金相结合的方式。基础薪酬确保科研人员的基本生活需求，使其无后顾之忧，全心投入研究工作中。而绩效奖金与研究成果紧密挂钩，对那些取得显著研究成果或技术突破的科研人员，会给予额外的奖励。这种薪酬结构不仅能够吸引更多的优秀人才参与科研活动，还能够激发科研人员的创新激情和工作动力，使科研人员在完成日常研究任务的同时，积极探索新的研究方向和方法，努力提升研究的深度和广度。资金的来源、规模和使用要求直接决定了薪酬结构的设置和调整。国家研究资金的影响尤为明显，它为科研人员提供了稳定的经济支持，也给予了科研人员明确的工作目标和期望。科研人员只有认真对待研究工作，努力达到或超过期望目标，才能获得更高的薪酬待遇。

（二）高校科研组织或机构的合作资金的影响

合作研究在高校科研领域占据着重要的地位。高校与科研组织或机构的合作资金来源具有一些独特的特点，这些特点对于资金的使用、管理以及科研人员的薪酬激励都有深远的影响。高校与科研组织或机构的合作通常代表双方都对某个研究领域有浓厚的兴趣，或者对某个科研项目有明确的预期和目标。这样的合作关系为双方提供了一个相互学习、交流和成果共享的平台。这种合作关系通常建立在互相信任的基础上，预期通过共同的努力，达到预定的研究目标。高校与科研组织或机构的合作资金的影响主要表现在以下几个方面。

一是短期导向。这类资金通常更加注重短期成果。科研人员可能会面临更为紧凑的研究进度和时间表。为了鼓励科研人员按时完成研究任务，薪酬结构可能会更多地侧重于短期绩效奖励。二是应用性强。与高校科研组织或机构的合作资金往往更看重研究成果的实际应用价值。这意味着科研人员需要将研究成果转化为实际的应用，如技术、产品或服务，从而为社会和经济带来实际价值。三是资源共享。合作研究可能涉及多方的资源共享，如实验室、设备、数据等。这为科研人员提供了更为丰富的研究资源，有助于提高研究的质量和效率。四是合作互补。高校与科研组织或机构的合作通常基于各方的优势互补。这可以使得合作双方都从中受益，实现“一加一大于二”的效果。

（三）其他来源资金的影响与薪酬多样性

资金来源的多样性为高校带来了薪酬设计的多种可能性。当资金来自基金会、国际组织等渠道时，往往随之而来的是研究自由度提高和对研究成果多样化的期望。这种资金来源的特性为高校科研人员的薪酬设计提供了更广泛的选择空间。来自基金会或国际组织的资金的影响主要体现在以下几个方面。

一是较高的自由度。与国家研究资金相比，基金会或国际组织提供的资金在使用上可能会有更高的自由度。这为科研人员提供了更广阔的研究空间，科研人员可以根据实际情况灵活调整研究方向和策略。二是多样化的研究成果。基金会或国际组织通常更注重研究的实际价值和对社会、经济或环境的积极影响。这意味着资金不仅用于学术研究，还可能用于与产业、社会等其他领域的合作。三是灵活的奖励机制。由于研究的自由度较高，高校可以为科研人员设计更为多样化的薪酬结构。这不仅包括基本工资，还可能涉及长期研究奖金、特别贡献奖励、项目成功奖励等。基于这些特点，高校在设计薪酬结构时，可以充分考虑科研人员的工作特性和需求，为其提供合理的薪酬激励。例如，高校可以为那些长期致力于某一研究领域并取得了突出成果的科研人员提供长期研究奖金；对于那些在短时间内完成了重大项目并且项目取得了实际应用的科研人员，高校则可以给予特别贡献奖励。

（四）薪酬结构的动态调整

薪酬结构的动态调整是资金筹措与高校科研人员薪酬激励机制之间相互作用的重要体现。随着科研项目的资金来源日益多元化，高校面临着如何有效配置和使用这些资金的挑战，其中最关键的一环便是如何设计一个与资金来源相匹配的薪酬结构。不同的资金来源往往有着不同的使用要求和期望值。例如，国家研究资金可能更加强调学术价值和研究深度，而基金会或国际组织资金可能更看重研究的实际应用和社会影响。因此，对于科研人员而言，不同的资金来源对项目的研究方向、方法和目标都可能产生不同的影响。

这种影响不仅体现在研究内容上，还直接地体现在科研人员的薪酬结构上。例如，对于那些主要依赖国家研究资金的科研人员，高校可能会为其设置一个相对稳定的基本工资，加上一些与研究成果相关的奖金或补助；而对于那些更多依赖基金会或国际组织资金的科研人员，高校可能会为其设计一个更为灵活的薪酬结构，如更多的短期绩效奖励或特别贡献奖励。因此，高校在制定薪酬结构时，不仅需要考虑资金的数量，还需要充分了解资金来源的特点和要求。只有这样，才能确保薪酬结构与资金筹措相匹配，进而更好地激励科研人员。但值得注意的是，资金环境是不断变化的。随着科技的进步、社会的发展和国际合作的深入，高校可能会拥有新的资金来源，原有资金来源的要求和期望值也可能会发生变化。这就要求高校的薪酬管理策略具有一定的灵活性，能够根据资金环境的变化进行及时的调整。

（五）资金来源与员工职业发展

资金来源与员工职业发展之间存在着密切的关系，尤其是在高校科研环境中。资金来源往往与科研项目的规模、难度和影响力有关，而这些因素无疑会影响到科研人员的职业前景和发展机会。以国家重点研究资金为例，这种资金往往针对的是具有创新性、深度和广度的项目，对接受这种资金支持的项目的期望值相对较高。因此，成功获得并有效管理这种资金的科研人员往往能够得到更高的学术认可，这无疑会为其带来更多的学术荣誉和职业发展机会。而这种认可和机会是与薪酬激励息息相关的。高校可以利用这一点，为那些成功获得国家重点研究资金的科研人员提供更高的薪酬激励，如提高基本工资、设置额外的绩效奖金或其他形式的奖励。这不仅能够反映出高校对这些科研人员的高度认可，还能进一步激励科研人员更加努力工作，提高研究的质量和效率。在这里，值得注意的是，薪酬激励并不仅仅是提供更高的工资或奖金。对于许多科研人员来说，职业发展的机会、学术荣誉和对其研究成果的高度认可往往比金钱更加重要。因此，高校在设计薪酬结构时，也应考虑如何为科研人员提供更多的职业发展机会。例如，可以邀请那些成功获得国家重点研究资金的科研人员参加国际学术会议、与其他高校或研究机构进行合作等。这不仅能够为这些科研人员提供更多的学术资源和支持，还能提升他们的学术影响力和社会认可度。

二、资金规模与薪酬水平

（一）资金规模与基本薪酬

资金规模的扩大往往表明了项目的重要性以及其对于学术界和社会的潜在价值。资金规模的扩大意味着更高的研究期望和更大的压力。为了应对这些期望和压力，确保研究项目按计划进行并取得预期的研究成果，高校可能需要提供更有吸引力的薪酬待遇。基本工资是科研人员收入的主要部分，与其生活品质和经济安全感直接相关。提高基本工资有助于确保科研人员集中精力进行研究，不必为经济问题分心。这不仅有助于提高研究的效率，还能提升科研人员对研究项目和高校的忠诚度。另外，基本工资的提高还能够帮助高校吸引和留住更多的优秀科研人员。优秀的科研人员往往有更多的选择，他们可以选择去其他高校或研究机构，或者选择与企业合作。为了确保这些人才能够留在高校，提供有竞争力的薪酬待遇是至关重要的。而在资金规模与基本薪酬之间，还存在一个相互影响的关系。提高基本薪酬可能会使得更多的科研人员愿意参与项目，这有助于高校筹措更多的资金；资金规模的扩大也为高校提供了更多的经济空间，使其有能力提供更高的基本工资。不可否认的一点是，基本工资的提高还可能带来其他好处。例如，可能会提高科研人员的工作满意度，促进科研人员之间的合作和交流，从而提高研究的质量和效果；还可能帮助高校建立一个更加积极、健康和和谐的研究环境，使得科研人员能够在一个良好的工作氛围中进行研究。

（二）资金充足性与绩效奖励

资金充足性对于任何研究项目都是至关重要的，原因是它直接决定了项目的可行性、研究的深度和广度。绩效奖励作为提供给科研人员的额外激励，它的设置与资金的充足性紧密相关。这种关系体现为当资金充足时，各方对于研究工作的预期和目标往往更高，为了确保这些更高目标的实现，高校可能需要提供更高的激励给科研人员。因此，充足的资金往往会使绩效奖励更丰厚。这样的奖励不仅能够吸引和留住优秀的科研人员，还能激发科研人员的积极性和创造力，促使科研人员更加努力地工作。

当资金充足时，高校有能力进行这种投资，以期研究得到更高回报。而这种回报可能是以学术论文、专利、技术转让或其他形式体现。对于科研人员来说，绩效奖励是经济上的鼓励，更是对科研人员工作成果的认可。而且资金的充足性可能影响绩效奖励的结构。例如，可能会有更多的奖励设置针对长期和深入的研究，而不仅仅是短期的成果。这会鼓励科研人员进行更系统、更深入的研究，而不是仅仅追求短期的研究成果。

（三）特殊研究项目与额外的薪酬激励

特殊研究项目通常代表了高校希望在某一领域取得的重大突破或关键技术的探索，这类项目的成功往往能带来巨大的经济和学术价值。因此，对于这类项目的资金投入和薪酬激励往往也与众不同。资金规模与薪酬水平之间的关系在特殊研究项目中表现得尤为明显。一方面，充足的资金可以确保科研人员有足够的资源进行研究，从实验材料到高端设备都不再是制约因素。这为研究创新创造了良好的条件。另一方面，为了确保资金得到高效的利用并取得预期的研究效果，高校对薪酬结构也会进行相应的调整。在这种情境下，额外的薪酬激励就成了重要的工具，用以奖励科研人员在特殊研究项目中做出的杰出贡献。

额外的薪酬激励不仅体现在金钱上，还可能涉及更广泛的职业发展机会、研究团队内的地位提升、优先获取资源的权利等。这种激励方式旨在满足科研人员的多种需求，不仅是经济上的，还包括对职业成就感和社会认同感的追求。然而，特殊研究项目往往伴随着较高的风险。原因是这类项目的探索性和挑战性都较高，可能存在很大的不确定性。为了平衡这种风险，除了提供额外的薪酬激励，高校还需要为科研人员提供一个稳定的工作环境，给科研人员足够的时间和空间去深入研究。特殊研究项目的存在不仅仅是由于高校要追求某个具体的研究目标，更是对高校自身在学术领域的定位和追求的体现。为此，高校应该综合考虑资金规模和薪酬水平，设计出既能吸引和留住优秀科研人员，又能确保资源得到高效利用的薪酬策略。

（四）资金稳定性与长期激励

资金稳定性与长期激励相互关联，影响着高校科研的持续性和质量。资金的稳定性不仅能够保证高校的日常运营，还会对科研人员的心态、研究方向、研究质量产生深远的影响。资金稳定性意味着高校可以确保资金流的连续性，从而降低资金中断导致的研究项目中断风险。这就能为科研人员提供一个放心投入研究、深入探索、长期布局的环境。相对于短期目标，长期的研究往往更具深度和广度，也更能体现科研的价值。

可是，仅有资金的稳定性还不足以确保科研人员的长期投入，这就需要相应的薪酬激励机制来配合。长期的薪酬激励计划，如长期奖金或其他形式的激励，能够给科研人员提供一个明确的奖励预期。当科研人员看到自己多年的努力可以得到相应的回报时，其对研究的投入程度和热情无疑会大大提升。长期奖金或其他形式的激励不仅仅是对科研成果的奖励，更是对科研人员长期努力和坚持的认可。这种认可感可以大大增强科研人员的归属感和满足感，进而促进科研人员在研究中持续创新和深入挖掘。同时，资金稳定性与长期激励之间的关系也为高校提供了一个有效的工具来吸引和留住优秀的科研人员。对于那些希望在某一领域有所建树的科研人员来说，长期的研究计划和相应的薪酬激励会是他们选择高校的重要考量因素。

（五）薪酬比较与外部环境

较大的资金规模意味着高校不仅可以提供更高的基本工资，还可以提供各种激励、奖励和福利。但是，高校决策者不能仅仅根据资金规模来制定薪酬策略，外部环境的薪酬比较是另一个重要的参考标准。外部环境中，与高校水平相近的研究机构、企业或其他组织的薪酬标准和结构为高校提供了一个标杆。在资金规模允许的情况下，进行薪酬比较可以帮助高校更准确地定位自己的薪酬水平，确保在市场上具有竞争力。这一点对于吸引和留住人才尤为关键。特别是在科研领域，人才是最宝贵的资源，合理的薪酬策略直接关系到高校的研究能力和整体实力。

当高校的资金规模较大时，高校有更大的空间和能力进行薪酬调整。这时，薪酬不仅可以满足科研人员的经济需求，还可以体现科研人员的价值和科研人员对高校的贡献。与此同时，高校还需要考虑如何平衡内部的薪酬结构，确保每位科研人员都得到公正的待遇。但资金规模并不是唯一的决定因素，高校还需要根据外部环境的变化灵活调整薪酬策略。例如，当外部市场的薪酬水平上升时，即使资金规模未发生变化，高校也可能需要增加薪酬以保持竞争力；当外部市场的薪酬水平下降时，为了资源的高效利用，高校应考虑进行相应的薪酬调整。

三、资金使用的灵活性与薪酬策略

（一）特定资金与薪酬限制

特定资金的存在无疑给高校的薪酬策略带来了挑战。资金来源的多样性和其附带的条件意味着高校在制定薪酬策略时需要考虑得更加细致和全面。资金的灵活性直接决定了薪酬策略的灵活性，这对于高校保持竞争力和吸引优秀的科研人才至关重要。当面对特定资金与薪酬限制时，高校决策者的第一个任务是清晰地了解这些资金的使用要求，这样就可以更好地评估可能的薪酬策略，避免在未来遭受不必要的经济压力或违反资金使用规定的风险。例如，某些特定资金可能主要用于研究设备购买或实验室建设，而在人员薪酬的支出上有严格的限制。

面对这种情况时，高校需要考虑以其他方式来激励科研人员。这可能包括提供更好的研究设备、更完善的实验室环境等。虽然这些并不直接涉及薪酬，但对于科研人员来说，良好的研究环境和充足的支持可能更为重要。另外，高校还可以考虑与其他组织或企业合作，寻找替代的资金来源。这样可以为高校的资金使用提供更多的灵活性，也为科研人员提供更多的薪酬激励选择。例如，高校可以与私营企业合作开展研究项目，企业为项目提供资金，并允许高校在薪酬方面有更大的自主权。资金使用的灵活性与薪酬策略之间的关系显然是复杂的，需要高校根据实际情况进行权衡和调整。但不论如何，高校的最终目标都是为科研人员提供公平、合理和有竞争力的薪酬，从而促进研究活动质量提升。

（二）薪酬多样性与资金使用策略

薪酬在任何组织中都是一种关键的激励手段，特别是在高校这种对人才依赖度极高的环境中。当面临资金筹措的挑战时，如何灵活、有效地使用有限的资金，进而制定出吸引人才的薪酬策略是高校必须面对的问题。设计多样化的薪酬结构是一种方法，原因是不同的科研人员对薪酬的期望和需求可能会有所不同。有的人可能更看重稳定的基本工资，认为这是基本的经济保障；有的人可能更看重项目奖金，认为这是对其努力和成果的直接回报；还有的人可能更看重学术荣誉奖励，认为这是对其学术成果的认可。因此，高校需要细致地了解科研人员的需求和期望，然后设计出合适的薪酬结构。这不仅可以满足不同的需求，还可以更好地激励科研人员，使科研人员更有动力投入研究工作。

高校可以根据不同的薪酬组成部分，设计出相应的资金使用策略。例如，对于基本工资，高校可以设定一套公平、透明的标准，确保每位科研人员都得到合理的待遇；对于项目奖金，高校可以根据项目的难度、重要性和实际完成情况，设定不同的奖金标准；对于学术荣誉奖励，高校可以根据学术成果的质量、影响力等因素，设定不同的奖励标准。这样的策略不仅可以确保资金的有效使用，还可以提高科研人员的满意度和工作积极性。当然，制定这样的策略需要高校进行充分的调研和咨询，确保每个决策都是基于充分的信息和理性的分析。

（三）短期与长期资金的协调

短期与长期资金在功能和性质上存在显著差异。短期资金通常来自项目拨款、短期合作协议或临时赠款，为高校提供了立即可用的资源，但随之而来的是这类资金通常需要在短时间内得到使用并展现成果。而长期资金，如来自长期合作协议、政府长期资助或捐赠，往往有固定的使用期限和特定的使用目的，能够给予高校一个更为宽松的时间框架来实现目标。

在考虑如何分配这两种资金时，高校需明确自己的目标和策略。短期资金具有灵活性，适合用于应对突发情况，如对新兴研究领域的迅速响应或对临时研究需求的满足。但过于依赖短期资金可能导致研究活动的不连续性和研究方向的频繁变化。如果没有长期的资金保障，科研人员可能会感到不安，担心资金不足导致研究项目无法完成。因此，长期资金的存在对于确保研究的连续性、深度和广度至关重要。它能够为科研人员提供一个稳定的工作环境，使其更加专注于长期和深入的研究。由于短期资金的流动性较强，高校可以考虑为完成特定项目或短期目标的科研人员提供额外的奖励。而长期资金可以用于支持基础薪酬、长期绩效奖励和其他长期福利，确保科研人员的稳定和忠诚度。因此，在制定薪酬策略时，高校需综合考虑资金的来源、期限和用途。短期与长期资金的协调利用不仅能够确保资金的高效使用，还能为科研人员提供一个公平、合理和有吸引力的薪酬体系，从而进一步提高其工作积极性和产出效率。

（四）资金筹措与薪酬策略的沟通

资金筹措与薪酬策略的沟通在高校的运营中是至关重要的环节。要理解这两者间的深度联系，需要从资金的筹措方式、目的和期限，以及科研人员对薪酬的期望和需求来考量。财务部门通常负责资金的筹集、管理和分配。筹集到资金，特别是针对某个项目或研究方向的特定资金后，财务部门需要对这些资金的使用进行明确的规划。这里就涉及薪酬的部分，原因是科研活动是需要人来完成的，这些参与者的劳动回报是不能被忽视的。人力资源部门通常负责员工的招聘、培训、绩效评估和薪酬管理。在确定薪酬策略时，人力资源部门必须考虑到资金的来源、金额和期限。例如，如果资金主要来自短期的项目合同，那么人力资源部门可能需要考虑提供更多的短期激励，如项目完成奖金，而不是长期的股票期权或退休金。因此，财务部门与人力资源部门之间的沟通尤为重要。双方需要共同制订一个可行的计划，不仅确保资金得到最有效的使用，还能满足科研人员的薪酬期望。两个部门可以采取定期会议、工作坊和联合培训等形式进行沟通。在这些活动中，双方可以分享最新的资金筹措情况、预测未来的资金流向、分析科研人员的薪酬需求和市场变化。这不仅有助于双方更好地了解彼此的工作，还可以确保高校在竞争激烈的市场中保持竞争力、吸引和留住顶尖的科研人才。对于科研人员而言，明确了解资金来源和薪酬策略也同样重要，这不仅能够帮助科研人员了解自己的价值和自己在高校中的地位，还可以让科研人员更有信心地进行科研活动，原因是科研人员知道自己的努力会得到应有的回报。

（五）资金透明性与科研人员信任

资金透明性在高校的运营和管理中起到了至关重要的作用，尤其是在科研活动和与之相关的薪酬策略上。透明性是一个管理原则，更是一个用来促进合作、提高效率和建立信任的工具。高校科研项目的资金来源多种多样，可以来自政府拨款、企业合作、基金会捐赠等。对于科研人员来说，了解这些资金的来源、数量和使用要求是非常重要的。它可以帮助科研人员调整自己的研究方向，更好地匹配资金的要求和期望。

对于高校的管理层来说，确保资金使用的透明性是一个展现责任和使科研人员建立对高校的信任的方式。

资金的透明使用意味着每一笔支出都有明确的记录和说明。科研人员应能够轻松地查询到与其相关的资金分配、使用和结余情况。资金的透明性可以避免误解和猜测，减少不必要的纠纷，也有助于科研人员更有针对性地进行研究工作。与此同时，透明的资金使用也为薪酬策略的制定提供了明确的基础。科研人员能够了解自己的薪酬是如何确定的，以及薪酬与自己的研究绩效和高校对资金的使用的关系。这种明确性可以增强科研人员对薪酬策略的信任，也可以激励科研人员更加努力地工作以获得更高的薪酬回报。还有一点需要高校高度重视，即资金透明性可以促进高校内部的合作和交流。当科研人员了解了资金的整体状况和其他部门或团队的研究项目时，科研人员更可能进行跨学科或跨部门的合作，从而实现资源的最大化利用。

四、资金稳定性与长期薪酬激励

（一）稳定资金与长期研究目标的对齐

对于高校来说，稳定的资金来源能够确保科研项目的连续性和完整性。长期的研究项目，如基础研究或大型的跨学科研究，往往涉及复杂的科研过程和繁多的研究阶段。这种研究需要较长时间以逐步积累数据，进行深入地分析和得出有意义的结论。在这个过程中，科研人员的持续参与和专注是至关重要的。因此，资金的稳定性直接关系到这些项目的成功率。若资金来源不稳定，项目可能会被迫中断，或在关键时刻缺乏必要的支持。这样的情况不仅可能使得已经投入的资源和时间被浪费，还可能导致科研人员的士气受挫，影响其未来的研究积极性。与此相辅相成的是长期的薪酬激励策略。当资金稳定时，高校可以为科研人员提供长期的激励，如持续的研究奖励、项目里程碑奖励或专利转化的利润分享等。这样的激励策略不仅能够提高科研人员的满意度和对项目的责任感，还能鼓励科研人员进行深入的研究和探索，不断追求更高的研究目标。而且，稳定的资金使得高校有能力为科研人员提供更好的研究环境和设备。这种物质上的支持会进一步加强科研人员的信心，使科研人员相信自己的努力会得到应有的回报。

（二）员工留任与长期资金计划

对于科研人员而言，研究不仅仅是职业的要求，更需要对于知识探索的热情和执着。在进行长期、系统的研究时，稳定的资金支持和有益的薪酬激励是极为关键的。这不仅关乎科研人员的日常生活需求，还与科研人员为实现研究目标所付出的努力紧密相连。当高校拥有了稳定的资金来源，它便有了更大的空间来制订长期的激励计划。这些激励计划，如长期股票奖励、特定的研究资助或退休福利计划不仅仅关乎科研人员的经济利益，更体现了高校对于科研人员努力与成果的认可和支持。

这种形式的长期奖励更具吸引力，原因是它旨在奖励那些对高校有长期贡献的科研人员。在这种奖励机制下，科研人员不会因短期的困难或挫折而轻易放弃。原因是这种长期的激励可以鼓励科研人员坚持研究、积极解决问题、持续为学术界和社会做出贡献。不可否认，长期的薪酬激励策略也可以加强科研人员与高校之间的联系。当科研人员看到自己的努力和贡献能够得到长期的回报时，科研人员会对高校产生归属感，更加珍视与高校的关系。这不仅有助于降低员工流失率，还有助于构建一个稳定、高效的研究团队。而从高校的角度来看，留住关键的科研人员是至关重要的。这些科研人员往往拥有丰富的经验和专业知识，是高校研究项目的核心力量。如果这些科研人员选择离开，高校可能会面临项目延误、知识流失等问题。因此，为关键科研人员提供长期的薪酬激励以确保他们的留任不仅是对科研人员的认可和回报，还是高校自身发展的需要。

（三）资金的可预测性与薪酬策略的制定

资金的可预测性对高校这种依赖研究投入的机构而言十分重要。它不仅代表着经济上的稳定和安全，还代表了高校对未来的控制和期待。因此，当资金的流动可以预测时，薪酬策略的制定也可以更为精准和长远，这就意味着高校可以制定更为持久和连贯的策略，而不仅仅是短期的决策或是应急措施。这会使得高校的策略制定更为明确、目标更为坚定。例如，预测到未来几年资金充足的高校可能更倾向于投资那些需要较长时间研发的项目。对于这些项目，与之匹配的薪酬策略应当反映其长期性，可能更倾向于提供长期奖励，如为期多年的股权激励或其他形式的长期绩效奖励。相对而言，如果资金短缺但稳定，高校的薪酬策略可能更注重短期现金流量，如基本工资和年度奖金，而较少考虑长期的股权或其他非现金奖励。但无论哪种情况，可预测的资金流都可以使得薪酬策略更具目的性，更能满足科研人员的需求。科研人员对自己的工作充满热情，但在现实中，科研人员也需要对稳定生活的保障，以及对自己工作的认可。当资金可预测，薪酬策略也就能够更为稳定，科研人员可以安心投入研究中，不需要为经济问题分心。更重要的是，预测资金流向还能帮助高校更好地管理和激励科研人员。知道未来的资金来源后，高校就可以为科研人员提供更为明确的发展方向，并通过薪酬策略来奖励那些能够帮助高校达到长期目标的科研人员。

（四）资金风险与薪酬的风险分担

资金稳定性是高校运营的核心之一，与此同时，薪酬结构及其风险性对于科研人员的积极性、研究动力，以及科研人员是否留任至关重要。因为资金的稳定性对于科研工作和薪酬策略有如此深远的影响，所以当高校面临资金风险时，如何合理分担风险、保持科研人员的稳定和活力就成了一个重要议题。如果资金流动性受到挑战，直接影响是高校的薪酬结构可能面临调整。尤其是在短期内，高校为了确保正常运营，可能就会调整薪酬结构，从而更依赖于项目或研究的成果。这样的变化意味着，科研人员的薪酬与其研究成果的关系可能更为紧密，薪酬的确定性可能降低，而风险性可能增加。但是，这并不意味着薪酬的总量会受到太大影响。相反，高校可能会提高绩效奖金的比重，确保那些为高校做出突出贡献的科研人员得到应有的回报。换句话说，薪酬的构成可能会发生变化，表现为基本工资的部分降低，与绩效相关的奖金部分提高。为了减少薪酬风险，高校还可以采取其他策略。例如，高校可以考虑与其他高校或研究机构进行合作，共同筹措资金，或者寻找其他的资金来源，如企业赞助、社会捐款等。稳定的资金来源除了能够为高校提供经济保障，更重要的是能够为高校内的科研人员创造一个稳定的工作环境，使他们可以全心投入研究。相反，资金风险可能会使科研人员分心，对未来产生担忧，其研究效率和质量都会受到影响。

（五）资金稳定性与科研人员的职业发展

资金稳定性对于高校而言不仅是维持正常运营的必要条件，还是保障科研人员职业生涯健康发展的重要基石。资金流动性不仅影响研究的日常开支，还直接关系到科研人员的职业成长路径。稳定的资金来源意味着高校能够制订长远的计划，这在很大程度上能够为科研人员提供一个明确的发展蓝图。例如，高校可以安排更多的国际合作项目，鼓励科研人员出国深造，学习先进的研究方法和技术。这种机会不仅能够提高科研人员的学术水平，还能为其带来更广阔的视野和更高的学术声誉。

资金的稳定性也有助于高校更新研究设备和提高实验室的标准，使其保持在国际前沿水平。这能够为科研人员提供更好的研究环境，使其能够进行更为深入和广泛的研究。这样的研究环境对于科研人员而言，是其职业发展不可或缺的部分。与此同时，稳定的资金来源能够为高校提供足够的预算，用于组织各种学术会议、培训活动。这些活动不仅能够给科研人员提供学习和交流的平台，还能为其带来与其他研究机构和其他研究机构的科研人员建立联系的机会，进一步提升高校的学术影响力。更为重要的是，资金的稳定性使高校能够为科研人员提供更为长期和稳定的薪酬激励策略。例如，高校可以制定一套长期的绩效考核和奖励制度，确保科研人员的付出得到应有的回报。这种激励机制不仅能够体现高校对科研人员工作的认可，还有助于提高科研人员对研究工作的热情和投入程度。

五、资金使用的透明性与薪酬公平性

（一）增强信任感和工作满意度

资金的透明使用在高校环境中具有显著的意义。每一笔投入，无论是基础设施、实验材料，还是科研人员的薪酬，都关乎整个学术团队的利益。如果资金分配和使用过程开放透明，每个团队成员就都能看到自己工作的价值及其与整体目标的对齐情况。信任作为一种社会资本，对任何组织来说都是不可或缺的。在高校这样的知识密集型环境中，信任尤为关键。科研人员如果知道每一分钱都能被合理、公正地使用，就更容易信任管理层和组织，更愿意双方为共同的目标付出努力。如果资金使用情况模糊不清，很容易引发科研人员的不满和质疑，进而影响到团队的凝聚力。

工作满意度是科研人员继续努力、保持创新和为组织创造价值的关键因素之一。一个对工作满意的员工更容易产生创新思维，更容易与团队成员合作推动研究项目的进展。资金使用的透明度会直接影响工作满意度。当看到自己的成果得到了公正的回报，科研人员的成就感和自豪感会大大提升。而且，公平的薪酬策略和资金的透明使用还能够避免团队内部的不满和冲突。每个科研人员都希望得到与其贡献相匹配的回报。科研人员如果认为薪酬不公或资金使用不当，就很可能产生挫败感，甚至选择离职。而一个稳定、公平、透明的薪酬体系可以在很大程度上避免这种情况，确保科研团队的稳定和长远发展。

（二）减少薪酬纷争

在任何组织内，薪酬都是组织人员关注的核心议题之一。高校内的科研人员投入了巨大的努力和时间追求学术成果，他们期望得到与之相匹配的回报。因此，薪酬的公平性会直接影响科研人员的工作积极性、团队合作精神以及对高校的忠诚度。透明的资金分配机制是确保薪酬公平性的关键手段，当科研人员能够清晰了解资金的来源和分配依据以及薪酬与个人、团队和项目业绩之间的关联时，科研人员更容易接受和理解与同事之间的薪酬差异。透明性不仅仅涉及数字的公开，更关键的是能够让科研人员明白资金分配的决策依据和原则。

透明性有助于打破沉默的障碍，鼓励开放的沟通。当科研人员有疑问或不满时，透明性使得他们知道可以向哪里寻求答案，而不是私下猜测或产生误解。这种开放的沟通氛围有助于在早期就发现和解决问题，防止小的不满积累成大的纷争。透明的资金分配机制也有助于提高科研人员的工作动力，当知道努力工作、取得优异成绩就可以得到更好的薪酬回报时，科研人员会更加认真工作。这种正向的激励效应可以提高整体的研究效率和成果质量。透明性并不意味着一刀切或过度公开，原因是每个科研人员的工作背景、经验和贡献都是独特的，高校应该根据科研人员的实际情况进行公平评估；同时，考虑到隐私和敏感性，某些具体的薪酬数据可能不适合公开，但总体的分配原则和机制应该是透明的。

（三）鼓励公平竞争

在高校科研环境中，竞争是不可避免的，但其核心应该是鼓励科研人员不断追求卓越，而不是单纯地与他人竞争。而要确保这种竞争公平、健康，资金使用和薪酬结构的透明性很重要。透明性意味着每个科研人员都明确知道自己的努力和成果将如何被评价，这种明确性为科研人员提供了一个清晰的目标，使科研人员知道为了获得更好的薪酬激励，应该如何定位自己的工作方向。科研人员明白了薪酬背后的评价标准后，就更容易认同这一标准，并按此努力。

这种公平性也避免了随意或偏见的评价会导致的不满和纷争，原因是科研人员知道，只要努力并取得了实际的成果，就会得到与之相应的奖励，而不会受到任何不公平的待遇。透明的薪酬结构还鼓励了团队之间的协作，当团队成员都明确知道合作带来的好处和奖励时，他们就更有可能分享资源、经验和知识，共同努力实现目标。这种合作不仅会提高整体的研究效率，还会使科研人员更加信任和尊重自己的合作伙伴。然而，要实现真正的公平竞争，高校还需确保评价机制的公正性和客观性。评价标准、流程和结果都应该是透明的，以确保所有科研人员都能在同样的起跑线上竞争。同时，高校应该定期检查和更新这些标准，确保它们与时俱进，反映科研的最新趋势和需求。

（四）促进组织的正义感

资金使用的透明性在很大程度上决定了科研人员对组织是否持有正义的印象。组织正义不仅与明确、透明的薪酬关系紧密，还在更广泛的意义上影响着工作环境、团队合作和员工的工作态度。只有了解了薪酬是如何分配的、何种表现或成果会带来更高的奖励，科研人员才会认为自己受到了公正对待。这种认知能够使科研人员更加专注于自己的工作，并为组织的整体目标努力。

（五）长远的人才留存和吸引

对于研究机构而言，薪酬不仅仅是金钱的交换，更是对科研人员才华、努力和贡献的认可。公平、公正且透明的薪酬机制对于激励科研人员发挥潜能、勇于创新、提高研究水平都至关重要。对于科研人员而言，选择留在一所高校或者离开，与高校的薪酬激励机制有着密不可分的关系。当科研人员明确知道自己的努力与获得的回报之间的关系，以及如何通过进一步的努力来获取更多的回报，科研人员的工作动力会大大提高。

透明的薪酬策略意味着每个人都知道自己和他人是如何被评估和奖励的，这种明确性和可预测性能够消除不必要的猜疑和不满，使得科研人员更加关注自己的工作，而不是过多地担忧薪酬的不公。不仅如此，一个透明且公平的薪酬激励机制还能够吸引外部的优秀科研人才。高校的声誉和吸引力不仅建立在其研究成果和学术声誉上，还与其如何对待科研人员息息相关。当外部的科研人才看到一个机构公平且公正地对待其员工，就更容易被吸引，并视该机构为长期发展的理想之地。还有一点不可否认，即长期的留存和吸引策略还与组织文化有关。当资金使用透明时，科研人员会觉得自己是组织中的一部分，而不是一个可以被替代的工具。这种感觉会增强科研人员对高校的忠诚度和归属感，使科研人员更加愿意长期为高校做贡献。

第三章　高校科研人员薪酬激励的理论基础

第一节　薪酬激励的概念和作用

一、薪酬激励的概念

薪酬激励是目前很多企业在使用的直接有效的激励方式。在竞争日益激烈的市场环境中，企业会寻求各种方式来吸引、保留并激发员工的潜能，其中，薪酬激励机制无疑是一项关键的策略。它不仅关乎员工的物质待遇，还与他们的心理和情感状态紧密相关。薪酬激励涉及的不仅是金钱，还包括诸如晋升、奖励、公认和职业发展等非物质方面。这种激励方式旨在与员工的目标和需求相匹配，从而为他们创造一个积极、有效的工作环境。

（一）内容型激励

内容型激励理论又称为认知型激励理论，核心是将人的需要看成不同的因素，并把这些因素分层、归类，即以动机的激发因素为主要研究内容。[①] 内容型激励主张从员工的内在需求出发，探索如何满足这些需求，从而使员工产生工作动力。这一概念涵盖了多种不同的理论。马斯洛（Maslow）于 1943 年提出的需要层次论是其中最为广为人知的一个。这个理论揭示了人类的五个基本需求：生理、安全、社交、尊重、自我实现。它们通常被描述成一个金字塔形状的结构。在这一结构中，低层

① 秦晓燕．激励理论的对比分析及应用浅探 [J]. 经济师，2014（6）：35-36.

次的需求是最基础的，人们只有在这些需求得到满足后才会去追求更高层次的需求。例如，只有当基本生理需求得到满足之后，人们才会追求更高的社交或自我实现的需求。赫茨伯格（Herzberg）的双因素理论对工作满意度给出了更深入的见解。他认为，影响员工工作状态的因素可以分为两大类：激励因素和保健因素。激励因素如工作本身、成就感、晋升和责任可以带来工作满足感，而保健因素如工资、公司策略和工作环境是预防员工不满和怠工的关键。

奥尔德弗（Alderfer）的 ERG 理论是对马斯洛的理论的一个修订，他将员工的需要分为生存、相互关系与成长三类。这三类需求之间并没有严格的层次划分，而是可以同时出现，但在特定的情境下，某一类需求可能会更为突出。麦克利兰（McClelland）的成就需要理论进一步细分了人们的动机。他提出权力需要、亲和需要和成就需要是驱动人们行为的三个主要因素。例如，一些员工可能主要受到权力需要的驱动，他们希望在组织中占据主导地位，而其他员工可能更看重与同事建立良好的关系或实现个人的成就。

（二）过程型激励

过程型激励理论着重研究人的动机从产生到具体实行的心理过程。① 这一理论深入挖掘动机背后的心理机制和推动人采取行动的因素。在企业管理中，了解并利用这些因素可以有效地驱动员工行为，从而实现组织目标。弗鲁姆（Vroom）的期望理论是过程型激励理论中的重要组成部分。该理论强调努力与成绩、成绩与奖励、奖励与需要之间的关系是驱动员工行为的核心。员工会评估自己付出努力后可能获得的成绩，再评估这种成绩能带来的奖励，最后衡量这种奖励是否能满足自己的需要。只有当这三个因素都为正向时，员工才会产生持续的动机。

① 李芹 . 激励理论及其在高职师资管理中的运用 [J]. 教育与职业，2008（23）：38-40.

洛克（Locke）的目标设置理论也是过程型激励理论的重要组成部分。该理论指出，明确、具体的目标能更好地驱动员工行为。给员工设定清晰的目标可以提高他们的动机并导向他们朝正确的方向努力。目标不仅能帮助员工集中注意力，还可以提供反馈机制，帮助员工了解自己的工作进度。斯金纳（Skinner）的强化理论则从行为的角度来看待激励。通过调整对员工行为的奖惩，企业可以有效地控制和预测员工的行为。强化理论中的正强化、负强化等策略都是用来调整员工行为的有效工具。

（三）行为改造型激励

行为改造型激励是指为达到预期目的，通过巩固和发展人的积极行为、转变和消除人的消极行为，达到变消极为积极的激励方式。根据实现人的行为改造的方式的不同，行为改造型激励可以分为以下三个激励方式：外部因素强化、心理归因、挫折激励。外部因素强化来自美国心理学家斯金纳（Skinner）在1938年出版的《有机体的行为》一书中提出的强化理论。他认为人类的行为主要是由操作性反射构成的操作性行为，操作性行为是作用于环境而产生结果的行为，只要改变外部环境刺激就可以达到改造行为的目的。心理归因来自社会心理学家海德（Heider）在1958年出版的《人际关系心理学》一书中提出的归因理论：人的行为的原因可分为内部原因和外部原因，内部原因是指存在于行为者本身的因素；外部原因是指行为者周围环境中的因素。他认为人的内在意识指导和推动着人的行为，通过改变人的思想认识，可以达到改变人的行为目的。挫折激励则与美国心理学家亚当斯（Adams）提出的挫折理论有关。亚当斯认为，挫折指个体在从事有目的的活动过程中，因客观或主观的原因而受到阻碍或干扰，致使动机不能实现、需要不能满足时的情绪体验。人的行为是外部环境刺激与内部的思想认识相互作用的结果，只有改变外部环境刺激和改变内部思想认识相结合，才能达到改变人的行为、变消极行为为积极行为的目的。

（四）综合型激励

综合型激励理论是将各种激励理论进行归纳总结，系统地解释人的激励行为过程的理论。[①] 它整合了多种理论，能够为企业提供一个全面、系统的激励工具。综合型激励理论主要包括勒温（Lewin）的场动力理论及波特（Porter）和劳勒（Lawler）的激励模式。勒温的场动力理论主张个人行为主要由两个方面的因素决定：个人的内部动力和外部环境的刺激。对于企业来说，员工的内部动力来源于员工的需求、欲望和动机，而外部刺激来自环境中的奖励、惩罚等因素。波特和劳勒的激励模式则更为全面。他们认为，激励并不是简单的因果关系，应形成努力→工作绩效→报酬→满意以及从满意反馈回到努力这样的良性循环，这取决于奖励内容、奖励制度、组织分工、目标导向行动的设置、管理水平、公平的考核和领导作风等综合性因素。管理者只有对这些因素有了深入的了解，才能有效地激励员工。

二、薪酬激励的作用

（一）激励作用

激励是推动人们发展的重要力量，它影响着人们的每一个行动和决策。组织中的激励作用是一个复杂又至关重要的因素。组织通过某种方式鼓励和激发员工，使他们遵循组织的目标并愿意为之付出努力，这就是激励在起作用。激励有时体现为物质奖励，如提高薪酬、奖金或其他形式的报酬；有时则是非物质的，如表扬、晋升或其他形式的认可。

每个科研人员的动机都是独特的，与他们的背景、经历、个性和价值观息息相关。在某些情况下，某种特定的激励可能对一些人有效，而对另一些人可能没那么有吸引力。薪酬作为最直接的物质回报，通常被视为最有效的激励手段。科研人员在不同时期有各自不同的需求，这些

① 肖曼．人力资源管理激励理论应用研究[J]价值工程，2012，31（9）：103-104.

需求可能是物质的，也可能是精神的，如对成就的追求、对得到认可的需求等。当个人的需求通过薪酬的形式得到满足的程度越高，个人的工作热情和积极性往往也越高。因此，对于不同类型、不同层次的科研人员，高校必须有针对性地满足他们对不同层次薪酬的要求。这不仅可以帮助他们更好地完成工作，还能提升他们对高校的忠诚度。

（二）保障作用

薪酬在组织中不仅起到激励作用。对许多员工来说，它还是一种保障，确保他们得到公正的回报，并能够维持稳定的生活水平。基本工资是满足高校职工生活需求和精神需求的前提条件。这些需求包括基本的日常生活需求，如食物、住房和医疗，以及更高层次的需求，如休闲活动、教育和个人发展。这些都能为员工提供安全感，使他们感到他们的努力得到了应有的回报。近年来有一个显著的趋势是基本工资在工资收入中所占的比例越来越小，这使得其他形式的薪酬激励变得更为重要，包括绩效奖金、股票期权、福利计划等。这些激励方法都旨在满足员工的不同需求，同时鼓励他们为组织做出更大的贡献。

（三）约束作用

薪酬系统不仅是为了激励员工，在许多情况下，它还扮演着一个“规范者”的角色，确保员工行为与组织的期望和目标保持一致。这是约束作用所涉及的核心内容。员工的付出通常指员工的努力、时间、技能和知识的付出。这些付出无疑应得到相应的回报。然而，如何确定这种回报是关键。组织希望员工的努力与组织的目标一致，从而使组织长期和短期的愿景都能够实现。

但是，如果某员工的薪酬不佳，组织需要确定是什么导致的这一问题。是市场条件、经济环境还是员工的个人表现？如果确定是员工的个人原因，并且采取了各种措施如培训等都无法解决问题，那么组织可能需要对该员工实施某种形式的处罚。这可能包括调整薪酬、限制晋升机会或其他措施。“岗薪匹配”是一个重要的概念，意味着员工的薪酬应与他们的职责、技能和表现相匹配。如果员工的表现不符合所在岗位的要求，那么可能需要对其进行“降职降薪”。这不仅可以确保组织的资源得到合理使用，还可以为员工提供明确的反馈和动力，促使他们提高能力。

（四）导向作用

薪酬不仅是对员工付出的回报，还是一种信号，可以指引员工注意和努力的方向。这就是薪酬激励的导向作用。不同地区可能会有不同的薪酬结构和水平，这反映了地区之间的经济差异、文化差异等。然而，无论地理位置如何，人们通常都期望薪酬与他们的能力、技能和经验相匹配。

一般而言，更高的人力资本通常意味着更高的薪酬。这种关系鼓励员工对自己的教育和职业发展进行投资，原因是他们知道这会为他们带来更好的薪酬机会。对于组织来说，确保薪酬系统留住并吸引有才华的员工是至关重要的。这可能意味着为某些关键岗位提供额外的薪酬激励，或为某些罕见但关键的技能提供额外的奖励。薪酬系统在调节和平衡员工的收入水平方面起着至关重要的作用，确保每个人都能够根据其付出和贡献得到公正的回报。

第二节　高校科研人员薪酬激励的理论基础

一、创新集群理论

创新集群理论不仅与技术和知识的传播有关，还与人、地点和创意的互动有关。核心的观点在于，当不同的创新组织聚集在一个地方并相互合作时，会产生一种特殊的创新氛围，从而推动技术进步和经济增长。

这些集群的形成是由一系列内在和外在因素共同驱动的，这些因素共同创造出一个对创新有利的环境。看似分散的创新元素——企业、大学、科研院所、政府、中介等实际上在这个理论中都被视为一个紧密相连的网络。它们彼此之间的连接是通过各种方式建立起来的，包括技术交流、知识分享、研发合作、资本流动等。这些相互作用是集群的核心，原因是它们增强了参与者之间的关联，使得知识能够更加迅速和有效地在网络中流动。

从这个视角看，创新型国家的形成可以被视为一个创新集群的演化过程。在这个过程中，单一的创新实体或组织通过相互作用、学习和合作，逐渐汇集成为更大、更复杂的创新集群。当这些集群在特定地域范围内的数量多到一定程度时，它们就共同构成了一个更为完整的创新生态系统，即创新经济。在这样的经济体中，创新不再是孤立的、零散的行为，而是一个广泛的、多方参与的持续过程。这一过程的推动力是各种创新活动的集中和协同效应。这些集群和经济系统的规模达到一定程度后，它们不仅会对内部的创新活动产生影响，还会对国家整体的经济和社会产生重大的积极影响，从而推动国家成为创新型国家。① 对于创新型国家的建设来说，创新集群理论提供了一个有力的工具，有助于政府理解和分析如何更好地组织和管理创新资源、如何将分散的创新活动整合为有凝聚力的集群，以及如何通过这些集群实现经济的长期和可持续增长。这一理论也强调了高校在创新系统中的重要作用，高校不仅是知识和技术的创造者，还是与企业、政府和其他组织合作的桥梁，能够帮助它们更好地理解和利用新的创新机会。这也意味着，高校需要更加积极地参与创新集群的建设和发展，与各方共同努力，为建设创新型国家做出贡献。

① 郑伟．创新型国家建设的理论与实证研究[D]．南京：东南大学，2009.

二、协同理论

协同理论在多个学科领域都有应用，它让人们看到了许多复杂的现象背后的规律。协同理论的核心在于强调系统内部各个部分的相互作用，从而达到一个更高的系统有序状态：即使面对诸多的变数和未知因素，系统中的各部分还是能够通过相互作用，实现整体上的协同和有序。

在创新的宏观视角下，国家层面的创新活动往往涉及多方主体，如政府、企业、高校、科研机构等。这些不同的主体在创新过程中扮演着各自特定的角色，各有各的特长和功能。但是，如果这些主体各自为战，没有一个有效的合作机制，那么国家的创新活动很可能会陷入低效甚至停滞。因此，宏观层面的协同是非常必要的。例如，政府可以为创新活动提供资金和政策支持，企业可以负责产品的研发和市场推广，高校和科研机构则可以提供关键技术和人才培养。通过这样的合作，各创新主体都能够更好地发挥自己的优势，为国家的创新活动提供有力的支持。

在微观的层面上，如在高校这样的一个小规模的系统中，协同理论也同样具有重要的指导意义。高校中的教育职能和科研职能在很多方面都是相互关联的。教育职能主要着眼于学生的培养，而科研职能更关注学术的探索和创新。这两种职能虽然有所不同，但都涉及与学生、教师、学校、社会等多个要素的互动。高校如果能够妥善地利用这种互动，使教育和科研两个职能能够形成一个统一的、有机的系统，那么必然会得到更高的教育和科研效益。但要实现这种协同，仅仅依靠某一个要素或某一方的努力是不够的。各方必须共同努力，形成一个完整的协同机制。其中，如何设置激励机制、如何制定合理的策略、如何建立有效的合作平台都是高校需要深入研究的课题。

三、激励理论

激励理论在诸多学科领域中得到了广泛的应用，尤其在组织管理中，它为提高组织绩效提供了理论基础。原因是人的行为受到各种因素的影响，而在这些因素中，激励的地位非常重要。个人会为了某一需求能得到满足而付出努力，从而促进组织的目标实现。

（一）内容型激励理论

内容型激励理论从人的内在需求出发，尝试理解人为什么要进行某种行为。人都有一系列的需求，这些需求按照其重要性和紧迫性进行排列。当低层次的需求得到满足后，人们会寻求更高层次需求的满足。这一观点在马斯洛的需要层次论中有充分体现。需要层次论为广大科研人员提供了一个框架，帮助广大科研人员理解人的行为背后的驱动力。

在高校中，科研人员不仅是普通的工作者，他们还承载了科研和教育的重任。因此，对他们的激励需要更加精细化和个性化。需要层次论就为高校提供了很好的指导思路。

一是高校要充分认识科研人员需求的层次性。不同的人，由于其背景、经历和价值观的不同，其需求的层次也会有所不同。有的人可能更加关心基本的生活条件和稳定性，这与马斯洛的理论中的生理和安全的需要相对应；而有的人可能更加追求社交和认同感，这与马斯洛理论中的社交和尊重的需要相对应；还有一些人，他们的追求层次更高，如知识的探索和自我实现，这就与马斯洛的理论中的自我实现的需要相对应。二是高校要充分认识科研人员需求的多样性。每个人都是独特的，他们的需求也会有所不同。这就要求高校在制定激励策略时，不能一刀切，而应根据每个人的实际情况进行针对性的激励。三是高校要充分认识高校科研人员需求的发展性。人的需求不是固定的，它会随着时间和环境的变化而发展。尤其是在知识更新速度飞快的今天，科研人员更需要不断地学习和进步，以满足自己对知识的渴望。因此，高校应该提供各种学习和发展的机会，帮助科研人员实现自己的职业目标和人生目标。

（二）过程型激励理论

从动机产生到行为实施这个过程涉及的心理过程是复杂而微妙的。每一个动机，无论是浅显还是深沉，都有其产生的原因和背景，而这些原因和背景往往与人的经历、情感、认知和情境紧密相连。动机产生后，通常会经过一个认知评估的过程。在这个过程中，人们会对当前的情境、自身的能力和目标之间的关系进行评估。这种评估不是刻意的，但却在不知不觉中决定了人们是否采取行动以及如何采取行动。例如，当感到饥饿时，人们会无意识地评估周围是否有可供食用的东西，以及如何才能得到这些食物。接下来是决策的过程，基于前面的认知评估，人们会做出是否采取行动的决策。这个决策可能是迅速做出的，也可能是经过深思熟虑才做出的。但无论如何，决策都是基于对当前情境和动机的评估。然后是行为的实施，这一步可能看似简单，但实际上，它涉及了对动机的解释、选择适当的行为策略、采取行动。在这个过程中，人们可能会遇到各种外部因素，如环境的变化、其他人的干扰等，这些因素都可能影响到行为的实施。过程型激励理论包括以下几种。

1.弗洛姆的期望理论

弗洛姆（Vroom）认为，某一活动对于某一人的激励强度（M）取决于达成目标后对满足个人需要的价值的大小（V）乘以他根据以往经验所预测判断的可能导致该结果的期望概率（E）。[①] 即

$$M=V\cdot E$$

这个公式强调了目标与行为激励之间的内在关系。具体而言，为了使目标具有强烈的吸引力，目标不仅要对追求者有意义和价值，而且实现的机会还要相对较大。这就意味着，目标不应该过于抽象或过于遥远，而应具体、明确，且与追求者的能力和资源相匹配。在高校科研人员激励工作中，期望理论提供了很好的理论指导。

① VROOM V H. Work and motivation[M]. New York: John Wiley & Sons, 1964: 31-44.

一是目标的价值是决定其激励效果的关键。这意味着给高校科研人员设定的目标不仅要与其职业发展相一致，还要具有吸引力和可实现性。例如，与其给一个初级科研人员设定一个需要十年才能完成的目标，不如给他设定一个中短期、更为具体的目标，这样更容易激发他的兴趣和激情。二是每一个高校科研人员都应明确自己的职业规划和发展目标。高校管理层需要为他们提供支持和指导，帮助他们设计职业生涯规划不仅能够更好地满足他们的个人需求和期望，还能进一步提高他们的工作积极性。高校管理层可以组织培训和研讨会，为他们提供职业发展的咨询和建议，使他们有机会参与有关的研究项目或学术交流。三是每一个人都可能遇到失败和挫折。对于高校科研人员来说，他们可能会因项目失败、论文被拒、实验结果不理想等而感到沮丧和失落。但是，管理层需要明白，失败和挫折是科研过程中不可避免的，而且是高校科研人员学习和成长的机会，与其对他们进行指责或惩罚，不如向他们提供支持和鼓励，帮助他们把失败和挫折转化为积极的力量，更好地应对未来的挑战。

2. 亚当斯的公平理论

公平理论是研究工资报酬分配的合理性、公平性对职工工作积极性影响的理论，强调个体在投入和回报之间寻求公平。这种公平感主要是个体通过与他人进行比较来获得。在实际工作中，个体如果感受到所付出的努力与所获得的回报不成正比时，就会产生不满足或不公平的感觉，从而个体的工作态度和行为都会受到影响。例如，高校科研人员完成一个项目后，会与同事或其他研究组进行比较，若干个发现自己的报酬较低，就可能会觉得自己受到了不公平的待遇；反之，如果发现自己的报酬较高，高校科研人员可能会产生满足和自豪感。除了对物质报酬的比较，还有对职业发展、社会认可等非物质回报的比较。这也解释了为什么有时高薪酬并不一定能带来较高的工作满意度。原因是满意度不仅仅取决于具体的薪酬数字，更取决于个体对其价值和贡献的感知以及与他人的比较结果。为此，高校在设计薪酬体系时，应注意尽可能确保公平性，这不仅仅是在数额上，更重要的是让每位科研人员感受到自己的努力和贡献是被公正评价的。同时，高校应定期进行薪酬调查和评估，以确保薪酬结构与市场和行业水平保持一致，从而提升科研人员的薪酬满意度和工作积极性。亚当斯的公平理论如图 3-1 所示。

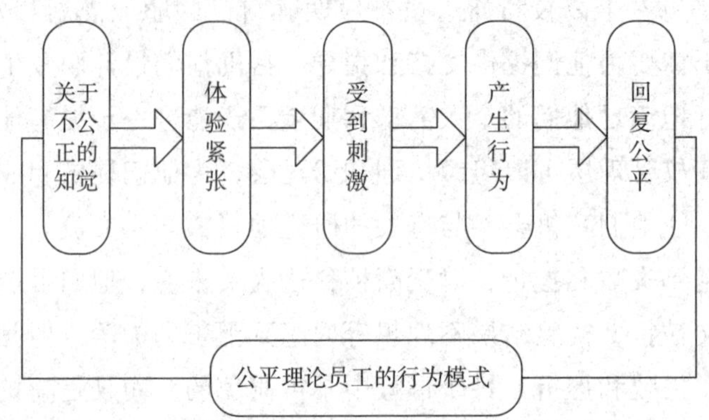

图 3-1　亚当斯公平理论模型

在高等教育机构中，科研人员的工作直接关系到学术的发展和创新。为了确保他们的努力和奉献得到适当的回报，激励工作显得尤为重要。公平理论强调报酬和努力之间的平衡，为这种激励提供了有效的指导。要实现有效的激励，高校先要认识到，报酬的影响不仅仅在于其具体数额。绝对值当然重要，它直接关系到个体的基本生活需求和价值感知。但与此同时，相对值也同样关键。人们总是在与他人进行比较，这是人的天性。当发现自己的努力与其他人相比显得微不足道时，即使报酬本身很高，人们也可能会感到不满。

在这里，公平不仅仅是一个数字问题，更多的是一种感知。每个人对公平的定义都可能有所不同。所以，高校在进行激励时，应该确保每个科研人员都觉得他们的付出得到了适当和公正的回报。这可能需要定期的反馈机制，以及透明的评价和报酬体系。然而，完美的公平是一个理想状态，现实中很难实现。这就需要高校在激励过程中，帮助科研人员建立正确的公平观念。虽然绝对的公平是不存在的，但这并不意味着不应追求公平。重要的是，每个人都要认识到，比较只是为了自我认知，而不再因比较而产生心理上的不平衡。盲目的攀比可能会导致科研人员产生压力和不满，这对科研人员的工作和情绪都不利，此时组织应该引导他们看到更全面的回报或者在不久未来的回报，而不仅仅执着于眼前的数字。在这种方式的作用下，即使科研人员在公平感受上存在差距，也可以通过正面的心态和行动来弥补。

3. 洛克的目标设置理论

洛克的目标设置理论对于许多组织和个人的动机研究都起到了重要的作用。这个理论建立在一个基本的观念上：设定和努力达到特定的目标可以大大提高工作绩效。考虑到目标的难度，不是所有的目标都具有相同的激励作用。实际上，容易达到的目标可能不具备挑战性，从而无法充分调动个体的潜能。而过于困难的目标可能会导致个体产生挫败感，原因是这样的目标似乎是不可实现的。正确的策略是设定一个既具有挑战性又可以实现的目标。目标设置理论模型如图 3–2 所示。

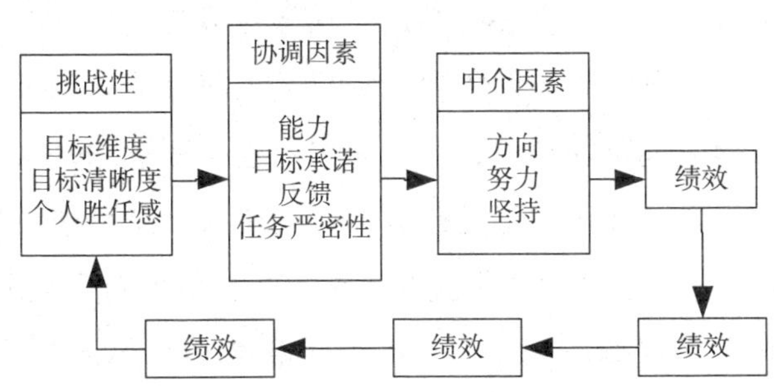

图 3–2　目标设置理论模型

（三）行为改造型激励理论

员工的行为模式与态度对组织的绩效都有着直接的影响。因此，了解并采用恰当的理论来引导和塑造员工的行为模式就至关重要。在此背景下，高校应以行为改造型激励理论为指导，实现科研人员的消极行为到积极行为的转化。

1.斯金纳的强化理论

强化理论的核心观点是通过对行为后果的刺激来塑造和强化行为模式。此理论的关键在于对某种行为所导致的结果进行观察，然后根据这些观察结果来决定如何进一步激励员工。例如，当员工在某一任务上表现出色时，为其提供的正反馈和奖励能够增强其未来再次展现同样行为的可能性；当员工某项任务未完成或完成得不好时，负强化和惩罚可能会减少此类行为在未来再次发生的可能性。

具体而言，对于表现优秀的员工，组织可以给予公开的称赞、奖励、提升或者其他形式的正反馈来进行正强化；而对于有不良行为或绩效较低的员工，组织可以通过提供建设性的反馈、暂停某些特权或调整责任来进行负强化。通过这样的方法，组织不仅可以帮助员工明确期望，还能为其提供一个持续改进和发展的平台。

2.海德的归因理论

归因理论带来了一个重要的结论：在面对成功或失败时，个体如何解释或“归因”这种结果至关重要。如果某人将其成功归因于个人能力和努力，那么他可能更加自信，对于未来的任务更加乐观；如果他将失败归因于外部因素，如运气不佳或其他人的干扰，这可能导致他缺乏动力。这一理论对于高校科研人员尤为重要，当他们面对研究上的挑战时，如果能够将成功的经验归因于自己的努力和才能，那么在面对难题时，他们更可能坚持并努力寻找解决方案；如果他们将失败的经验归因于不可控制的外部因素，他们就可能在遇到挑战时轻易放弃。

（四）综合型激励理论

综合激励理论是指为了更深入地探讨和理解人们的工作动机，将多种理论结合在一起，从不同的角度分析人的行为和其背后的动机的理论。这些理论提供了更为丰富和细致的框架，能够帮助科研人员理解为何某些人在特定情境下工作得更加努力、效果更佳。勒温的场动力理论着重于研究人在某个“场”或特定环境中的行为，这个“场”是由各种正面和负面的力量所构成。这些力量可以是外在的，如奖励和惩罚；也可以是内在的，如动机和欲望。当正面和负面的力量达到平衡时，人的行为就会保持稳定；但如果一方力量超过另一方，人的行为就会发生变化。因此，在需要激励员工做到某种特定行为或达到所要求的绩效的时候，理解和影响这些力量是关键。而波特与劳勒的激励模式是从不同的角度进行探讨。他们认为，个体的努力与他们的绩效、能力和所得的报酬之间存在复杂的关系。只有当这些因素之间的关系达到一种平衡，员工才会感到满足。例如，如果一个员工认为自己付出了很大的努力，但所得的报酬却远远低于他的期望，那么他可能会感到不满，这将影响他未来的表现和对组织的承诺。波特与劳勒的激励模式的具体模型如图 3–3 所示：

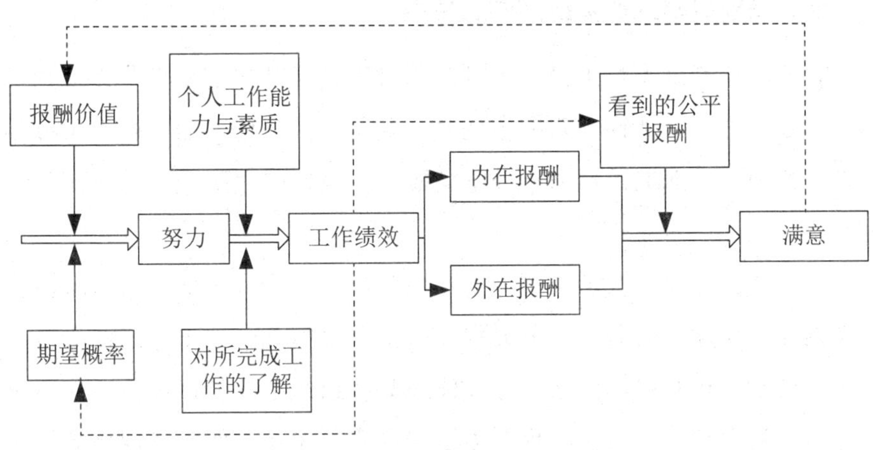

图 3–3　波特与劳勒的激励模式的模型

该模型说明，工作中报酬是激励员工积极投入、持续努力的重要动力。但报酬并不仅是物质的薪酬或福利，还包括了许多非物质的、情感上的满足。报酬可以分为内在报酬和外在报酬，两者对于每个人都有着不同的吸引力和意义。内在报酬是指那些不是直接通过金钱或其他有形物品给予人满足感的报酬，如完成一项具有挑战性的任务后产生的成就感、因工作中不断学习和成长而获得的满足。这类报酬通常与个人的价值观、兴趣和工作热情紧密相关，对于那些寻求意义和价值的人来说，内在报酬可能更具吸引力。相比之下，外在报酬则更直观，通常是与金钱、晋升、福利或其他有形的奖励相关。这类报酬能够直接满足人们的物质需求，因此也经常被视为工作中的主要激励因素。但值得注意的是，当外在报酬不再能满足个人的需求时，内在报酬的作用往往会变得更加重要。

第三节　高校科研人员薪酬激励的特点和挑战

一、高校科研人员薪酬激励的特点

对于高校科研人员来说，薪酬激励对于确保其长期积极工作起到了至关重要的作用。然而，薪酬激励并不是简单的数值，而是包含了许多因素。其中，内部岗位价值和外部薪酬水平是影响薪酬激励结构的关键因素。

内部岗位价值反映了岗位的重要性和员工的个人价值。技术型高校重视创新和研发，科研人员就显得尤为重要。据此，技术型高校会对其科研人员给予相对更高的薪酬，以体现其在组织中的价值地位。这不仅仅是为了吸引和保留人才，更是为了让这些人才在工作中发挥最大的潜能，为学校带来更多的创新成果。而在对于技术创新要求不高的高校中，科研人员可能并不处于核心位置。因此，其薪酬水平可能与技术型高校有所差异。但这并不意味着这些高校不重视科研人员。相反，每个岗位都有其独特的价值和意义，只是在不同的环境和背景下，这种价值和意义可能会有所不同。

外部薪酬水平则更加复杂，它除了单一的市场因素，它还会受到许多其他因素的影响。当一项新技术或一块新研究领域突然兴起，那些在这一方面有所建树的科研人员自然会成为众所周知的宝贵资产。这时，许多高校和研究机构可能会为了得到这些人才而提高薪酬待遇。但与此同时，高校对于那些过时或即将被淘汰的技术领域的需求可能会迅速减少，从而导致相关科研人员的薪酬水平下降。但值得注意的是，即使在外部薪酬水平受到压力的情况下，高校仍然需要确保其薪酬结构公正和合理。原因是就长期而言，只有确保科研人员得到公平对待，才能确保其持续为学校带来价值。

二、高校科研人员薪酬激励的挑战

（一）导致部分员工实际收入下降

对于部分高校来说，新的考核体系的实施给部分科研人员带来了明显的收益。特别是那些在学术研究、项目申报、成果转化等方面有突出表现的科研人员，其薪酬待遇有了明显的提高，这些科研人员的积极性和工作热情都大幅提高，这对于提高高校的科研水平和整体竞争力起到了积极的推动作用。与此同时，也出现了一个难以回避的问题，那就是部分科研人员实际收入的下降。由于新体系强调的是结果导向，所以对于那些长期以来科研成果不明显的员工来说，他们的薪酬很可能会减少。高校内部可能会出现两极分化的现象，部分科研人员收入大幅上升的同时，另外一部分科研人员则面临着收入的下降。

这种两极分化的现象体现的问题并不是简单的数字增减，更多的是涉及员工的情感和心态。一方面，对于那些长期为学校做出贡献，但由于种种原因成果不明显的科研人员来说，收入的下降可能会使他们产生不满。特别是那些工作内容比较烦琐、重复性强，科研成果不显著，但又对学校整体运作至关重要的科研人员，他们可能会觉得自己的付出得不到应有的回报。这种情况下，高校需要及时关注这部分科研人员的情绪变化，避免部分科研人员的消极情绪对整体工作氛围造成不良影响。另一方面，对于那些过去不太上进、工作态度消极的科研人员，他们的薪酬下降在意料之中，这也是符合改革目标的，但这并不意味着学校可以对其置之不理，与此相反，高校应该更关注这部分人员的转变，可以通过鼓励他们调整工作态度、提高工作效率，从而逐渐提高其薪酬水平、减少消极怠工现象、提升科研氛围、创造良好的科研环境、促进科研人员的良性竞争。

（二）增加管理者工作负担

面对新的绩效考核体系，高校管理者会发现自己的任务更多、责任更重。

由于绩效考核体系的改革意味着更加复杂和详尽的考核过程，因此高校管理者就需要投入更多的时间和精力去理解、熟悉并执行这一体系。这对于一直习惯于传统评价方式的高校管理者来说，确实有一定难度。新体系的实施要求高校管理者不仅具备对员工的整体把握能力，还能够深入了解每一个员工的具体工作情况，以确保考核的公正性和客观性。这就需要管理者去进行大量的数据收集、整理和分析工作，这也意味着他们需要具备更强的数据处理和分析能力。

此外，对于绩效公式的理解和应用也是一大挑战。因为任何一个小小的错误都可能影响员工的绩效评价结果，甚至影响员工的收入和职业发展，所以高校管理者在考核过程中需要更加小心谨慎，确保每一个步骤都准确无误。一旦出现错误高校管理者就需要及时进行纠正和调整，确保考核体系能够公正、客观地反映员工的真实工作情况。还有一点不容忽视，即新的绩效考核体系对管理者的沟通能力提出了更高的要求。管理者不仅要和上级领导进行沟通，确保自己理解和执行的是正确的考核标准，还要和员工进行沟通，确保科研人员了解和接受这一新的考核体系。而且，管理者还要确保每一个员工都清楚地知道自己在考核中的表现，以及如何能够更好地提高自己的工作绩效。新的考核体系的复杂性、专业性、全面性使得管理者们面临巨大的挑战，他们既担心自己无法胜任这一复杂的管理任务，又担心自己的权威和地位会受到挑战，因此可能会有所抗拒。不过，随着时间的推移和实践经验的积累，高校管理者和科研人员会逐渐意识到新的考核体系的优势和价值，从而更加积极地参与和支持这一改革。

（三）造成部分员工心理不平衡

新的考核体系和薪酬发放标准所带来的变革对于每一个科研人员都有深远影响。任何改革都可能带来一些深刻的社会效应，这种改革也带来了一系列的心理和行为反应。收入作为人们日常生活的基石，对于大多数人而言是生活质量、社会地位以及自我价值的直接体现。因此，收入的明显变动，无论是上涨还是下跌，都可能对人造成强烈的心理冲击。尤其是在没有预期的情况下突然收到这种消息时，个人的心理反应可能会更为强烈。

高薪往往伴随着更高的工作要求和更大的工作压力。因此，在高校中，对于那些收入大幅增加的科研人员，经济水平得到了显著提高的同时，可能会面临新的压力和挑战。反之，对于那些收入大幅降低的科研人员可能会质疑自己的工作价值，或者对自己的未来产生怀疑，随之而来的是沮丧、失落，甚至是绝望。新的考核体系和薪酬发放标准还可能造成员工之间的摩擦和矛盾：当每个人都知道自己和同事之间的收入差异时，人们可能会对自己的工作和贡献产生新的评价。那些认为自己付出得更多，但薪酬却较低的员工可能会对此产生强烈的不满；那些收入较高，但自认为没有付出过多努力的员工，可能也会感到内疚或者不安。新的考核体系和薪酬发放标准可能还会对员工的工作态度和行为产生消极影响，那些因收入下降而感到不满的员工可能会选择减少工作量，或者对工作采取消极态度。他们可能认为，既然付出的努力没有得到应有的回报，那么就没有必要再为这份工作付出更多。

第四章　高校科研人员薪酬激励机制的设计原则

第一节　公平性原则

一、内部一致性

（一）职位层级与薪酬对应

科研人员在入职时，对于自己的职业发展道路和可能获得的激励都有期待。当一所高校能够提供一个与职位、层级明确对应的薪酬结构时，它实际上为每位科研人员铺设了一张清晰的职业发展路线图。这不仅可以帮助科研人员看到自己未来的发展潜力，还可以为其未来的职业生涯规划提供方向。

当所有科研人员都知道相似的工作和职位在组织内会得到相似的报酬时，整个组织的工作环境就会更加公平、公正。这种环境能够减少科研人员之间的纷争、提高科研人员的满意度和士气。在经济紧张或资源有限的时期，高校需要确保资金的高效使用。通过明确每个职位、层级的薪酬范围，高校可以更容易地确定哪些领域或部门需要更多的资源，哪些领域和部门可能需要调整或优化。这可以帮助高校更好地达成其教学和研究的核心目标，同时确保科研人员得到公正的报酬。

（二）公开透明的评价标准

设定明确的评价标准意味着为科研人员提供了一个清晰的工作框架，

在这个框架下，每个人都知道要获得某种薪酬待遇或奖励需要达到什么样的绩效。这种明确性不仅有助于科研人员对自己的日常工作有更清晰的方向和目标，还有助于科研人员调整自己的策略和方法，以更好地满足评价标准。

当评价标准公开、透明时，科研人员更容易与同事和上级开展沟通，这种沟通可能涉及对评价标准的理解、如何满足这些标准以及如何改进自己的工作表现等方面。公开透明的评价标准鼓励了这种开放的沟通文化，能够帮助科研人员获得必要的反馈，从而更好地完成工作。而且公开透明的评价标准为薪酬决策提供了一个稳固的基础，这意味着无论在哪个部门或哪个研究团队，只要工作表现达到了评价标准，科研人员就能确保获得相应的薪酬待遇。这种公正性和一致性能够减少薪酬差异引发的矛盾和不满，确保科研人员全心投入研究工作。

（三）强化团队合作与公平分配

每一个团队成员都希望自己的努力和贡献能得到公正的认可，具备内部一致性的薪酬体系确保了每位成员的工作都会得到根据统一、公开的标准进行的评价，从而获得相应的薪酬回报。这种透明和公平的薪酬机制有助于打造一个基于信任的工作环境，每位成员在这种环境中都能感到自己是团队重要的一员，而不是单打独斗。

当每位成员都确信自己的工作成果不会被低估，且能够得到与之相应的回报时，他们更愿意分享资源、交流想法、共同解决问题。这种团队合作精神不仅能够提高工作效率，还能够帮助团队更好地应对各种挑战，从而推动科研项目发展。当团队中的科研人员知道自己的每一次努力都会得到公正的评价和奖励时，他们更有可能长期留在团队中，投身项目的研究。这种长期的承诺和忠诚度不仅有助于团队的稳定，还能够为团队提供更多的发展机会。当团队不再为薪酬问题而担忧时，团队中的科研人员可以更加专注于研究工作，进一步深化自己的学术研究，为团队和高校带来更大的价值。

二、外部竞争力

（一）进行市场薪酬基准调研

通过市场薪酬基准调研，高校可以将自身的薪酬结构与市场上的平均薪酬水平相对比，从而确保提供给科研人员的待遇是公平和合理的。如果高校的薪酬水平低于市场平均值，那么高校可能会面临人才流失的风险；如果高校的薪酬水平高于市场平均值，那么高校可能会受到不必要的成本压力。因此，定期的市场薪酬基准调研能够帮助高校找到一个平衡点，既能吸引优秀的科研人员，又不会带来过大的财务压力。

为了在学术界取得一席之地，高校需要吸引和留住优秀的科研人才。这就要求高校提供有竞争力的待遇。通过定期的市场薪酬基准调研，高校可以了解市场上的薪酬趋势，以及其他高校或研究机构为其科研人员提供的待遇。有了这些数据，高校就可以制定出有竞争力的薪酬策略，从而吸引更多的优秀人才。市场环境是不断变化的，薪酬结构和策略也应该随之变化。通过定期的市场薪酬基准调研，高校可以及时了解市场的最新动态，从而根据实际情况调整自身的薪酬结构。这样，高校既可以确保自身的薪酬策略始终与市场保持一致，又可以避免薪酬结构过时导致人才流失。

（二）动态调整薪酬结构

随着时间的推移，学术领域的研究重点、市场需求和人才价值都可能发生变化。例如，随着某项新技术或理论的出现，相关的研究领域可能会迅速升温，成为学术界和市场的新宠。相应地，这个领域的科研人员可能会变得稀缺，其市场价值和薪酬预期都可能上升。因此，高校需要及时捕捉到这些变化，调整薪酬结构，以确保与市场保持同步。

另外，薪酬不仅是一种经济回报，还是一种对工作成果的认可。当看到自己的努力和贡献得到了与市场相符的回报时，科研人员会感受到公平和被尊重。同时，合理的薪酬结构也可以起到激励作用，鼓励科研人员持续创新、追求更高的成就。通过动态调整薪酬结构，高校可以确保薪酬体系始终具有公平性和激励性，带来更好的研究成果。高校能否成功很大程度上依赖于它能否吸引和留住优秀的科研人才，一个与市场同步的薪酬体系可以提升高校的吸引力，使其成为优秀人才的首选。同时，当知道了高校会根据市场的变化动态调整薪酬结构时，科研人员会更有信心在这里长期发展，与高校共同成长。

（三）提升雇主品牌形象

薪酬对于吸引科研人员起到至关重要的作用。当提供具有市场竞争力的薪酬时，高校更有可能吸引顶尖的科研人才。这些人才往往对高校的研究水平和学术声誉有着显著的推动作用。当高校聚集了一批卓越的科研人员，自然而然地，其在学术界的地位和形象也会随之提升。

当高校提供公平和有竞争力的薪酬时，与之合作的企业和科研人员等都会觉得更为放心和舒适，高校中的科研人员也会知道高校是一个重视人才、值得信赖的伙伴。这种信任关系有助于高校与各方建立长期、稳固的合作伙伴关系，进一步丰富学术资源和合作机会。高校的薪酬机制也会影响公众对高校的看法，当高校给予科研人员公平、有竞争力的薪酬，公众往往会认为高校是一个公正、有责任感的机构。这不仅会增强高校与社会的联系，还有助于高校在社会中树立正面的形象。

三、绩效与奖励相匹配

（一）绩效评估的客观性和公正性

为了客观公正地评估科研人员的工作，高校需要为科研人员设定明确的绩效标准和期望。这些标准和期望应该基于实际的工作要求和高校的整体目标，也应当与科研人员的职责和能力相匹配，确保科研人员可以达到这些标准。有了明确的绩效标准，科研人员会更有方向感，知道自己应该朝哪个方向努力。绩效评估不仅需要明确的标准，还需要公正的流程。这意味着评估过程中的每一步都应该是透明的，科研人员应当知道自己的绩效是如何被评估的。同时，评估的结果也应当是基于真实的工作表现，而不是主观的偏见或者关系网。公正的评估流程可以确保每位科研人员都受到公平的待遇，不会因非工作因素受到不公正的评价。

绩效评估不应当仅仅是一个单向的过程，科研人员也应当有机会反馈自己的观点和意见。当科研人员知道自己的工作表现被公正地评价时，会更有动力继续努力。同时，及时的沟通也可以帮助科研人员更好地了解自己的长处和短处，从而制订更具体的个人发展计划。而且绩效评估的客观性和公正性直接影响到薪酬和奖励的决策。当科研人员知道自己的工作表现会直接影响到薪酬和奖励时，会更加积极地参与工作，努力达到更好的成绩。这样，绩效与奖励之间的直接联系不仅可以激励科研人员，还可以帮助高校更好地实现其学术目标。

（二）差异化的奖励策略

为了有效地实施差异化的奖励策略，高校应设立明确的绩效区分标准。这些标准应清晰地描述什么样的工作表现可被视为“出色”“满足标准”或“需要改进”。有了这样明确的标准，科研人员就可以知道如何达到更高的绩效级别，从而获得更高的奖励。而这也反映出差异化的奖励策略可以确保奖励与绩效成正比。这种策略鼓励科研人员积极地追求更好的工作绩效。当科研人员明白自己的努力会直接反映在奖励上时，科研人员的工作热情无疑会被激发，驱使科研人员更加努力。

差异化的奖励策略不仅关注奖励的数量，还关注奖励的种类。这意味着，除了金钱奖励，高校还可以考虑其他形式的奖励，如专业培训、学术会议、进修机会等。这样的多元化奖励方式可以满足科研人员的多种需求，进一步强化绩效与奖励的匹配性。差异化的奖励策略的实施需要持续的反馈和沟通，通过定期的绩效评估和一对一的沟通，科研人员可以及时了解自己的工作表现、明确自己的位置，并得知如何提高绩效以获得更高的奖励。这样的反馈与沟通过程不仅能够帮助科研人员自我提升，还能够强化绩效与奖励的紧密联系。

（三）持续的激励与培训

持续的激励意味着不是仅在绩效评估时给予科研人员奖励或者反馈，而是在整个工作周期中都为科研人员提供激励。无论是正式的表彰，还是日常的鼓励，都可以激发科研人员的工作热情，驱使科研人员追求卓越。这种持续性的激励策略也能够确保科研人员始终保持高水平的工作状态，哪怕是在面对挑战和困难时。为那些绩效尚未达标的科研人员提供培训是一种投资。但这种培训必须是针对性的，与科研人员的具体工作和发展需求紧密相关。提供实际操作的技能培训、学术研讨会或者导师指导可以帮助科研人员在短时间内提高自己的绩效。

高校对科研人员的关心与支持不应该只局限于当前的工作和绩效。持续的激励与培训策略彰显了高校对科研人员未来职业发展的长期投入。长期来看，这不仅有助于吸引和留住人才，还能鼓励科研人员更好地为高校的长远发展做出贡献。尽管高校对所有科研人员都会付出长远的关心和支持，但每位科研人员的需求和发展路径都是独特的。因此，持续的激励与培训策略也应针对每位科研人员的特定情况进行定制。这种个性化的培养模式能够确保每位科研人员都找到适合自己的发展方向、实现自己的职业理想。

四、透明的决策流程

（一）确保公平性和公正性

透明的决策流程依赖于明确、具体的评价指标。这些指标能够为评价提供一个清晰、可衡量的参考，使得科研人员清楚了解自己的工作和绩效是如何被评估的。此外，这样的指标也能够确保评估者在做决策时有明确的参考点，而不是仅仅依赖于主观的判断。决策流程的透明性也意味着高校需要在不同部门之间建立通信和协作机制，这能够确保决策是基于整个组织的知识和经验，而不仅仅是基于某个部门或个人的观点。跨部门的沟通也有助于各个部门之间形成共识，促进统一、协调的决策方向的形成。

为确保决策流程的公平性和公正性，定期的反馈和审查机制至关重要。这不仅包括对科研人员的个人绩效的反馈，还包括对整个薪酬激励机制的审查。这样的审查可以确保薪酬激励机制仍然适用于当前的工作环境和市场条件，也为持续改进这一机制提供了机会。为了确保每位参与决策的科研人员都明白决策流程和标准，培训和教育尤为重要。这不仅可以确保决策的一致性，还能确保所有的决策都是基于同一套公平、公正的准则。培训和教育也可以减少误解和歧义，确保整个决策过程顺畅、高效。在决策过程中，与科研人员的透明沟通是关键。这能够确保科研人员了解自己的绩效是如何评估的，以及这些评估是如何转化为薪酬的。如果决策过程和标准对所有人都是清晰的，科研人员就更容易接受和信任这一过程，从而更有动力为高校做出更大的贡献。

（二）提供反馈和参与机会

为了让科研人员能够有效地为薪酬激励机制提供反馈，高校需要建立一个透明且易于访问的沟通平台。这个平台应该允许科研人员匿名提供意见，从而确保科研人员在表达观点时不受拘束。同时，应该有专门的团队或部门负责回应这些建议，确保每一位员工的声音都得到重视。在调整或制定新的薪酬策略时，高校可以组织工作坊或会议，邀请科研人员参与。在这些活动中，高校不仅可以详细解释潜在的薪酬变动和原因，还可以收集员工对此的直接反馈。这种直接的交流方式使得科研人员能够更好地理解决策背后的逻辑，也为高校决策者提供了宝贵的第一手信息。

关于薪酬的决策产生时，相关的决策文档和背后的逻辑应该被公开，使科研人员能够访问和查阅。这些文档应该详细记录决策过程中的各个步骤，包括为什么要做出这样的决策，以及预期的结果是什么。这种透明的方式能够确保科研人员知道自己的薪酬是如何确定的，从而增强科研人员对薪酬策略的信任。高校还应定期征集科研人员关于薪酬激励机制的反馈。这可以通过问卷调查、面对面的访谈等形式进行。这样做不仅可以及时捕捉到潜在的问题或不满，还可以确保薪酬策略持续满足科研人员的需求。收集到科研人员的反馈和建议后，高校应该将这些建议与其他相关的数据和信息结合起来，进行综合分析。这样做可以确保决策不仅基于科研人员的主观意见，还兼顾市场趋势、经济状况等其他重要因素。这样的综合决策过程能够确保薪酬激励机制既公平又具有竞争力。

（三）强化信任和透明度之间的联系

在多数情况下，管理层与科研人员之间存在着信息不对称的问题。这种信息的不均衡经常会导致误解和疑虑。透明的决策流程旨在消除这种信息差距，确保每个人都对整个决策过程有清晰的了解。得知了决策的每一个细节后，科研人员自然而然地会对高校有更多的信任，认为高校的决策是公开和公平的。在这里，透明度不仅仅是公开分享信息，更重要的是它让科研人员了解到自己在整个决策过程中的位置和价值。这意味着，当高校做出有关薪酬的决策时，科研人员不会感到被忽视或被边缘化。反之，科研人员会感到自己是整个决策过程中重要的一部分。这样的感受会进一步提升科研人员对高校的信任度。

透明的决策流程不仅可以为当下解决问题，还能够为未来建立一个稳固的基础。当科研人员信任自己所在的高校，并认为决策过程是公正、公开的时，科研人员更有可能对高校做出长期的承诺。这种忠诚在竞争激烈的学术界尤为珍贵，它可以确保高校的长远发展和稳定。当决策流程透明时，科研人员更有可能提出自己的意见和建议，原因是科研人员知道自己的声音会被听到并被重视。这种积极的沟通和反馈不仅有助于改进决策过程，还为高校提供了宝贵的第一手数据和信息。

第二节　激励性原则

一、对表现的即时奖励

（一）及时性促进持续性动力

薪酬激励机制中，及时性不仅是奖励的一个核心要素，还对于激励持续的工作热情与动力具有至关重要的作用。以下将进一步解析及时性如何促进持续性动力，并从“对表现的即时奖励”的角度为高校科研人员薪酬激励机制提供指导。

当科研人员看到自己的努力可以迅速得到认可和奖励，科研人员更容易认识到努力和回报之间的关联。这种直接的关联有助于科研人员建立一个正向的行为模式，使科研人员明白，每一次的付出都会得到相应的回报。

在长时间的研究过程中，科研人员可能会遭遇挫折或困惑。但如果科研人员的每一次进展或得到的每一项研究成果都能够获得及时的认可和奖励，科研人员的工作满足感就会大大提高，从而继续研究的决心和信心也会增强。在很多组织中，奖励往往是周期性的，可能需要等待一年或更长时间。但在高速发展的科研领域，这种长时间的等待可能会削弱奖励的激励效果。因此，及时的奖励可以缩短这种时间差，使科研人员更快地感受到自己的价值和贡献。科研人员会将所得到的及时的奖励视为一个正向的反馈，从而形成一个积极的行为习惯。这种习惯不是短期的，而是可以转化为长期的工作态度和方法，从而为高校的科研工作带来持续的贡献。在没有及时反馈的环境中，科研人员可能会感到自己的努力被忽视或浪费。这种失落感可能会导致科研人员的动力减弱，甚至会导致科研人员产生离职的念头。而及时的奖励可以有效地避免这种情况，确保每位科研人员都感到自己是组织中不可或缺的一部分。

（二）加强工作与价值观的对应关系

如果科研人员能够看到自己的工作与自己的内部价值观相匹配，科研人员会进一步受到内部的驱动。外部的奖励，如薪酬、奖金或其他形式的认可会成为强化这种内部驱动的工具，使科研人员能够持续不断地为更好的结果而努力。科研人员通常会投入大量的时间和精力进行研究，当科研人员看到自己的工作不仅能够为自己带来奖励，还对于整个学术界和社会都有积极的意义时，科研人员的工作热情会得到进一步的加强。这种深入骨髓的承诺和奉献对长期的科研项目和探索未知领域至关重要。

工作与价值观的匹配得到强化，科研人员会感受到与高校的联系更紧密。科研人员会感受到自己是整个机构的价值链中关键的一部分。这种深度的联结感有助于增强科研人员的归属感，使科研人员更容易与高校共同成长和发展。当科研人员认识到自己的每一分努力都与其价值观紧密相连，而且可以得到公正的奖励时，科研人员会更有动力去探索未知、挑战现状。这样，高校不仅能够得到高质量的研究成果，还可以在学术界建立领先地位。

（三）营造正向的工作文化

在学术和研究领域中，尤其是在高校这样的知识密集型环境中，工作文化对推动整体研究的进展至关重要。积极的反馈和及时的奖励在其中扮演了核心角色。科研人员通常具有强烈的好奇心和对知识的追求，科研人员的工作驱动力很大程度上来源于内在。当科研人员的付出和成果得到及时的肯定和奖励，这种内在驱动力会被进一步的激发。这种奖励不限于薪酬或奖金，重点是高校需要提高关于认知、尊重和对科研人员工作真正价值的认识。

当每个人都知道科研人员的努力会被看到并得到认可，团队之间的协同作战和共同合作就会变得更加流畅。这在研究项目中是至关重要的，原因是很多时候，跨学科的合作能够产生真正有突破性的研究成果。当科研人员不再为了是否会被认可而担忧，而可以专注于研究工作时，科研人员的创新能力和思维的广度都会得到进一步的提升。

二、提供长期的成长激励

（一）培养长期职业规划的视野

为科研人员提供长期职业规划意味着深化科研人员对未来职业生涯的认知。这不仅仅是为了满足目前的工作要求，更是为了帮助科研人员在学术领域中确立重要的地位。对高校来说，使科研人员明确自己未来的方向并为之努力也是一种长期投资。科研人员制订长期的职业规划时，不仅需要考虑目前的研究项目，还需要预见到未来可能的学术合作、研究方向和领域的交叉。这样的前瞻性思考能够为高校带来更为广阔的研究视角，有助于高校开辟新的学术领域、加强与其他研究团队的合作。

高校为科研人员提供长期的职业规划也是对科研人员才华和潜力的确认。这种认可会让科研人员更有动力追求学术水平更高的研究成果，更有信心和动力去面对每一次挑战，从而推动高校的整体学术水平不断提高。同时，长期的职业规划也能够为团队之间的合作提供助力。因为科研人员在制定自己的长期目标时需要考虑未来可能的学术合作、研究方向和领域的交叉，所以他们更容易找到与其他团队的合作点、促进跨学科的交流和合作。为了真正实现这种长期的成长激励，高校需要为科研人员提供必要的资源、培训和指导。这不仅能够帮助科研人员更好地规划自己的未来，还有助于高校实现整体的研究目标。

（二）加强科研人员的归属感和忠诚度

明确的成长和发展路径在任何职业生涯中都是关键的部分，特别是在科研这样对知识和技能要求较高的领域。因此，当高校为科研人员提供明确的职业发展路径时，科研人员不仅能看到自己在这个组织中的未来，还能感受到自己的工作是被高度重视的。在现代的职业环境中，许多科研人员可能会因更好的机会、更高的薪酬或更有吸引力的项目而选择离职。但是，如果科研人员感到自己与高校有深厚的联系，科研人员的归属感和忠诚度就会自然而然地提升。这种感情超越了简单的工资和奖金，它更多地涉及对高校的信任、对同事的尊重和对工作的热情。

当科研人员相信自己是组织中的重要成员时，科研人员更有可能与同事分享知识、协同工作、一起解决问题。这样的合作文化不仅能够促进知识的交流，还能够确保项目的顺利进行和成功完成。当科研人员感到自己是被支持和鼓励的，科研人员更有可能采取主动，探索新的研究方法和技术，推动高校的学术研究达到新的高度。除了提供长期的成长机会，高校还应该定期与科研人员进行沟通，了解科研人员的需求和期望，以及科研人员对未来发展的看法。这样的沟通可以帮助高校更好地了解校内的科研人员，进一步加强与科研人员之间的联系。

（三）促进持续创新与进步

科技的快速发展使得长期的成长激励成为科研工作中不可或缺的一部分。只有当科研人员看到自己有足够的机会和资源来继续学习和进步时，科研人员才会持续在前沿领域产出有意义的研究成果。为了真正实现这一点，高校需要提供一系列的资源和机会。这包括但不限于提供高质量的研究工具和资源、组织定期的学术交流和研讨会、提供进修和培训的机会、与其他高校和研究机构建立合作关系等。这些措施不仅能够帮助科研人员更新知识和技能，还可以扩张科研人员的专业网络，从而为高校争取更多合作和研究的机会。

当科研人员知道高校真切关心科研人员的职业发展和长期进步时，科研人员的工作积极性和创新力会得到显著提高。这不仅对科研人员个人的职业发展有益，还有助于高校保持在学术界的领先地位。而且，这样的激励机制有助于打造一个积极、开放和合作的学术环境。当每个人都知道科研人员的努力和贡献是被认可和奖励的时，整个团队的合作都会更加无缝和高效。这种团队精神和学术环境是科研项目成功的关键，特别是在那些需要多学科合作的复杂项目中。

三、绩效评估的客观性

（一）确保整体效率与产出的最大化

评估的客观性可以确保每位科研人员都知道自己的工作成果与付出是如何被评价的，且这一评价是建立在公正、明确且可衡量的标准上的。当评估机制公正而没有偏见时，每位科研人员都会觉得自己受到了公正的对待，这也将进一步提高科研人员的工作积极性。一个明确、透明且可衡量的绩效评估机制会使得科研人员有一个清晰的方向和目标。知道自己的工作成果与付出将如何影响绩效评估和最终的薪酬激励后，科研人员就更有动力去不断寻求进步和创新。这不仅促进了科研人员个人的成长和发展，还能确保整个团队都朝着更高的研究目标努力。

不可否认，客观的绩效评估还有助于识别那些需要进一步培训或支持的区域。知道了哪些领域或技能需要进一步的强化，高校就可以提供必要的培训和资源，以确保团队持续发展、满足团队不断变化的研究需求。并且客观的评估机制还为科研人员提供了一个反馈渠道，让科研人员知道自己的长处和短板。这样，科研人员不仅可以在当前项目中做得更好，还可以为未来的研究项目做好更充分的准备。

（二）强化公平感与工作动机

绩效评估作为一个关键的管理工具，对于调动科研人员的工作热情和动机起到了至关重要的作用。公平、客观的绩效评估能够确保每个人的工作都被正确、公正地评价，这是提高工作动力和维持团队士气的基石。公平感是人类的基本需求之一。当科研人员感受到自己付出的努力与获得的奖励之间存在正向关系时，科研人员的工作满意度和动机都会得到提高；当科研人员知道自己的工作和努力是被公正评价的时，科研人员会更加自信，更愿意为研究投入更多的精力。

公平的绩效评估也能够为科研人员提供方向感和目的感。明确、客观的评估标准意味着每个人都能够知道自己的工作目标和期望是什么，这有助于科研人员设定自己的职业发展目标，并向着所设定的目标努力。有了自己的工作方向和目标后，科研人员可以更加集中精力，更有效地完成任务。

（三）维持组织内部的和谐与稳定

绩效评估为确认团队成员的努力提供了凭证，为衡量团队成员的贡献划定了标准。因此，这一过程的透明性和公正性会为团队的稳定性打下坚实的基础。

当每位科研人员都意识到无论是成功还是失败，都会得到相应的公正评价，那么科研人员对工作的投入程度和对组织的信任都会提升。这种信任感让每位团队成员都相信，每一次付出都会得到应有的回报，而不会因各种不明确的原因而被忽略或漠视。这种信任是团队协作的基石，可以促进成员间积极交流、分享经验和知识，从而达到整体的协同效应。

相对而言，绩效评估过程中出现的不公或偏袒的情况会引起广泛的不满和疑虑，这可能会使科研人员质疑自己的价值。这样的情绪会阻碍团队的合作，导致工作效率下降，甚至可能引发组织内部的冲突。当每个人都知道自己的表现得到的评价是基于客观事实而非个人关系或偏好来评判的时，他们就没必要去试图赢得某些关键人物的好感或避免得罪某些有权势的人。对于组织的领导层来说，维持绩效评估的客观性也是确保自己决策质量的关键。只有真正了解每个人的实际表现，领导层才能做出合理的决策，如如何分配资源、如何制定策略或如何进行人员调整。

四、保持薪酬的竞争力

（一）吸引与留存杰出科研人才

薪酬不仅仅是金钱，更是对科研人员付出与努力的一种认可。对于很多科研人员来说，工资待遇除了能够满足生活所需，更能够体现科研人员工作的价值。当一名科研人员觉得自己的工资与贡献不成正比时，这种感觉会影响其工作积极性，甚至可能导致他考虑寻找其他机会。与此同时，科研界竞争激烈，许多研究机构、企业和其他高等教育机构都在寻找优秀的科研人员来加强科研队伍建设。如果高校不能提供具有竞争力的薪酬待遇，那么这些人才很可能被其他提供更高待遇的机构所吸引。

薪酬的竞争力也关系到高校的整体声誉，当外界知道一所高校为其科研人员提供了优厚的待遇，这所高校就会被视为一个真正重视研究和尊重人才的地方。这种声誉可以吸引更多的资金、项目和合作机会，从而进一步推动高校的整体发展。然而，保持薪酬竞争力并不仅仅是提高工资那么简单。除了基本的薪资，高校还应该考虑其他形式的激励，如绩效奖金、股票期权、研究经费、专业发展机会等。这些都可以作为吸引和留住人才的手段。还有一点需要高校高度注意，即高校还应该关注薪酬结构的公平性。这意味着高校需确保同等职位和经验的科研人员得到相似的待遇，确保每个人的付出都得到了相应的回报。

（二）确保薪酬与绩效的匹配

薪酬并不仅仅是为了回报已完成的工作，更重要的是，它是一种激励，促使科研人员在未来付出更多的努力和进行更多创新。为了保持薪酬的竞争力，高校必须确保薪酬与绩效之间是紧密的、正向的，让每位科研人员都坚信只要努力，就会有所回报。对于高校来说，建立这种匹配关系尤为关键。科研人员的工作通常需要长时间的研究和努力，这意味着科研人员必须对自己的工作充满信心和热情，这样他们才能持续地为高校做出贡献。因此，确保科研人员的薪酬与他们的绩效相匹配，变得至关重要。

要达到这个目标，高校应该定期进行绩效评估，确保科研人员的付出得到了应有的回报。这种评估不仅包括基本的工资，还应该包括其他形式的激励，如奖金、股权和其他福利。这种综合性的奖励方式可以确保科研人员得到全面的回报，进一步激发科研人员的工作热情。要确保薪酬与绩效的匹配，高校还应该考虑到市场的变化。随着科技的进步和经济的变化，市场对科研人员的需求也在不断变化。为了确保高校的薪酬结构与市场保持一致，高校必须定期进行市场薪酬调查，确保高校提供的待遇与市场趋势相匹配。

（三）维护高校的声誉与品牌形象

每所高校都希望自己能够成为优秀的研究机构，不仅在国内，还要在国际舞台上获得一席之地。要达到这个目标，高校需要吸引和留住优秀的科研人才。但要做到这一点，单单依靠学术环境和研究设施是不够的。薪酬结构和待遇也是关键因素，它们直接影响高校能否吸引到优秀的人才。与其他行业一样，学术界竞争激烈，优秀的科研人才常常会收到多所高校和研究机构的邀请。要确保吸引和留住这些人才，高校待遇必须具有竞争力。当高校能够提供与其声誉和品牌形象相匹配的待遇时，更有可能吸引到更多的优秀科研人才。

而且保持薪酬的竞争力不仅能吸引人才，还能够为高校带来更广泛的好处。例如，它可以帮助高校建立和维护其在学术界的地位和声誉。这是因为，当高校能够提供有竞争力的待遇时，它就会被视为一个认真对待科研、愿意为其科研人员提供最好的条件和环境的机构。高校的这种承诺和支持会被外界视为高校对学术研究的重视和承诺，从而高校的声誉会有所提高。更重要的是，当科研人员知道了自己的工作得到了认可和尊重，科研人员更有可能公开赞扬和支持自己所在的高校。这种公开的赞扬和支持可以进一步提升高校的品牌形象，吸引更多的人才、赞助商和合作伙伴。

第三节　可行性原则

一、实际操作与管理的简便性

（一）快速响应与决策流程

在高校科研人员的日常工作中，很多研究项目都需要快速地进行，因为科技界每时每刻都在发展，任何延迟都可能导致高校错过重要的研究机会或资金支持。因此，薪酬激励机制的快速响应和简便的决策流程不仅与科研人员的实际需求相匹配，还能帮助科研人员更好地完成任务、达到研究目标。高校可以采用多种策略，如设置一个专门的团队或部门来处理与薪酬相关的事务。这个团队或部门应该有权直接决策，而不需要经过多层的审批流程。同时，科研人员应该受过专门的培训，能够根据高校的策略和标准来判断和决策。高校也可以使用现代化的技术工具来支持这一流程，如使用自动化的系统来处理薪酬的申请和审批。这种系统不仅可以加速处理速度，还可以减少人为的错误。同时，通过数据分析，高校还可以及时地调整薪酬策略，确保其与市场和实际需求保持一致。另外，高校还可以建立一个开放和透明的与科研人员沟通的机制。这意味着科研人员可以随时提出对薪酬的建议或疑虑，而高校应该提供明确和及时的反馈。这种沟通机制不仅可以帮助高校及时了解和解决问题，还能提升科研人员的信任和归属感。

（二）明确的指导和培训

简化的薪酬激励机制并不意味着对相关策略和流程的解释有所减少。恰恰相反，为了实际操作与管理的简便性，明确的指导和培训成了关键环节。这种明确性不仅能够帮助科研人员对薪酬策略有更深入的理解，还能避免误解导致的麻烦。高校应在推出新的薪酬激励策略或对现有策略进行修改时，同步进行相关的培训和指导。这种培训可以是传统的授课或讲座，也可以是线上的教学模块、互动问答或模拟练习。最关键的是，这种培训必须真实反映薪酬策略的核心要点，确保每个人都能够从中获益。

培训的目的不仅仅是传达信息，更重要的是帮助科研人员建立一种对薪酬激励机制的信心和信任。当科研人员明白如何进行、什么进行某种决策时，科研人员更有可能看到这种机制的公正性和公平性。同时，科研人员也更有可能参与其中，提出自己的意见和建议，使整个系统更加完善。除了基本的培训，高校还可以提供一系列的工具和资源，帮助科研人员和管理团队更好地执行薪酬激励策略。这些工具和资源可以是简单的计算器、模板或手册，也可以是复杂的数据分析软件或模拟系统。关键是，这些工具和资源必须简单易用，可以帮助人们快速地找到答案，而不会增加科研人员的负担。

（三）持续的反馈和优化

简化的操作和管理流程旨在促进效率，而持续的反馈与优化能够确保这些流程仍能满足人们日益变化的需求和期望。为了实现这一目标，高校应该重视每一次的反馈，无论是正面的还是批判性的，原因是它们都可以为机制的改进提供宝贵的指导。薪酬激励机制是否成功在很大程度上取决于它是否能够得到广泛的接受和支持，而这种接受和支持来源于对该机制公正性、透明性和有效性的认知。当科研人员觉得自己的声音会被听到并考虑时，对整体策略的信任和接受度也会随之提升。

但是，反馈不应仅仅停留在收集阶段。高校应当设置一个固定的机制，对收集到的反馈进行分析，从中发现模式、趋势和可能的问题领域。然后，机制得到的这些发现应该由决策者和相关团队共享，以便科研人员制定相应的解决策略。随之就是优化阶段，基于反馈的结果，高校应该调整和完善现有的机制，使其更加高效、简单和透明。这可能包括调整某些标准、简化某些流程或引入新的工具和资源。每一次的优化都应该有明确的目标，那就是使薪酬激励机制更容易理解、执行和管理。

二、与高校资源和预算相匹配

（一）预算的现实性与策略性

预算的现实性意味着高校关注当下的目标和需求，预算的策略性则代表高校也重视长期目标和整体发展。结合这两者，高校可以构建一个既满足当前需求又能为未来发展做好准备的薪酬激励机制，使资源分配更加合理和有序。在实施薪酬激励机制时，高校必须考虑到经济波动、政策变化和其他可能影响预算的外部因素。为了确保薪酬的持续和稳定性，预算不仅应当考虑现在，还要考虑未来。这样，即使在不确定的环境中，高校也能确保有足够的资金来支持其薪酬策略。

与此同时，薪酬激励机制的策略性要求高校明确其长期和短期的目标。这样不仅可以确保预算的有效利用，还可以使激励更具针对性，从而更好地提升科研人员的工作动力和绩效。例如，为了鼓励某项特定的研究领域或技能，高校可以提供额外的激励，但这必须与高校的总体战略和预算相匹配。还有一点是广大财务人员需要高度明确的，即透明性在预算管理中也至关重要。高校应公开其预算分配的原则和标准，让科研人员知道如何分配资源，以及为什么这样分配。这不仅可以提升科研人员对高校的信任和理解，还可以鼓励科研人员提供有关预算和激励的建议和反馈，从而使机制更加完善。在实际操作中，高校还可以通过与科研人员进行定期的沟通，了解科研人员的需求和期望，以确保预算与科研人员的实际工作和目标相匹配。这种互动和合作可以进一步强化科研人员对薪酬激励机制的支持和参与。

（二）资源的合理分配

对于高校来说，资源不仅包括资金，还包括人力、设备、实验室空间等。这些资源都是宝贵的，高校对于每一笔投入都希望能够获得最大的回报。因此，如何在各个项目和团队之间平衡和分配这些资源成了一个重要的议题。当涉及薪酬激励时，合理分配资源意味着高校需要充分考虑每个科研团队和项目的实际贡献和潜在价值。这需要高校进行深入的评估和分析，确定每个项目或团队的短期成果和长期前景。那些已经证明自己有出色表现和巨大潜力的项目可能会获得更多的资源支持；而那些暂时表现平平但仍有可能有创新和突破的项目也应该得到高校适当的支持和关注。

资源的合理分配也涉及内部的沟通和合作，科研团队和管理层之间需要进行充分的沟通，高校应确保每个团队都明白其获得资源的原因，以及如何最大化地利用这些资源。这种透明和开放的沟通方式可以增强团队之间的信任，鼓励科研人员共同努力，实现高校的整体目标。在这里，高校也需要考虑长期的资源规划。科研是一个长期的过程，很多研究需要几年甚至几十年才能取得实质性的成果。因此，高校在分配资源时，不仅要考虑到当前的需求，还要考虑到未来的发展趋势和需求。这要求高校有一个长远的视角，确保资源的持续和稳定供应。

（三）持续的监控与评估

每一种激励机制都是为了解决特定的问题和满足特定的需求而设计的。随着时间的推移，这些需求可能会发生变化，所以高校必须定期对这些机制进行评估和更新，确保其依然与自身的目标和战略相一致。资源和预算是激励机制设计中的关键因素。一个成功的薪酬激励机制既需要充分考虑高校的财务状况，以确保具有可持续性；又需要具有足够的弹性，以应对外部环境的变化和内部需求的调整。

持续的监控是确保这一平衡的关键，这意味着高校不仅要对薪酬数据进行定期的审查，还要对科研人员的满意度、工作表现和成果进行评估。这样，高校可以及时发现潜在的问题，如薪酬与绩效之间的不匹配，或科研人员对某些激励措施的反应不佳。除此之外，持续的评估还可以帮助高校更好地了解其在同行机构中的地位。高校通过与其他高校或研究机构进行薪酬数据上的比较，确保自身的薪酬水平与市场保持一致，从而吸引和留住优秀的人才。然而，持续的监控和评估不仅是一个数据收集的过程，还需要深入的分析和洞察，以及对策略进行调整的勇气。当发现某一激励措施不再奏效，或者产生了意外的副作用时，高校需要迅速做出反应，进行必要的调整。这可能涉及重新分配资源、调整预算或改变策略方向。

三、适应性与灵活性

（一）应对外部变化

无论是在国内还是国际上，学术界都面临着各种各样的变革。新的研究方向可能突然兴起，某些领域的资金可能会增加或减少，而各个国家和地区的政策也可能影响研究的优先方向。对于高校来说，保持与时俱进，与外部环境保持同步非常关键。适应性与灵活性并不仅仅意味着对薪酬策略进行调整，更深层次的意义在于构建一种能够迅速响应外部变化的组织文化。这需要高校在多个层面上采取行动。

一是高校需要密切关注外部的学术和产业趋势，确保及时捕捉到重要的信息。这可以通过定期的市场调研、与其他高校或研究机构进行交流来实现。二是高校需要确保内部的决策机制足够灵活，能够迅速响应并采取行动。这可能意味着简化决策流程、减少不必要的行政障碍，并确保关键的决策者能够及时获得必要的信息。三是高校需要考虑如何为科研人员提供适应新环境所需的培训和资源。这可能包括提供新的培训课程、引入新的研究工具和技术、为科研人员提供更多的外部合作机会。但在做出任何调整时，高校都需要确保这些调整与自身的长期战略和目标保持一致。虽然短期的外部变化可能需要迅速地响应，但长期的稳定性和连续性同样重要。四是高校还需要考虑如何与科研人员进行沟通，确保科研人员理解并支持这些变化。开放和透明的沟通可以确保科研人员对新的薪酬策略和激励机制有充分的了解，从而使薪酬策略和激励机制能更好地发挥其激励作用。

（二）满足内部动态需求

随着科学技术的进步和社会需求的变化，研究的热点和焦点可能会有所转移。而高校作为学术研究的主要场所，其内部结构、人员配置和资源分配都需要随着这些变化而调整。在这样的背景下，一个既具有适应性又具有灵活性的薪酬激励机制显得尤为重要。学术研究方向的每一次变化都意味着某些领域可能会获得更多的资源和关注，而其他领域可能会受到忽视。在这种情况下，如何合理分配薪酬和激励就成为高校需要面对的重要问题。因为，如果高校不能及时调整薪酬结构，才华横溢的科研人员可能会流失，或者高校可能就吸引不到新的科研人才。

已经在高校中的科研人员的工作重点和研究内容也可能会随着时间而变化。在某一个阶段，科研人员可能更注重基础研究；而在另一个阶段，科研人员可能更注重应用研究。这意味着，科研人员在不同的阶段，对于薪酬和激励的需求也可能会有所不同。因此，高校需要确保薪酬激励机制能够及时反映这些变化，从而确保科研人员的工作积极性和创新性。而且随着高校的发展，新的部门和研究中心可能会成立，而一些旧的部门和研究中心可能会合并或解散。在这种情况下，如何合理调整薪酬结构，确保各个部门和研究中心都能够获得公平的待遇也是高校需要考虑的重要问题。

（三）持续的反馈和评估

在一个快速发展的学术环境中，高校必须能够迅速适应变化，以确保其在学术界的领先地位。为此，高校的各种策略和机制，包括薪酬激励机制，都需要具有足够的适应性和灵活性。薪酬激励机制作为保持员工士气和创新动力的关键，其适应性与灵活性显得尤为重要。持续的反馈和评估正是为了确保这种适应性和灵活性得以实现。定期收集员工的反馈意见可以帮助高校了解薪酬激励机制在实际操作中的效果，以及员工对其的满意度。这些反馈可能涉及薪酬结构、激励的种类、执行的方式等多个方面。

根据这些反馈，高校可以对激励机制进行适时的调整，使之更加贴合员工的期望和需求。这种调整不仅可以提高员工的满意度，还可以确保激励机制与高校的实际情况和长期战略相匹配。通过持续的评估，高校还可以及时发现激励机制中可能存在的问题或不足，并采取必要的措施进行改进。这种持续的改进和优化有助于确保薪酬激励机制始终保持其效果和活力。然而，仅仅依赖员工的反馈可能是不够的。为了确保薪酬激励机制的全面性和深入性，高校还应该与其他类似的机构进行比较，了解市场上的最新趋势和实践。这可以帮助高校确保自己的激励策略始终与市场保持一致，从而吸引和留住优秀的科研人才。

四、与其他原则和策略的协调

（一）确保内部的一致性

要确保内部的一致性，一方面，不同的激励策略、原则和标准应当协调，否则科研人员可能会产生困惑和不满，他们的工作效率和创新意愿也会降低；另一方面，薪酬激励机制应当能够反映高校的核心价值观、长期战略和短期目标，与高校的总体战略和目标保持一致。当科研人员知道自己的努力与高校的大方向是一致的，科研人员的信心和动力都会增强，更愿意为高校付出努力。

要确保内部的一致性，高校还需要考虑不同团队和部门之间的平衡。不同的团队可能有不同的工作重点和挑战，但是薪酬激励机制应当确保所有团队在努力达到高校的目标时都能获得相应的激励和奖励。并且高校的文化和价值观也应当与薪酬激励机制相一致，如果高校鼓励的是团队合作和创新精神，那么薪酬激励机制就应该重视团队的整体绩效，而不仅仅是个人的成果；如果高校注重个人的专业能力和成果，那么薪酬激励机制就应当更加注重个人的表现。

（二）适应多元化需求

科研人员在职业生涯的不同阶段可能有不同的需求。例如，初入职场的科研人员可能更加关心基础薪酬和职业发展机会，而资深的科研人员可能更加重视研究资金和团队支持。为了满足这些差异化的需求，薪酬激励机制需要具有足够的灵活性，可以适应每位科研人员的特定情况。除了基本的薪酬，高校还应考虑其他形式的激励，如研究资金、学术交流的机会、研究设备和实验室的支持等。这些非金钱性的激励措施也是非常重要的，可以帮助高校吸引和留住那些真正对科研有热情的人才。

考虑到学术界的特点，许多科研人员可能更加重视学术的自由和独立性。因此，薪酬激励机制应该充分尊重科研人员的学术自主权，避免过多的行政干预和限制。这种对学术自由的尊重不仅可以激发科研人员的创新精神，还可以提升科研人员对高校的归属感和满意度。另外，为了确保薪酬激励机制的效果，高校还需要定期收集和分析反馈信息。这种反馈信息可以来自科研人员、管理团队、同行评审等多个方面，能够帮助高校更好地了解薪酬激励机制在实际操作中的效果和存在的问题。

（三）动态的策略调整

调整策略的核心在于找到一个平衡点，既能满足科研人员的期望和需求，又能确保高校的长远发展和财务稳健。要找到这个平衡点，高校在制定和调整薪酬策略时，需要进行深入的研究和分析。在实际操作中，高校可以通过多种方式获取必要的信息和数据，如进行市场薪酬调查，了解同行机构的薪酬策略；通过问卷调查和面谈等方式，收集科研人员的意见和建议。这种信息的收集和分析不仅可以帮助高校更好地了解市场趋势和科研人员的真实需求，还可以为高校的策略调整提供有力的依据。

动态的策略调整还需要一个完善的决策流程，这个流程应该是透明的，能够确保所有的利益相关者都有机会参与决策，并且每一个决策都是基于充分的信息和数据做出的。这种决策流程不仅可以提高策略调整的效率和质量，还能提升科研人员对薪酬激励机制的信任和满意度。当然，策略调整的过程中高校可能会遇到各种挑战和困难，如如何平衡不同科研团队和项目的需求、如何确保新的策略与高校的长远战略和目标相一致等。但只要高校能够坚持与其他原则和策略相协调的原则，这些挑战和困难都是可以克服的。

第四节 灵活性原则

一、适应市场与环境变化

（一）响应学术进展

在高等教育和学术研究中，新的研究领域和方法经常涌现。这些新进展可能会改变科研的重点，使一些以前被视为边缘的领域成为核心领域，或者使一些传统的研究方法被更先进的方法所取代。因此，为确保始终处于学术研究的前沿，高校需要一个能够与时俱进、响应学术进展的薪酬激励机制。这样的薪酬激励机制不仅需要关注当前的研究热点，还需要预见未来的发展趋势。这可能需要高校与行业组织、研究机构和专家合作，共同研究和分析学术界的发展动态，从而确定哪些领域或技术将在未来成为重点。

高校还需要确保薪酬机制的公平性和公正性，这意味着无论科研人员从事哪个领域的研究，只要所做的工作是有价值的，科研人员都应该得到适当的奖励。为此，高校可以采用多种方法，如设置一个多学科的评估委员会，确保每个研究领域都得到平等的考虑。同时，高校还应考虑到不同研究领域的特点和需求，如一些领域可能需要昂贵的设备和材料，而另一些领域更依赖于人才和知识。因此，薪酬激励机制应该能够根据这些差异提供不同的支持和奖励。为了确保薪酬激励机制始终与学术进展保持同步，高校应定期审查和更新这一机制。这可能包括对薪酬标准、评估方法和奖励形式进行调整，确保它们始终能够满足科研人员的期望和需求。

（二）反映市场需求

市场需求是变幻莫测的，但也为高校提供了宝贵的方向指引。市场上某一研究领域或技术需求的增加意味着该领域或技术具有巨大的应用潜力和商业价值。为了不错过这些潜在的机会，高校需要调整策略，使其能够反映这些新的市场需求。对于高校来说，能够及时了解和响应市场需求是保持竞争力的关键。这不仅涉及研究项目的选择和方向，还直接关系到薪酬激励机制的制定。市场需求高的领域有着更高的竞争压力，高校只有提供更有吸引力的待遇，才能吸引到优秀的人才。

在实践中，高校可以通过与企业合作，了解其研发和应用的需求，从而获取市场的第一手资讯。这些信息不仅可以帮助高校确定研究方向，还可以为薪酬激励机制制定提供依据。高校还需要深刻认知市场需求并不是固定不变的。随着技术的迅速发展和经济环境的变化，今天的热门领域明天可能就过时了。因此，高校不能仅仅根据当前的市场需求制定策略，还需要对市场趋势进行深入分析，预测未来的发展方向。同时，为了确保薪酬激励机制始终与市场需求相匹配，高校还需要定期对机制进行评估和调整。这可能涉及对薪酬标准、激励措施以及奖励形式的修改。每一次的调整都应该基于对市场需求的深入理解，确保调整后的薪酬激励机制能够反映最新的市场动态。

（三）动态的薪酬评估机制

动态的薪酬评估机制允许高校频繁地检查和更新其薪酬体系。这样的机制确保了科研人员的工资不但与其技能和贡献相匹配，而且与外部市场相比具有竞争力。随着科技的进步和学术研究的深入，某些研究领域可能变得更加重要和热门，而其他领域可能相对边缘化。动态的薪酬评估机制可以及时捕捉这些变化，确保资源被正确地分配到最具潜力和重要性的领域。外部市场对某些专业或技能的需求可能会快速增加，从而导致这些领域的工资水平上涨。高校需要能够迅速应对这些市场变化，避免人才流失。这就需要高校对薪酬结构进行定期的评估和更新，以确保其始终具有吸引力。

但仅仅依赖市场调查或统计数据是不够的，高校还需要建立一个内部反馈系统，让科研人员可以直接提供关于薪酬体系的意见和建议。这可以帮助高校更好地理解员工的需求和期望，从而进行更为精确和有效的薪酬调整。需要注意的是，虽然薪酬评估应该是动态的，但这并不意味着高校需要频繁地更改薪酬结构。过于频繁的调整可能会导致混乱和不确定性，从而影响员工的士气和工作动力。因此，高校在制定薪酬评估机制时，应该找到一个平衡点，确保薪酬体系既具有适应性，又能维持一定的稳定性。

二、个体差异的考虑

（一）需求与价值观的多样性

对于很多科研人员来说，学术追求并不仅仅是为了获得金钱上的报酬。一些人热衷于解决具有挑战性的问题，另一些人渴望与优秀的同行进行合作，还有一些人可能希望自己的研究能够产生社会影响。这种多样性意味着单一的薪酬策略很难满足所有人的期望和需求。为了有效地满足不同的需求，高校需要深入了解自己的员工。这可能包括进行定期的问卷调查、深度访谈或组织开放式的讨论会，以了解科研人员的具体需求、动机和期望。这些信息可以为制定更为合适的薪酬策略提供宝贵的参考。

在了解了科研人员的需求后，高校可以制订多元化的激励计划，这些计划不仅关注金钱，还可能包括提供更多的学术交流机会、专业发展和培训机会或者提供更多的学术自由和独立性。这样，不同的科研人员都可以根据自己的价值观和目标选择最适合自己的激励计划。科研人员的需求和价值观可能会随着时间的推移而发生变化。例如，初入职场的科研人员可能更加关注薪酬和职业发展，而经验丰富的科研人员可能更加关注学术自由和影响力。因此，高校应该定期更新自己的激励策略，确保它们始终与员工的当前需求和价值观保持一致。

（二）激励与动机的差异

每个人的成长背景、经历、文化价值观等都会影响其对激励的感受和反应。例如，初入学术界的年轻科研人员可能更加关注能够迅速提升个人学术声誉和职业发展的机会；已经在学术界有所建树的资深科研人员更加看重的可能是研究的深度、学术交流的广度以及学术自由度。同时，动机并不是静态的，它可能会随着个体的经历和生活阶段而发生改变。例如，在学术初期，科研人员可能更加关注个人发展和机会，但随着经验的积累，科研人员可能会更加重视对社会或科研领域的贡献，或者与同行建立深度合作关系。

更重要的是，人的动机还可能受到内部和外部因素的影响。内部因素包括个人的价值观、兴趣和期望等，而外部因素包括工作环境、同事关系以及学术领域的发展趋势等。这意味着，高校在设计薪酬激励机制时，需要对这些因素有所了解，以便更准确地判断哪种激励方式对于特定的科研人员更为有效。为了确保激励机制的有效性，高校还需要建立一个持续的反馈系统。通过这个系统，科研人员可以定期提供对激励机制的反馈，帮助高校更好地了解其需求和动机，从而进行必要的调整。

（三）个性化的激励策略

每个科研人员都是独一无二的，都有着自己的经历、激情、技能和愿景。这意味着使用统一的、标准化的激励策略可能并不总是最有效的方法。某一些科研人员可能更需要的是与国际领域的专家合作的机会；而另一些科研人员可能需要的是获取更多的实验设备或资料的机会。因此，设计激励策略时，高校不仅要考虑广泛适用的方案，还要考虑如何为每位科研人员提供更加个性化的支持。这种支持可以是通过提供特定的研究资助提供，也可以是通过为其创造的更有利于个人成长和发展的环境提供。

为了实现这种个性化的激励，高校需要对科研人员的需求和期望有深入的了解。这可能需要高校组织进行定期的沟通和反馈，以确保了解每个人的具体需求。基于这些反馈，高校可以设计出更加合适的激励方案。其中，高校还应考虑如何使这些个性化的激励策略与其他策略相结合。例如，除了提供特定的研究基金，高校还可以为科研人员提供其他形式的支持，如提供与其他研究机构合作的机会、参加国际学术会议的机会。还需要注意的是，个性化的激励策略不应仅仅局限于物质上的奖励。对许多科研人员来说，得到同行的认可、有机会在权威期刊上发表论文或得到更多的学术自由可能比单纯的经济奖励更为重要。

三、应对未知挑战

（一）快速响应的薪酬结构

在科研领域，变革和进步常常是突如其来的。可能在一个瞬间，某个研究领域就由于某项创新或突破而变得炙手可热。对于高校而言，这种变革可能意味着需要对薪酬结构进行快速的调整。高校中的薪酬结构不仅应与学术趋势和领域的热度相匹配，还应与科研人员的努力和贡献相匹配。因此，当某个领域或方向成为研究热点时，高校需要考虑如何调整薪酬激励，以确保那些致力深入研究这一领域的科研人员得到应得的回报。

快速响应的薪酬结构意味着有一个灵活且能够及时调整的薪酬系统。这可能需要高校设立专门的团队或机构，专门负责监控学术界和市场的变化，确保薪酬策略能够及时调整。快速响应不仅仅是对某个领域的重视，更是对此领域科研人员的尊重。当科研人员看到自己的努力和贡献得到了合理的回报，科研人员的工作积极性和研究热情会得到进一步的提升。这对于高校来说，无疑是非常有益的。当然，快速响应的薪酬结构也意味着高校需要对薪酬策略持续投资。这可能需要高校对现有的预算进行调整，甚至可能需要高校寻找额外的资金来源。

（二）预测与准备

在一个快速变化的世界中，适应变化、预见未来和做好准备显得尤为重要。学术界尤其如此，新的发现、技术和理念不断涌现，在这种背景下，高校的薪酬激励机制不能故步自封，而需要能够预测未来并做好准备。

预测的重要性不仅仅体现在对未来的洞察，更多是在于对当前的把握。对于高校而言，这意味着需要持续关注学术领域的最新发展、不断收集和分析各种数据，以识别新的研究方向、技术趋势以及可能的市场需求变化。这种数据驱动的预测方法不仅可以帮助高校理解当前的状况，还可以为高校未来的决策提供有力支持。

预测之后，接下来的步骤是准备。这意味着高校不仅要根据预测的结果制定策略，还要确保这些策略能够快速实施。为此，高校可能需要制定一套灵活的薪酬策略框架，这样在新的挑战或机会出现时，高校可以迅速进行调整。例如，如果预测到某一研究领域将在未来几年内迎来大发展，那么高校就可以提前调整薪酬结构，为那些从事这一领域研究的科研人员提供更有吸引力的奖励；如果识别到某些技能或知识在未来可能变得尤为重要，那么高校可以提前设置相关的培训项目，帮助科研人员提高自己的能力。

（三）持续的反馈与沟通

面对一个充满变数与不确定性的学术界，高校在薪酬激励方面必须具有前瞻性和敏感性。而这两者很大程度上依赖于对科研人员的深度了解。为此，持续的反馈与沟通机制就成为一座关键的桥梁，连接高校的决策层和一线的科研人员。考虑到学术研究的特性，研究方向、需求和困难往往是随时变动的。可能在昨天还非常有前景的研究方向到了今天就因某项新的发现或技术进步而变得不再重要。在这种情境下，高校只有与科研人员保持紧密的沟通，才能始终走在学术界前沿，确保薪酬激励策略与实际情况保持同步。

在反馈和沟通的过程中，高校可以更好地了解科研人员的心声和期望。每个人都有自己的职业规划和目标，而高校如果能够深入了解并尊重这些规划和目标，就更有可能制定出真正有效的薪酬策略。比如，对那些希望在某一特定领域深造或进一步研究的科研人员，提供相应的学习和研究机会可能比简单的经济奖励更具吸引力。同样，在沟通过程中，高校可以及时发现并解决可能存在的问题，这样能够避免问题进一步扩大，从而保证薪酬激励策略的效果和科研人员的满意度。

四、鼓励创新和多样性

（一）奖励多样性的研究方向

在当今这个充满变革和创新的时代，学术界同样正经历着深刻的转变。各高校和研究机构不再是孤立地进行研究，跨领域、跨学科的合作被鼓励，各种学科之间的交融与碰撞越来越多。这种多样性和跨界合作为解决复杂问题带来了新的视角和方法，也为科学研究带来了更大的可能性。考虑到这种情况，高校的薪酬激励机制就不能再仅仅依赖于传统的评价体系。选择非传统或跨学科研究路径的科研人员往往更具有创新意识，这样的科研人员可能会为高校带来更加前沿的研究成果，或开创新的学术方向。为这部分人提供额外的激励是至关重要的，原因是这种研究往往伴随着更大的风险，科研人员可能需要更长的时间来获得研究成果，也可能会面临更多的未知和困难。但与此同时，这种研究也有可能带来更大的回报，为人类知识体系做出重大贡献。为了鼓励科研人员勇敢地迈出这一步，高校必须提供相应的激励。除了经济上的奖励，高校还可以考虑为跨学科研究提供更多的资源，如研究资金、实验设备或合作机会；高校也可以建立特殊的学术交流平台，为这些科研人员提供与其他领域的科研人员进行交流和合作的机会。这种环境有助于科研人员开展研究，也可以为科研人员带来更多的创新灵感。

（二）促进团队合作与交流

在今天这个知识高度碎片化的时代，单一学科已难以满足复杂问题的研究需求。跨学科、跨领域的合作与交流逐渐成为推动学术界前进的新动力。团队合作和交流不仅会带来知识的整合和碰撞，还会提高解决问题的效率和创新性。考虑到这种转变，高校的薪酬激励机制应从两个方面进行调整。一方面是在物质激励上，高校应为那些愿意并能够与其他领域的专家合作的科研人员提供额外的奖励。这可能包括研究资金、项目机会或其他形式的支持。另一方面是在精神激励上，高校应为这些科研人员提供一个更为开放和支持的环境，鼓励科研人员敢于尝试、敢于冒险。

团队合作不仅仅是多个人在一起完成工作，更重要的是在合作过程中形成的知识交流和思想碰撞。这种交流和碰撞会为研究带来新的视角和方法，也会为解决问题提供更多的可能性。为了鼓励这种合作，高校可以通过组织各种学术交流活动，如研讨会、工作坊或合作项目，为科研人员提供与其他领域的科研人员交流的机会。除了物质和精神上的支持，高校还应该在制度上进行调整，确保薪酬激励机制可以灵活应对多学科、多部门之间的合作需求。这可能包括调整薪酬结构、提供特定的奖励方案、建立专门的合作机制。

（三）适应不同的研究需求和环境

在高校科研工作中，由于不同的研究领域、不同的研究方向，甚至不同的研究阶段都对资源、资金和技术有着不同的需求，薪酬激励机制必须是多元化和灵活的，以适应这种多样性。考虑到科学研究的长期性和不确定性，某些领域或研究方向可能需要更多的时间和资金才能取得实质性的进展。而另一些领域或研究方向可能短期内就能取得明显的成果。这意味着，不同的项目和研究方向对于奖励的期望和时机可能会有所不同。有的项目可能需要短期内的高投入以促进研究快速进展，而有的项目需要长期的稳定支持。

而且，不同的研究领域和研究方向可能对于硬件、软件、数据和其他资源有着不同的需求，一些前沿的、尖端的研究可能需要高昂的设备费用或特定的技术支持；而另一些研究可能更加依赖于数据或算法。对这些不同的需求，高校的薪酬激励机制应当能够提供相应的支持和奖励，以确保科研人员能够得到所需的资源，从而更好地进行研究。更为关键的是，薪酬激励机制还应当鼓励科研人员去探索那些风险较高但有可能带来重大突破的研究方向。这可能意味着高校需要提供更多的资金支持，或者为这些研究提供长期的激励。只有这样才能确保科研人员敢于挑战现状、探索未知。

第五章　高校科研人员薪酬激励机制的要素分析

第一节　绩效评价体系

一、具备明确的绩效评价要素和结构

（一）分析并建立完善的绩效评价目标

在高校科研人员薪酬激励机制构建的全过程中，确保构建与运行始终处于高度合理的状态需要一系列条件予以支持，而绩效评价体系是重中之重，关键原因在于绩效评价目标能够充分反映出薪酬激励机制整体要素是否合理、能否对高校科研人员发挥有效的薪酬激励作用。因此，在绩效评价体系的构建过程中，高校需要系统分析科研人员薪酬激励机制的基本构成要素，找出要素之间存在的作用方式，并围绕所存在的问题建立完善的绩效评价目标，这样才能确保绩效评价对高校科研人员的薪酬激励起到动态修正的作用。

（二）制定出系统的绩效评价方案

明确了高校科研人员薪酬激励机制的绩效评价目标后，高校应以此为基础进行可行性分析，从而制定出可实现该绩效评价目标的绩效评价方案。在此期间，高校应先制定出与之相配套的子方案，再经过具体的协调过程形成最终的绩效评价总方案，从而为高校科研人员薪酬机制绩效评价工作的顺利进行提供可行路径。

（三）建立合理的绩效评价模型

对于高校科研人员薪酬激励机制的绩效评价工作而言，绩效评价模型主要是指建立一个能够实现数学定量的评价模型。制定绩效评价方案后，高校应确定输入和输出的参量与边界条件，通过数学方法实现评价模型的科学构建。

（四）进行绩效评价最优化分析

在绩效评价模型的构建过程中，由于各种参量的客观性和准确性都会对绩效评价结果产生重要影响，所以在完成高校科研人员薪酬激励机制绩效评价模型构建工作之后，高校还要通过计算机技术，验算各种参量的影响，并且要通过最优化理论对其进行分析，从而使不合理的参量影响因素能够有效排除，高校能够获得最优化的绩效评价模型构建方案。

（五）获得绩效评价反馈

在绩效评价工作中，由于实事求是是最基本的理念，因此高校需要在评价模型和评价指标上确保高度的客观与合理。但是，在实际操作过程中，单纯依靠某一位专家显然不能达到这一效果，需要不同的专家按照上述程序进行定性和定量分析，然后向操作人员提供及时的信息反馈，这样才能确保绩效评价体系与高校科研人员薪酬激励机制构建与运行的实际需求相吻合。

二、具备完善的绩效评价原则

（一）发展性原则

高校科研人员薪酬激励机制的绩效评价工作的目的始终为促进广大科研人员专业发展。所以，在绩效评价体系的构建过程中，高校必须高度遵循发展性原则，应根据广大科研人员等次需求的差异性，确立绩效评价的主要指标；还应根据广大科研人员的内在因素，如专业差异、能力差异、学习背景差异等合理设置绩效评价体系，从而充分体现绩效评价工作的科学性、合理性、客观性。

（二）目标导向原则

就高校科研人员薪酬激励机制绩效评价工作的实施过程而言，实施主体通常为高校或其他专业机构，评价体系的构建过程如果过于固化，难免会导致广大高校科研人员产生被动倾向。所以，在高校科研人员薪酬激励机制绩效评价工作的落实过程中，高校应高度坚持目标导向原则。也就是说在评价主体的明确、评价方法的选择、评价指标体系的构建过程中，高校应该明确怎样的目标能够启发广大高校科研人员未来的专业成长和能力发展，这样才能确保其成长与发展过程始终保持高标准，激励其主动迎接更为严峻的挑战，促进其高校和责任心的发展。

（三）系统性原则

在高校科研人员薪酬激励机制的绩效评价过程中，高校既要做到量化评价，又要确保评价工作本身具有明确的目的性、规范性、可操作性、系统性。这样做的原因是绩效评价的全过程是一项系统工程，不但操作步骤较为繁琐，而且要确保信息本身具有高度的一致性，而这也意味着评价指标的量化过程必须做到高度的系统化。日本学者三浦武雄在《现代系统工程学导论》一书中明确指出："绩效量化的系统性即各种测量指标的综合效应。系统的最基本规律是整体性规律，即系统的属性总是多于组成它的各要素在孤立状态时的属性，简单地说就是整体大于各孤立部分之和。"[①] 这也充分说明高校在进行科研人员薪酬激励机制绩效评价的过程中，要将系统性作为绩效评价体系构建的基本原则。

（四）建构性原则

在高校科研人员薪酬激励机制绩效评价活动中，依托过程哲学建设

① 三浦武雄，浜冈尊．现代系统工程学概论［M］．郑春瑞，译．北京：中国社会科学出版社，1983：102.

绩效评价体系无疑是一种具有整合性的构建模式，这也充分体现出该绩效评价体系的创新性。① 在构建该绩效评价体系的过程中，高校不仅要让利益相关者作为绩效评价的主体，共同参与绩效评价活动，还应主张利益相关者之间能够反复进行论辩，进而在绩效评价体系的结构和实施方案上能够达成共识，这样显然可以有效弥补高校科研人员薪酬激励机制绩效评价活动所存在的短板与缺失，并且确保该绩效评价体系能够促进高校科研人员薪酬激励机制的发展。

（五）智能性原则

高校科研人员薪酬激励机制绩效评价的全面开展显然需要信息化的技术手段，以及全面化的评价指标体系和评价方法发挥重要的支撑作用，由此才能确保绩效评价的结果不仅具有高度的准确性，还能充分展现出客观性。高校应用信息化的技术手段时应进行深入挖掘，让层次分析法、回归分析法、德尔菲法能够得到有效运用。但是从实际操作的角度来看，这并非易事，如果高校单纯依靠简单的统计学运算方法，那么会直接导致高校科研人员薪酬激励机制评价的落实很难得到信息反馈，同时绩效评价体系本身也不会具有自我调节功能②，更不利于高校科研人员薪酬激励机制的有效优化。因此，智能性原则应成为高校科研人员薪酬激励机制绩效评价体系构建的基本原则。

三、具备明确的绩效评价工具

（一）模糊信息处理技术

模糊信息处理技术是指在模糊现象中获得不精确信息和非定量信息的方法。在这里，需要强调的是“模糊信息”并不意味着信息是不准确

① 温恒福．建设性后现代教育论[J]．教育研究，2012，33（12）：23-28.

② 张晨婧仔，王瑛，王晓东，等．国内外教育信息化评价的政策比较、发展趋势与启示[J]．远程教育杂志，2015，33（4）：22-33.

的，只能说信息不十分清晰，在现实生活中也大量存在此类信息，如相像的两个人、长相是否好看等，这些信息由于没有明确的界限，所以只能依靠人的模糊经验来判定。①

在高校科研人员薪酬激励机制的绩效评价过程中，对科研人员的能力、科研精神、创新意识等多个方面的评价往往并没有清晰的界限，所以这些指标往往只能由有关专家通过经验进行模糊判定。得出判定结果需要经过模糊控制、模糊识别、模糊聚类分析、模糊决策的过程。这些信息需要有关专家通过相关的概念，在科学的推理基础上，运用模糊数学的方法进行描述，从而使高校科研人员薪酬激励机制绩效评价的具体信息可以被定性评价。

（二）人工神经网络技术

人工神经网络技术在20世纪80年代成为人工智能技术研究的热点之一，是在整合现代神经学研究成果的基础上提出的研究方向。该技术的重点在于以人脑的微观结构为中心，以物理结构为出发点，探索并得出智慧产生与形成的基本过程。因此，人工神经网络技术在各领域的应用过程中，都体现出明显的层次性、可塑性、容错性、自适应性、并行处理能力。

在高校科研人员薪酬激励机制绩效评价中，该技术的应用可以改变较多的绩效评价指标造成的定量困难，以及人为干扰因素得不到有效控制的局面。在实际操作过程中，是以主成分法为基础，在大量绩效评价因素中有效筛选出可用于绩效评价的主要信息，进而通过该技术的计算能力来计算出科研人员薪酬激励机制的绩效。

（三）粗糙集技术

粗糙集技术是以概率论、模糊集、证据理论为基础，经过一系列研究与实践探索后逐渐形成的新数学工具。由于该技术在计算方法上具有

① 孙红．智能信息处理导论[M]. 北京：清华大学出版社，2013：5-8.

明显的创新性，所以统计学和管理学领域对该技术的重视程度也不断增强。因此，在构建高效科研人员薪酬激励机制绩效评价体系的过程中，高校应将该技术作为重要的绩效评价工具。

在实际应用过程中，高校财务部门有关工作人员要通过近似推理、数学逻辑分析、数学逻辑简化等操作流程，建立一个应用于高校科研人员薪酬激励机制绩效评价的预测模型，从中逐渐获得决策支持、控制算法、机器学习算法、模糊识别信息，进而构建出适合评价高校科研人员薪酬激励机制的绩效评价模型，确保其科学性与合理性中的定性因素以及定量因素能够得到综合评价。

（四）云信息处理技术

随着时代发展步伐的不断加快，高校财务管理工作也进入数字化、信息化、智能化的办公新时代，新技术的应用成为高校财务管理工作的新重点，也成为全面提升高校财务管理工作质量的重要抓手。高校科研人员薪酬激励机制的构建与运行是财务管理的重要组成部分，高校要开展高质量的绩效评价工作，显然应将现代技术的应用视为重中之重。其中云信息处理技术无疑是理想选择。

在实际操作过程中，高校财务人员需要结合科研人员薪酬激励机制绩效评价的实际需求，科学选择云计算软件，确保绩效评价体系运行过程的计算能力、数据存储容量、数据安全性。除此之外，高校财务管理人员还要全面加强数据模块之间的相互联通，确保其在文件格式方面能够保持高度兼容，从而保证绩效评价模型的运行过程中，各项数据和参数能够实现最大程度融合，全面提高绩效评价结果的综合性和准确性。

（五）可拓信息处理技术

可拓信息处理技术是以事物拓展的可行性与开拓创新的一般规律和方法为基础，并以解决矛盾问题为主要目标，经过有关专家学者的深入实践探究之后最终形成的信息处理新技术，该技术不仅有可拓学的理论作为支撑，还有可拓学的方法论提供保障，所以该技术的应用领域较为广泛。随着时代发展进程的不断加快，高校科研人员薪酬激励机制的绩效评价的视角和方向显然需要不断拓展，因此在绩效评价体系的构建过程中，该技术应被视为一项重要的绩效评价工具。

在实际操作过程中，高校财务管理工作人员可立足科研人员在科研工作方面的创造力进行评价体系的完善。其间，高校财务管理人员要以完善该方面绩效评价目标、原则、标准为前提。确定绩效评价主体和方法，立足创造的主体、过程、成果、环境四个维度建立绩效评价指标体系，进而使高校科研人员薪酬激励机制绩效评价体系具备多级可拓性评价模型。

第二节　薪酬结构设计

一、高校科研人员整体薪酬结构设计

在高校科研人员整体薪酬结构设计过程中，高校需要结合所在地区的实际情况，更加科学合理地设计薪酬结构。在这里，高校设定各岗位的薪酬时应以能力和业绩为主线，对基本工资的调整则应根据国家、有关部门等的相关规定，并且确保与地方生活水平和经济发展相适应。在津贴补贴方面，高校应以科研人员岗位价值和岗位工作能力为主，将津贴补贴项目进行科学整合，从而体现高校科研人员特殊的劳动价值；高校还应强调绩效津贴的有效调整，让科研人员的实际业绩和对高校科研工作的贡献值能够得到充分体现；高校还应努力使科研人员非固定福利和奖金的设定更合理。高校科研人员整体薪酬结构设计如图 5-1 所示。

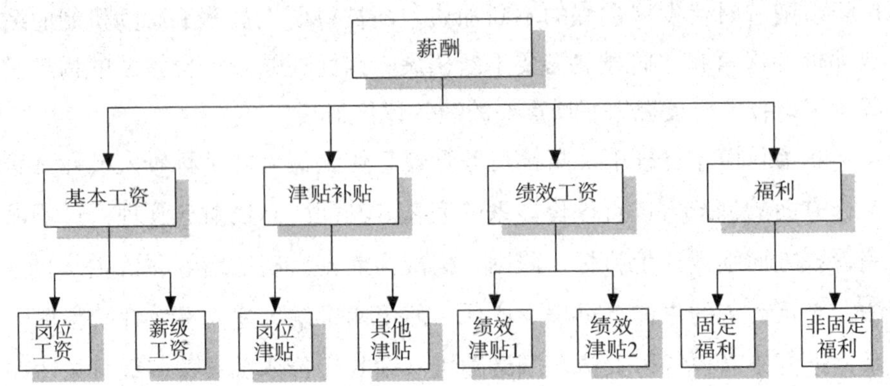

图 5-1 高校科研人员整体薪酬结构设计

二、高校科研部门工作人员薪酬结构设计

在高校财务管理工作中，科研部门工作人员的薪酬计算公式应为：

直接薪酬＝基本工资＋津贴补贴＋绩效津贴

（一）基本工资

2015 年 7 月，国务院下发了《关于调整事业单位工作人员基本工资标准的实施方案》，全国各地事业单位随即开始执行这一项国家政策，各大高校也不例外。经过此次事业单位基本工资的调整，事业单位各岗位人均工资普遍有一定幅度的提升，这也标志着事业单位薪酬的基数得到上调。

（二）津贴补贴

津贴补贴包括岗位津贴和其他津贴，此处主要介绍岗位津贴。所谓的“岗位津贴”是指能够体现工作人员岗位价值、能力高低、贡献大小的补助。根据这一定义，高校设置科研人员的岗位津贴时应该实行“一岗多薪”制度，从而适当拉开高价值岗位和低价值岗位的岗位津贴差距，切实达到高岗高薪和高能力高薪的目的。在收入分配体系的构建中，高校应始终保持公平性原则，让处于核心岗位和关键岗位的科研人员的岗位价值能够得到最大化体现。岗位工资的算法如下：

岗位工资＝岗位基本工资基数 × 岗位工资系数

例如，高校科研部门工作人员薪酬结构可如表 5-1 所示。

表 5-1　高校科研部门工作人员薪酬结构

<table>
<tr><th rowspan="2">岗位名称</th><th rowspan="2">岗位层级</th><th rowspan="2">岗位津贴基数</th><th colspan="3">岗位层级系数</th></tr>
<tr><th>1</th><th>2</th><th>3</th></tr>
<tr><td>研究室主任</td><td rowspan="2">正高</td><td rowspan="2">4 200</td><td rowspan="2">1.4</td><td rowspan="2">1.25</td><td rowspan="2">1.18</td></tr>
<tr><td>研究员</td></tr>
<tr><td>研究室副主任</td><td rowspan="2">副高</td><td rowspan="2">3 300</td><td rowspan="2">1.36</td><td rowspan="2">1.21</td><td rowspan="2">1.15</td></tr>
<tr><td>副研究员</td></tr>
<tr><td>研究室部长</td><td rowspan="2">中级</td><td rowspan="2">2 100</td><td rowspan="2">1.31</td><td rowspan="2">1.19</td><td rowspan="2">1.11</td></tr>
<tr><td>专业组组长</td></tr>
<tr><td>助理研究员</td><td rowspan="2">初级</td><td rowspan="2">1 500</td><td rowspan="2">1.29</td><td rowspan="2">1.14</td><td rowspan="2">1.08</td></tr>
<tr><td>实习研究员</td></tr>
</table>

资料来源：刘丹．ZDH 科研所薪酬体系设计[D].沈阳：东北大学，2015.

（三）绩效工资

绩效工资是体现工作岗位经济效益和工作人员业绩的一种薪酬。在高校科研人员薪酬制度中，绩效工资中的绩效津贴 1 通常用来发放与论文、专利相关的绩效，由科研管理部门中的科技处人员统计科研人员发表论文的数量和获得专利的数量，再由财务人员计算出所需发放的绩效工资数额；而绩效津贴 2 的发放是根据全体科研人员全年绩效考核结果进行的，其中，科研人员的绩效评价指标应为定量指标和定性指标相结合，既与科研人员的工作能力和工作态度相关，又与科研人员的科研成果获得数量相关。

（四）福利

福利包括固定福利和非固定福利。固定福利包括养老保险、医疗保险、工伤保险、生育保险、事业保险、住房公积金等社会保障金和午餐补助、班车等其他固定福利；非固定福利包括补充养老保险、补充医疗保险等保障计划，带薪年假、疗养年假、带薪病假、带薪事假等非工作时间报酬，培训机会、教育资助、家庭帮助、保健服务等其他非固定福利。科研人员可以依据本人的实际需求及偏好在享受固定福利的同时，从非固定福利选项中选取一些项目进行有机组合。

三、高校科研管理部门薪酬结构设计

高校科研管理部门工作人员的薪酬计算公式如下：

直接薪酬 = 基本工资 + 津贴补贴 + 绩效津贴

（一）基本工资

依然根据 2015 年 7 月国务院下发的《关于调整事业单位工作人员基本工资标准的实施方案》有关规定，高校科研管理部门工作人员的基本工资主要包括岗位工资和薪级工资两部分。经过调整，高校科研管理部门各岗位工作人员基本工资人均增加约 300 元，这具有薪酬激励作用。

（二）津贴补贴

津贴补贴中的岗位津贴依然是对科研管理人员岗位价值、能力高低、贡献大小的具体体现，是体现一岗多薪制的主要渠道，是拉开高校科研管理人员高价值岗位和低价值岗位的岗位津贴差距的理想方法，能够切实做到高岗高薪和高能力高薪。岗位津贴的设置要充分体现出公平、公正、公开的原则，还要适当向核心管理人员和关键管理人员的岗位倾斜，从而形成高校科研管理部门的价值层次体系。岗位津贴的具体设置要以岗位评价为依据。岗位津贴的具体计算公式如下：

岗位津贴 = 岗位工资基数 × 岗位工资系数

例如，高校科研管理部门工作人员薪酬结构可如表 5–2 所示。

表 5–2　高校科研管理部门工作人员薪酬结构

岗位名称	岗位档次	岗位津贴基数	岗位层级系数		
			1	2	3
科技处处长	处长	4 500	1.4	1.25	1.18
人事处处长	处长	4 500	1.4	1.25	1.18
综合办公室主任	处长	4 500	1.4	1.25	1.18
财务处处长	处长	4 500	1.4	1.25	1.18
条件处处长	处长	4 500	1.4	1.25	1.18
工程项目处处长	处长	4 500	1.4	1.25	1.18
质量处处长	处长	4 500	1.4	1.25	1.18
文献情报中心主任	处长	4 500	1.4	1.25	1.18
保密办公室主任	处长	4 500	1.4	1.25	1.18
监察审计办公室主任	处长	4 500	1.4	1.25	1.18
项目管理主管（科技处）	高级主管	3 200	1.35	1.13	1.05
政务宣传与党务管理主管	高级主管	3 200	1.35	1.13	1.05
薪酬绩效主管	高级主管	3 200	1.35	1.13	1.05
主管会计	高级主管	3 200	1.35	1.13	1.05
院地合作管理主管	主管	2 300	1.25	1.11	1.03
产业发展与投资管理主管	主管	2 300	1.25	1.11	1.03
招聘培训主管	主管	2 300	1.25	1.11	1.03

续 表

岗位名称	岗位档次	岗位津贴基数	岗位层级系数		
			1	2	3
成本 / 费用会计	主管	2 300	1.25	1.11	1.03
编辑	主管	2 300	1.25	1.11	1.03
人事主管	高级业务主管	1 400	1.21	1.09	1.01
工会主管	高级业务主管	1 400	1.21	1.09	1.01
图书馆主管	高级业务主管	1 400	1.21	1.09	1.01
标准化主管	高级业务主管	1 400	1.21	1.09	1.01
采购主管	高级业务主管	1 400	1.21	1.09	1.01
固定资产管理主管	高级业务主管	1 400	1.21	1.09	1.01
网络运行维护主管	业务主管	800	1.15	1.03	1.01
质量体系管理主管	业务主管	800	1.15	1.03	1.01
保密管理主管	业务主管	800	1.15	1.03	1.01
监察审计主管	业务主管	800	1.15	1.03	1.01
计量与检验管理主管	业务主管	800	1.15	1.03	1.01
出纳	业务主管	800	1.15	1.03	1.01

资料来源：刘丹．ZDH 科研所薪酬体系设计 [D]. 沈阳：东北大学，2015.

（三）绩效工资

在高校科研管理部门薪酬结构中，绩效工资依然是工作岗位经济效益、工作人员业绩的直观体现。绩效工资的发放以全年的工作岗位绩效评价结果为依据，绩效评价结果则由阶段性部门领导评价和年中工作总结报告两部分构成，之后财务部门负责人对科研管理岗位工作人员是否通过绩效考核进行评定。只有在通过绩效考核的前提之下，各科研管理岗位工作人员才能获得绩效津贴，这样高校就能够达到全面激励科研管理岗位工作人员工作热情的目的。

（四）福利

福利包括固定福利和非固定福利，具体内容前文已有说明，此处不再赘述。科研管理人员可以依据本人的实际需求及偏好在享受固定福利的同时，从非固定福利选项中选取一些项目进行有机组合。

第三节　激励方式选择

一、差异化激励考虑

（一）跨学科与专业差异性

对于涉及大数据、计算机科学或工程学领域的科研人员，高速计算资源、软件许可和专业培训可能为这类科研人员的首要需求。因此，为这些学科提供技术研发的预算和工具可能成为吸引和留住这些科研人员的关键。同时，这类科研人员可能也会更关心项目的商业应用或与企业界的合作机会。对于生物医学领域的科研人员来说，实验室设备、临床数据获取或与医院的合作可能是这类科研人员的核心需求。为这些科研人员提供与医疗机构合作的机会或者对实验材料的资金支持可能对他们来说是强有力的激励。而对于经济学、法学或管理学领域的科研人员，参加国际会议、与国外同行进行学术交流的机会可能是这类科研人员最看重的。这些机会不仅可以拓展科研人员的学术视野，还有助于更广泛的学术网络的建立，进而有助于提高研究的影响力。在考虑激励方式时，高校还需要注意到不同学科或专业之间的合作和交叉。随着学术研究的深入，很多前沿领域都需要多学科的合作。例如，生物信息学就需要生物学、信息学和统计学的结合。为促进这种跨学科合作，高校可以考虑提供合作研究的资金支持或者组织跨学科的研讨会和工作坊。

（二）经验与成果的考量

已有深厚研究背景和经验的科研人员通常对自己的研究领域有着深刻的了解和独特的见解。这类科研人员更看重的可能是研究的深度和广度，以及更高水平的学术交流。因此，高校可以考虑为其提供更多国际会议、研讨会的参与机会；为其提供一些高级研究工具和资源，如高性能计算机、专业数据库和文献资料等也是非常必要的。对于这类科研人员，高校还可以考虑为其提供更多的研究团队支持，如招聘更多的研究助理，以帮助科研人员更好地开展研究工作。此外，为其提供更多的学术领导机会也能够满足科研人员的职业发展需求。

而那些刚开始其研究生涯或还在职业初级阶段的科研人员往往需要更多的指导和支持。高校可以为他们提供更多的研究方法和技能的培训，确保他们能够快速地进入研究状态。此外，提供与资深科研人员的合作机会不仅能够帮助这类年轻的科研人员快速成长，还能够为高校带来更多的研究成果。对于这类年轻的科研人员，高校还可以考虑提供更多的学术活动和交流机会，如研讨会、工作坊和学术讲座等，以帮助他们拓宽视野，了解最新的研究动态和趋势。

（三）对内与对外的平衡

来自外部的科研人员可能已经在自己的机构里获得了一定的薪酬和激励，与高校的合作更多是基于共同的研究兴趣或学术追求。因此，高校对外部科研人员的激励可能更偏重于非物质方面，如提供高质量的研究平台、与高校内部优秀科研人员的合作机会、获取某种稀缺资源的优先权。内部的科研人员通常期望从自己所在的高校获得长期的职业发展和稳定的激励机制，这意味着高校需要考虑如何在短期的项目合作与长期的职业发展之间进行平衡。例如，对于那些在项目中表现出色的科研人员，高校可以考虑为其提供更多的项目资金、学术交流机会，或提供更有利于其长期发展的资源和支持。而对于那些长期致力高校发展，但在某个项目中成绩并没有特别突出的科研人员，高校需要确保其在整体的薪酬和激励体系中仍然能够得到公平对待。这可以通过定期的绩效评估、员工发展计划或其他长期的激励机制来实现。

在实际操作中，对外合作与交流，尤其是与国际知名科研人员和研究机构的合作虽然为高校带来了新的视角和资源，但也带来了如何平衡对外与对内激励的挑战。为确保所有参与者都能获得公平的待遇，高校可能需要定期审查和调整所实行的激励策略，确保其与当前的学术环境和高校的战略目标保持一致。

二、平衡短期与长期激励

（一）短期激励：明确而有助于激发活力的激励

短期激励通常具有明确的目标和期限，很容易与科研人员的日常工作成果相对应。这种激励方式旨在及时奖励科研人员的努力和付出，鼓励科研人员在日常工作中保持高效和活跃。为维持科研人员的日常动力，高校常常设计一系列的短期目标和相应的奖励措施，确保科研工作的连续性和活力。这些短期激励措施如项目奖金、快速的研究反馈机制、小型的学术研讨会等都能迅速地反馈给科研人员，使科研人员感受到自己的努力得到了即时的回报。

然而，短期的动力并不能确保科研人员的长期承诺和持续的投入，且过度依赖短期激励可能导致科研人员过于追求短期目标，而忽视了学术深度和长远的发展。为了鼓励科研人员深入某一领域，探索未知，高校需要提供更长远的视野和更大的激励。这可以是更为明确的职业发展路径、长期的科研资金承诺，也可以是与学术界内的领军人物进行合作的机会。为了真正激发科研人员的潜能，高校还需要关心科研人员的学术成长和个人发展。这意味着除了提供必要的研究资源，高校还要关心科研人员的职业规划、技能提升和心理健康。例如，定期组织学术研讨、提供培训机会，或为科研人员提供心理咨询和支持。

（二）长期激励：稳定而有助于维持动力的激励

长期激励关注的是科研人员的未来发展和职业规划。这种激励方式不仅仅是物质奖励，更多是关于科研人员自身的职业成长、对研究深度的追求以及自身在学术界的定位。例如，为科研人员提供长期的研究资助，确保其有稳定的研究环境，或为其创造更多的学术交流和合作的机会。

稳定性对于科研人员来说是至关重要的。在一个稳定的环境中，科研人员能够更加专注地投入研究，不必担心资金或其他资源的问题。而这种稳定性往往需要高校进行长期的规划和投入。为此，高校需要确保其财务状况的健康，同时为科研人员提供长期的研究资助和支持。除此之外，未来发展同样是科研人员关心的焦点。科研人员希望在高校中有一个明确的职业发展路径，能够随着时间的推移和自己的努力，逐步获得更高的学术地位和认可。为此，高校需要提供足够的机会和资源，支持科研人员的个人发展和学术发展，维持科研人员的动力。结合稳定性与未来发展的考量，高校在选择激励方式时需要充分考虑科研人员的实际需求和期望。只有确保了科研人员的短期目标与高校的长远规划相一致，才能确保激励机制的有效性和持续性。

与短期激励相比，长期激励更像是一盏指路灯，为科研人员照亮前行的道路，指引科研人员不断追求更高、更远的学术目标。

（三）资源利用与效率

对于科研人员来说，激励不仅仅是工资或奖金，更多的是充足的研究资金、先进的研究设备、学术交流机会等。这些都需要资金支持。短期激励，如年度奖金、研究成果奖等，可能涉及一次性的大额支出；而长期激励，如为某个重大项目提供持续的研究资助，或为科研人员提供持续的培训和学习机会，需要长时间的资金投入。这就要求高校在资源分配上有前瞻性，确保短期的支出不会影响到长期的投资。

同时，不同的科研人员对资源的需求不同，不同的项目的回报也不同。例如，某些研究项目虽然在短期内可能没有显著的成果，但长期来看，其研究成果可能为高校带来较大的声誉和学术价值；而某些研究项目可能在短期内就能取得明显的成果，但长远来看，其价值可能会降低。高校在进行资源分配时，需要充分考虑这些因素，确保资源能够被有效利用。效率也是高校在制定激励策略时需要考虑的重要因素，应使每一笔投入都能带来最大的回报。对于短期激励，高校需要确保其能够迅速调动科研人员的积极性，带来即时的研究成果；对于长期激励，高校需要确保其能够为科研人员提供一个稳定的研究环境，激发其长期的研究潜能。

三、多维度的非物质激励

（一）培养与成长机会

在高等教育领域，知识和技能更新迅速，科研人员为了保持自己在学术前沿的竞争力，对于学习和进修的渴望尤为迫切。这种非物质的激励方式对于科研人员而言，往往比丰厚的奖金或高昂的薪资更具吸引力。原因是在科研人员看来，知识和能力的增长不仅仅是职业发展的需要，更是对个人价值的提升。

高校提供的培养和成长机会可以分为以下几种。一是专业领域的深化研究。高校通过支持科研人员参与更高层次、更深入的研究项目，或者与其他优秀科研人员合作，帮助科研人员不断深耕自己的研究领域，实现学术上的突破。二是参加学术会议和研讨会。这样的活动不仅可以让科研人员了解最新的学术动态，还能为科研人员提供与其他科研人员交流和合作的机会。这对于扩大视野、丰富研究内容、建立学术网络都有着重要意义。三是提供进修和进一步教育的机会。对于一些有意愿进一步提升自己学术水平的科研人员，高校可以提供奖学金或者直接资助科研人员去国外知名高校进行短期或长期的学习。高校这样做不仅可以增强科研人员的学术实力，还可以为科研事业引进更多的国际化资源和视角。

（二）认可与荣誉

在高等教育机构中，无论是研究生、博士后还是教授，都对自己的研究成果被广泛承认和尊重抱有浓厚的兴趣。高校对科研人员的成果给予的正式的表彰可以被视为对科研人员智慧、才能和贡献的认同。每当自己的研究成果被他人引用、在学术会议上得到展示或者被实际应用，科研人员都会产生难以言表的成就感。这种情感体验往往更深远、更持久。而且被公众和同行认可的科研人员往往能够更容易地获得各种资源，如研究经费、合作机会和更好的研究环境。高校为科研人员赢得的每一份荣誉和声誉也都为自身带来了更大的声誉和品牌价值。这样的正反馈机制使得学术环境愈加繁荣。值得注意的是，对于年轻科研人员而言，来自学校和同行的认可尤为重要。这不仅能够为科研人员提供职业上的鼓舞，还能帮助科研人员建立自信，为其未来的学术生涯奠定坚实的基础。而对于资深的科研人员，获得认可和荣誉意味着其长期的付出和努力得到了回报，这样的回馈会使科研人员更加坚定地为科学研究和学术进步继续努力。

（三）科研环境与文化建设

科研环境的建设远不止于科研领域的硬件设施和先进设备。它涉及的是一种氛围、一种对知识和探索的热情、一种对同事和学生的尊重和关怀。高校如果能够为科研人员提供这样的环境，就能够更好地激发科研人员的创造力和探索精神。

文化建设则更多地体现在日常的互动和沟通中。一个开放、包容、鼓励创新的文化氛围能够使科研人员更加自信地提出自己的观点，而不会担心受到质疑或批评。这种自由发表意见的氛围也为创新和探索提供了良好的土壤。高校还应注重培养科研人员之间的团队合作精神。跨学科合作已成为现代科研的一个重要特点，而一个健康的团队文化是跨学科合作成功的关键。如果每个团队成员都能够彼此信任、支持，为共同的目标而努力，并为团队的成功感到自豪，这样的团队更有可能取得卓越的科研成果。高校还应鼓励科研人员参与学校的决策和规划，当科研人员感到自己不仅是执行者，还是学校发展的参与者和建设者时，将更加珍视和尊重自己的工作，也更愿意为学校的长远发展做出贡献。

四、激励与绩效的连续性对接

（一）反馈机制的建立

每一个科研项目或任务都应有明确的评价标准。这样，科研人员可以知道自己的工作是如何被评估的，也能更明确自己的工作方向。评价标准不仅要涵盖工作的质量，还需要关注工作的进度和与团队成员的合作。而且，反馈必须是及时的。当科研人员完成一个阶段性的工作时，评价机制应尽快给予反馈，让科研人员知道自己的工作是否满足了预期的标准，以及可以如何进行改进。还要注意的是，反馈应该是具体的，应指出科研人员哪些方面做得好、哪些方面还需要改进。而且，反馈不仅要指出问题，还要提供具体的建议和方向，帮助科研人员找到解决问题的方法。

反馈不应只是单向的，科研人员也应有机会表达自己的看法和感受，以及对工作环境或激励机制的建议。这种双向沟通能够增强团队的凝聚力，使科研人员更加信任和尊重反馈。为了确保反馈的客观性和公正性，有关工作人员需要系统地记录和分析每个科研人员的工作绩效。这样，当进行年终评价或其他重要的决策时，高校可以根据这些记录做出更加公正和客观的评价。除了给予正面的评价和建议，高校还可以结合激励机制，为表现出色的科研人员提供额外的奖励或机会。这不仅可以鼓励科研人员更加努力，还可以提高团队的整体士气。

（二）动态调整与优化

持续收集和分析关于科研人员绩效的数据是动态调整的基础，原因是这些数据不仅可以帮助高校了解哪些激励措施最有效，还可以为未来的决策提供有力的依据。这样，激励措施就可以根据实际情况进行调整，而不是基于猜测或直觉。高校应设置固定的时间节点，如每季度或每年，进行激励机制的评估。在进行评估时，高校可以重新审视目标、预期成果和科研人员的反馈，确保激励机制与实际需求保持一致。

激励方式不应该是一成不变的，高校可以考虑引入新的激励方式，或调整现有的激励策略，以确保其始终与科研人员的需求和期望相符。高校应鼓励科研人员参与激励机制的调整和优化过程，科研人员的反馈和建议能够为制定更有效的激励策略提供宝贵的参考。高校在调整激励机制时，应确保激励机制既能满足个体和团队的特定需求，又能体现整体的公正性和透明性。例如，某些特定项目或研究领域可能需要特别的激励措施，但这些措施也应该与整体的激励策略和原则保持一致。随着科技的进步和学术界的变化，高校可能会面临新的挑战和机会。动态的激励机制应该能够为这些变化做好准备，确保高校在未来的竞争中始终处于有利位置。

（三）持续性的培训与发展

培训内容应该与科研人员的工作密切相关，帮助科研人员解决实际遇到的问题，提高科研人员的工作效率和质量。这样的培训更容易得到科研人员的积极参与。培训应该是持续的，不应该是偶尔的、零散的。高校需要有一个系统的培训计划，确保科研人员在各个阶段都能得到所需的支持。这包括新员工的入职培训、中期员工的进阶培训，以及资深员工的深化培训。培训不应该只是理论教学，更重要的是实际操作和同行间的交流。高校可通过模拟实验、团队项目等方式，让科研人员能够将所学应用于实际工作中，同时与其他科研人员分享经验，取长补短。

每个科研人员都有自己的职业规划和发展需求。高校应该提供个性化的培训和发展机会，帮助科研人员实现自己的职业目标，同时为高校做出更大的贡献。除了内部培训，高校还可以考虑与其他高校、研究机构、企业等进行合作，共同开展培训活动。这不仅能够引入新的知识和技能，还能为科研人员提供更广阔的交流平台。另外，培训内容和形式都需要不断更新，以确保始终与科研的最新发展保持一致。高校通过收集科研人员的反馈，可以及时了解培训的效果和存在的问题，进而进行必要的调整。

第四节　绩效奖励和晋升机制

一、绩效奖励的透明度和公正性

（一）确保绩效奖励的公开性

绩效奖励机制作为薪酬激励的一个重要组成部分，其公开性会影响到每一位科研人员的工作积极性、工作效率以及对学校的归属感。每当提及薪酬和奖励，人们都希望知道其背后的评价标准。为此，高校应当制定明确、具体且易于理解的绩效评价标准。这些标准应当能够随时供科研人员查阅，使其在日常工作中可以随时对照。科研人员只有清晰地知道了自己的工作是如何被评估的，才能更好地调整自己的工作策略，进一步提高工作效率。

评审过程中涉及的每一个环节，从数据的采集、意见的听取，到最终的评价结果，都应当公开透明。这样做可以确保整个评价过程的公正性，减少信息不对称会导致的误解和矛盾。此外，公开的评审过程还可以使科研人员了解自己的优势和不足，从而找到更适合自己的工作方法。无论是物质奖励还是其他形式的激励，其发放都应当被公示。公示的内容应包括奖励的依据、数额和发放时间等相关信息。公开这些信息不仅能确保整个发放过程的公正性，还可以为学校塑造一个公平、公正的形象，进一步提高科研人员的满意度和忠诚度。

（二）综合评价的多元性

评价方式不仅仅涉及量的积累，更多是对质的考量。当然，高校如果仅仅重视数量或某个特定的指标，就会忽略科研人员在其他方面的贡献和价值。因此，从多个角度对科研人员进行评价是确保奖励制度公正性和完整性的关键。虽然完成项目的数量和发表论文的数量是评价科研人员绩效的重要指标，但这并不意味着数量就是一切。完成的项目是否具有实际意义，是否为学校和社会带来了实际效益；论文是否发表在了权威的学术期刊上，是否被广大同行引用，都是评价科研项目质量的重要标准。

科研人员的工作不仅是为了满足学校内部的需求，还应该对外界产生积极的影响。这可能包括与其他科研人员的合作、参与国际学术交流、为公众普及科学知识等。高校在评价科研人员的绩效时，这样的外部贡献也应当得到充分的考虑。而且现代科学研究往往需要多学科、多领域的合作，科研人员在团队中的角色，以及科研人员与其他领域的合作，也应作为评价其绩效的重要标准。此外，跨学科研究常常能带来更大的创新和突破，因此鼓励并考量这方面的贡献对于激励科研人员开展更加广泛和深入的研究具有积极意义。

（三）反馈与互动

通过实时的反馈，科研人员能明确了解到自己的工作成果与努力是否被认可，这种明确性能够提高自我认知，使工作方向更加明确。同时，当努力被看见、被赞扬，科研人员工作的满意度自然会提高。互动为科研人员提供了与评价者之间的直接沟通渠道。通过互动，可能出现的误解或冲突都可以及时得到解决，评价的准确性可以得到确保。此外，沟通还提供了改进和优化工作流程的机会，使之更加高效和合理。

反馈和互动不仅仅与对当前工作表现的评价有关，更与对未来发展的指导有关。通过分析评价者的反馈，科研人员可以得知自己在哪些领域需要加强，哪些方面有优势可以进一步发挥。这样的指导对于个人的长期发展是极为宝贵的。互动机制为高校提供了直接从一线科研人员处收集建议和意见的渠道，这些宝贵的反馈为制度的持续优化提供了基础。激励机制只有不断调整，始终与科研工作实际相匹配，才能最大程度地发挥其激励作用。

二、晋升机制与长期职业发展

（一）明确的晋升路径与要求

一个明确的晋升机制应在核心标准与细化标准之间取得平衡。核心标准往往关系到学术贡献的广度和深度，如主导的研究项目数量、在权威期刊上发表的论文等。而细化标准可能包括如何指导学生、与同行合作的效果等。这些标准相结合，可以确保评价体系既有宽度又有深度。然而，科研领域是不断进步和发展的。为了确保晋升路径与现实相匹配，高校需要定期对晋升标准进行审查和更新。这可能涉及新的研究方法、对新兴领域的重视，或对某些标准的权重进行调整。这样的机制能确保高校始终站在科研前沿，同时为科研人员提供公平的晋升机会。

由于每位科研人员的职业道路都是独特的，所以高校在明确晋升路径的同时，还应提供个性化的职业规划支持。这可能涉及一对一的指导、职业规划研讨会、与行业专家的交流机会。这些都能帮助科研人员更好地了解自己的职业目标，以及如何达到这些目标。而且现代科研往往需要跨学科的合作和多领域的知识，高校在制定晋升标准时，也应考虑到这一点。这意味着，除了专业内的成果，跨学科的合作和多领域的贡献也应得到相应的认可。这样的晋升机制更能反映现代科研的复杂性和多元性。

（二）绩效评价的连续性

绩效评价的连续性强调了对科研人员在较长时间段内的工作表现和贡献的认识。这比单一时间点的评估更能真实反映个人的能力和贡献。例如，一个科研人员可能在某年完成了多个重要项目，而在另一年集中精力进行深入研究。连续性的绩效评价就能够考虑到这种周期性的工作模式，从而更加全面地评估科研人员的贡献。绩效的连续性鼓励科研人员建立长期的职业规划，而不仅仅是追求短期的成果。这样的规划有助于科研人员根据自己的兴趣和能力进行有针对性的培训和发展，进而为未来的晋升做好准备。同时，它也为高校提供了一个长远的视角，使其能够为员工的成长和发展提供必要的支持。

绩效评价的连续性不仅可以保证晋升的公正性，还可以鼓励科研人员持续自我提升。知道了自己的工作表现将在一段时间内持续受到关注，科研人员就会更加努力工作、积极参与各种培训和研讨会，以提高自己的能力和绩效。晋升机制与绩效评价的连续性的紧密结合可以增强科研人员对高校管理层的信任。科研人员知道自己的每一次努力都会被看到并且自己会得到相应的回报，就会更加积极地投入工作。同时，这也确保了在面对困难或挑战时，科研人员仍然保持高度的热情和动力。

（三）专业发展与培训

为了满足不同科研人员的需求，培训内容应当具有多样性。除了基本的技能和知识更新，还应当涵盖跨学科的内容，以及与实际工作紧密相关的应用技能。例如，对于那些在实验室工作的科研人员，高校应当提供实验技巧和实验设计的培训；而对于那些主要进行理论研究的科研人员，高校应当提供数据分析和模型构建的培训。传统的面授课程仍然是培训的重要形式，但现代技术为培训提供了更多可能性。在线课程、虚拟实验室和模拟软件等工具可以为科研人员提供更为便捷和实用的学习体验。此外，高校还可以与其他研究机构、企业和国际组织合作，为科研人员提供实地考察和实践的机会。

培训不应当仅仅是理论学习，更应当与科研人员的实际工作紧密结合。这意味着，培训内容应当能够针对性地解决科研人员在工作中遇到的具体问题和挑战。例如，如果一个科研团队正在进行一个复杂的项目，那么相关的技能和知识培训就应当与该项目的需求相匹配。除了具体的培训内容和形式，高校还应当为科研人员提供持续的职业规划支持。这包括为其制订个人发展计划、提供职业生涯咨询和帮助其建立个人学术网络等。通过这些措施，科研人员可以更明确自己的职业方向，更有针对性地选择和参与培训，从而更好地为未来的晋升和发展做准备。

三、绩效与晋升的连续性考量

（一）时间跨度的综合评价

这种评价方式重视每一位科研人员长期的贡献，与那种仅关注短期成果或者快速产出的评价形成了鲜明的对比。这样的评价方式为科研人员提供了稳定的工作环境，使得科研人员更加愿意将精力投入长期的、有深度的研究项目中。考虑到科研领域中一些项目的周期往往较长，研究成果可能需要数年甚至数十年才能完全展现。因此，如果只根据每年或每季度的产出进行评价，可能会导致很多具有潜力的研究被放弃，原因是科研人员为了追求短期内的绩效表现而选择了其他更容易快速产生成果的项目。

不可否认，时间跨度的综合评价还可以激发科研人员的创新精神。知道自己长期的努力和成果都会得到认可后，科研人员会更加愿意冒险，尝试那些有可能改变整个领域格局的研究。这不仅有助于推动学科的进步，还能为高校带来更多的学术声誉和影响力。而对于高校财务管理者来说，时间跨度的综合评价也意味着他们需要更加细致和深入地了解每一位科研人员的工作。这种深入了解可以帮助管理者更好地为科研人员提供支持，确保科研人员能够在最佳的环境下进行研究。而且长期的考量也意味着对失败的宽容，在科研领域，失败往往是研究的一部分，每一个失败都可能为下一次的成功提供宝贵的经验。因此，高校在进行绩效评价时，应当更加宽容地对待那些在研究过程中遭遇困难、但仍然坚持不懈的科研人员。

（二）考察全面性能力与潜力

科研领域的每个成果都是对一个问题的深入研究，而科研人员的价值并不只体现在这些具体的成果上。实际上，一个人的整体能力和未来潜力往往比已经完成的工作更重要。为了真正做到公平公正，晋升机制必须能够考察到这些方面。全面性的能力包括了许多方面，例如，如何与团队成员沟通和合作是至关重要的，一个好的科研人员不仅要有深厚的学术造诣，还要能够在团队中发挥其作用，推动项目的进行；学术交流是科研领域中不可或缺的部分，能够有效地与同行沟通，将自己的研究成果展现给更多的人也是评价一个科研人员的重要指标。而对于高校而言，指导学生的能力同样重要。一个优秀的科研人员不仅应能够在自己的领域取得成果，还应能够培养出新的学术人才。对潜力的考察也是晋升机制中不可忽视的部分。在科研领域，有时一个项目可能需要数年甚至数十年才能完成。在这样的长时间跨度中，科研人员的研究兴趣、方法和方向都可能会发生变化。因此，预测一个人在未来可能会做出什么样的贡献对于高校的长远发展至关重要。为了真正做到全面考察，评价体系需要包括多个方面。高校可以邀请外部专家进行评审，也可以让科研人员自己反思和总结。此外，与同事、学生的互动也是一个重要的考察内容。这样，高校不仅可以从多个角度了解到科研人员的工作情况，还能够更好地预测科研人员的未来表现。

（三）机制的灵活性与调整

在一个充满变革与竞争的学术环境中，静态的评价机制很容易变得过时或与实际情况脱节。因此，持续的机制更新和灵活性变得至关重要。科研的方向和重点会随着时间和社会需求的变化而变化，几年前被视为前沿的研究主题，今天可能已经成为常态；而某些以前被忽略的领域，现在可能变得很重要。因此，评价机制也应随之调整，以确保对新的研究领域和方法给予足够的关注和重视。这种灵活性不仅能够确保评价的准确性，还能够鼓励科研人员去探索新的研究领域，进一步推动学术界的发展。

但机制的灵活性并不意味着缺乏稳定性，调整和更新的过程应该是透明和有序的，确保所有相关方都了解新的标准和要求。这需要高校定期进行回顾和反思，以确定哪些部分的评价机制仍然有效，哪些部分需要调整。这样的过程可以确保评价机制始终与高校的长期目标和策略保持一致。高校还要注意在调整评价机制的过程中应充分听取科研人员的意见和建议，毕竟科研人员是评价的主体，对评价机制的有效性和公正性有着直接的感受。与科研人员的沟通和互动，可以确保新的评价机制真正符合科研人员的需求和期望。

四、灵活性与响应度

（一）实时的调整

薪酬激励机制是高校吸引和留住优秀科研人员的重要手段，但如果这一机制不能及时做出反应和得到调整，很容易与实际工作和贡献脱节。实时的调整能够确保机制的持续有效性和公正性，使之始终与科研人员的期望和努力一致。在科研领域，创新和变化是常见的，研究方向、技术和方法都可能随着时间和新发现而变化。因此，薪酬激励机制也应该能够迅速调整，以应对这些变化。例如，如果某一研究领域突然成为热门，并获得了大量的资金支持，那么对在这一领域工作的科研人员的激励应当相应增加。

实时的调整还可以帮助高校更好地管理资源。通过对薪酬激励机制的实时调整，高校可以确保资源始终用在最有价值和最紧迫的地方，从而提高高校的整体研究效益。这对于资源有限的高校尤为重要，可以确保每一分钱都花在刀刃上。但是实时的调整并不意味着频繁地更改激励机制，频繁的调整可能导致科研人员感到困惑和不安，对未来产生不确定性。因此，实时的调整应当是基于明确的标准和规则，以确保每次调整都是有目的和必要的。在进行实时调整时，高校还应考虑到所有相关方的意见和反馈。这不仅包括科研人员，还包括管理层、资助机构和其他利益相关者。这样可以确保调整既公正又合理，满足各方的期望和需求。

（二）多元化的激励手段

高校中的科研人员的背景、兴趣、需求和职业目标各不相同，因此对于激励的需求也会有所不同。为了最大化每位科研人员的工作激励和满意度，高校需要采取一系列的策略来满足这些多样化的需求。考虑到科研人员的长期职业规划，基本薪酬是最基础的激励方式，它能够为科研人员提供稳定的经济来源。绩效奖金是对科研人员在特定项目或研究中卓越表现的奖励。这种激励方式鼓励科研人员持续提高自己的工作效率和质量，为学术领域做出更多的贡献。研究资助和学术交流机会是对科研人员在职业发展中的其他需求的回应。研究资助可以为科研人员提供必要的资源，帮助科研人员开展新的研究或深入进行现有的研究；学术交流机会则为科研人员提供了一个与同行交流、分享研究成果和学习新知识的平台。除了这些直接的激励方式，高校还可以考虑提供其他形式的支持，如提供研究助理、设备和实验材料等。这些支持可以帮助科研人员更高效地开展研究，从而取得更好的研究成果。值得注意的是，多元化的激励手段并不意味着对每位科研人员都使用相同的激励策略。相反，高校需要根据每位科研人员的具体情况和需求，制订个性化的激励计划。这样可以确保激励策略既公正又有效，满足各种不同的需求和期望。

（三）及时的沟通与反馈

科研人员不仅是高校的价值创造者，还是激励机制的直接受益者。因此，建立一个开放、正向的沟通渠道是至关重要的。有几个方面需要高校特别关注。第一，沟通的及时性至关重要，也是最为基础的。当科研人员对某个方面存在疑惑或不满时，需要有一个渠道让其能够迅速得到回应。这不仅可以解决具体问题，还能够增强科研人员对高校管理层的信任感。与此同时，当薪酬激励机制发生变化或进行调整时，高校也应及时通知科研人员，确保科研人员了解变化的原因和背景，以及变化将如何影响科研人员。第二，内容的准确性和完整性也很重要。高校需要确保与科研人员沟通的信息是准确和一致的。这意味着，高校不仅要确保信息的传递没有出现偏差，还要确保每位科研人员都能够获得与其相关的所有信息。只有这样，科研人员才能对薪酬激励机制有一个完整和深入的理解。反馈是沟通的另一个重要方面，高校应鼓励科研人员提供对薪酬激励机制的反馈和建议，无论是正面的还是负面的。这可以帮助高校了解激励机制在实际操作中的效果，以及是否存在需要改进的地方。定期的反馈会议或匿名调查都是收集反馈的有效方法。科研人员的参与也是确保沟通有效性的关键，当科研人员感觉到自己在决策过程中被忽视或忽略时，可能会产生对薪酬激励机制的抵触和不信任。因此，高校应考虑在制定或调整薪酬激励机制时，让科研人员参与其中，让科研人员对这一过程有更多的话语权。

第六章　高校科研人员薪酬激励机制的实施策略

第一节　发挥领导者的作用

一、确立清晰的激励目标和标准

（一）制定与高校战略一致的激励目标

在明确激励目标时，领导者需要深刻理解高校的使命、愿景及长远战略。这些因素构成了高校发展的核心，高校的薪酬激励目标应与之保持高度一致。如果高校的战略是成为某一学科领域的领先机构，则激励目标应专注于促进该领域的研究创新和学术成就。这可以通过设定促进学术论文发表、科研项目获批以及学术影响力提升等具体的绩效指标来实现。明确和具体的激励目标有助于科研人员了解高校的发展期望，从而将个人的工作目标与高校的整体战略紧密对齐。为此，领导者需要通过深入的交流和咨询，确保所有科研人员都能理解和认同这些目标。这种共识是激发科研人员积极性和创造性的关键，同时也是确保激励机制效果的基础。

为了使激励目标清晰可行，领导者必须确保这些目标具备可衡量性。这意味着每个目标都应当附有具体、量化的指标，如研究资金的增长率、发表论文的数量和质量以及科研成果的社会和学术影响等。通过将这些指标与激励措施（如薪酬、奖金、职位晋升等）直接挂钩，领导者可以有效激发科研人员的积极性和创新精神。领导者还需要考虑激励目标的可持续性。随着科研环境和高校战略的不断演变，激励目标也应相应调整以保持其相关性和效力。这要求领导者进行定期的评估和反馈，以监测目标的达成情况，并根据高校战略和市场环境的变化进行调整。这种动态的管理方法不仅保证了激励机制的长效性，而且还能够确保高校能够灵活应对外部环境的变化。

（二）明确沟通目标和标准

明确的沟通需要领导者对激励目标和标准的深刻理解，这意味着领导者不仅要明白这些目标和标准是什么，还要理解它们为何而设以及如何实现。这种深入理解是有效沟通的前提，它保证了传达给科研人员的信息是准确和有意义的。领导者需要采取积极措施来传达这些目标和标准，因为有效的沟通策略可能包括定期的会议、研讨会、工作坊以及专门定制的培训。在这些活动中，领导者可以详细解释激励目标的内容、期望达成的目标以及必要的行动步骤。

为了确保信息传递的有效性，领导者还需要采用适宜的沟通方式和工具，如电子邮件、内部网站更新、印刷手册以及面对面的交流等。选择多种沟通方式可以确保信息能够覆盖不同的受众，并根据他们的偏好和需求进行调整。此外，领导者还需要考虑到沟通的双向性。这意味着除了向科研人员传达信息外，还需要听取科研人员的反馈和意见。通过问卷调查、意见箱或定期的反馈会议，科研人员可以表达对激励目标和标准的看法和建议。这种双向沟通有助于发现潜在的问题，同时也能增强科研人员对激励机制的认可和参与感。

（三）设定具体的绩效指标和预期成果

绩效指标的设定要基于对高校科研任务和目标的深刻理解。指标应与高校的长期战略和科研方向紧密相连，确保科研人员的努力与高校的总体目标一致。例如，若高校的重点在于科学研究的创新和原创性，指标可以着重于新理论的提出、新技术的开发或专利的申请数量。同时，绩效指标必须具备可衡量性和可达成性。这意味着每个指标都应当清晰、具体，并且能够通过客观数据进行量化。例如，论文发表的数量和质量可以通过发表在具有影响力期刊的论文数量和被引频次来衡量；项目申请的成功率可以通过获批项目与申请项目的比率来衡量。

在这里，绩效指标的设定还需考虑激励和挑战的平衡。指标应当设定在既能激发科研人员的积极性和创新能力，又不至于过于苛刻的水平。过高的目标可能导致压力过大，而过低的目标则可能导致潜能未充分发挥。因此，领导者需要与科研人员进行充分的沟通，理解他们的能力和潜力，从而制定合理且具挑战性的指标。与此同时，绩效指标的设定还应考虑到多样性和包容性。由于科研工作的多元化，不同的研究领域和研究项目可能需要制定不同的评价标准。例如，理论研究的评价指标可能与应用研究或实验研究有所不同。领导者需要根据科研人员的专业领域和项目特点，制定相应的绩效指标。更重要的是，绩效指标的有效实施还需要一个动态的评估和调整机制。随着科研领域的发展和高校战略的变化，绩效指标也需相应地进行更新和调整。这要求领导者定期回顾和评估绩效指标的适用性和效果，确保它们始终能够有效地指导和激励科研人员。

二、构建透明和公正的评估体系

（一）确保评估标准的透明度

在实现评估标准高度透明的过程中，要求领导者明确并公开地阐述用于评价科研人员工作绩效的标准和指标。这些标准和指标应与高校的科研目标和策略紧密相连，确保科研人员的工作贡献与高校的整体目标一致。例如，若高校重视科研创新，则评估指标可以包括新理念的提出、新技术的开发或专利的申请数量。为了实现标准的透明度，领导者需要在评估体系构建之初就明确并公布评估标准。这些标准应在高校内部广泛传达，通过多种渠道和形式进行，如内部网站、员工手册、会议宣讲等。此举不仅有助于科研人员充分理解评估标准，还能保证所有相关人员对评估体系持有一致的认识。

同时，评估标准的设置应遵循客观和公平的原则。这意味着评估指标应当基于科研工作的实际贡献，而非主观偏好或其他非业务相关因素。为了进一步确保透明度，可以引入第三方评审机制或同行评审，以提供更为客观和全面的评估。在确保透明度的过程中，领导者还需要考虑到评估标准的适应性和灵活性。科研领域的快速变化要求评估标准能够及时反映新的科研趋势和技术进步。因此，领导者需要定期审视和调整评估标准，确保其与时俱进，反映最新的科研成就和标准。其间，领导者还应倾听科研人员对评估标准的反馈，适时进行调整和优化。通过收集和分析科研人员对评估体系的意见，可以不断完善评估标准，使其更加贴合实际情况和科研人员的需要。

（二）确保评估过程的公开和公平

在高校科研人员薪酬激励机制中，确保评估过程的公开性和公平性是领导者的一项关键职责。这一过程的核心在于确保评估的透明性和公正性，使得每位科研人员都能在一个公平的环境中得到评价，评估过程的公开性是其基石。这要求领导者确保评估的各个环节，从标准的设定到结果的发布，都是透明和可接受外部审查的。通过公布评估的时间表、流程和用于评估的具体标准，科研人员可以充分理解评估的机制和目的，从而降低对评估结果的疑虑和误解。而且，评估的公平性同样不可或缺。这要求在评估过程中采取多项措施以消除或减少偏见的可能性。例如，引入多个评估者可以确保评估结果的多元性和平衡性。此外，使用盲审制度可以进一步确保评价过程的公正性，防止个人偏好或关系网络影响评估结果。

为了提高评估的公正性，还需要对评估者进行适当的培训。评估者应该具备评估科研工作的专业知识，并了解如何在评估过程中保持客观和中立。此外，领导者还应定期审查评估过程，寻找并纠正可能导致不公平的做法或标准。需要注意的是，评估的公平性和公开性还需要通过持续的沟通和反馈来维护，领导者应鼓励科研人员就评估过程提出意见和建议，这不仅有助于改进评估机制，还能增强科研人员对评估体系的信任和接受度。还有一点需要加以强调，即：领导者应当确保评估结果的适用性和相关性。这意味着评估结果应被用于指导和改进科研人员的工作，而非仅作为薪酬激励的依据。通过将评估与个人发展和职业规划相结合，评估不仅成为一个激励机制，还能成为个人和机构成长的工具。

（三）公平合理地分配薪酬和奖励

公平合理的薪酬和奖励体系应基于一系列客观且明确的标准，这些标准需与科研人员的工作绩效和贡献直接相关。这包括不仅量化的成果，如论文发表数量、科研项目的成功率，也包括质量方面的指标，如论文的影响因子、项目的创新性和实用性。通过这种方式，可以确保奖励体系鼓励的是高质量和有影响力的科研工作，而非仅仅是数量上的产出。奖励体系的设计应考虑不同类型和水平的科研贡献，因为在高校的科研环境中，不同研究领域和项目的性质各异，因此需要灵活多样的奖励机制来适应这些差异。例如，对于基础研究和应用研究，可能需要不同的评价和激励标准。通过设立多层次的奖励系统，可以更加全面地认可和鼓励各种类型的科研成就。

在进行薪酬和奖励分配时，透明性也是关键因素。领导者应确保薪酬和奖励的决策过程是公开和透明的，所有科研人员都能清楚地了解他们的工作如何被评价以及这些评价如何影响他们的薪酬和奖励。这种透明性有助于收获科研人员的信任和认可，减少不必要的误解和不满。同时，领导者还需要定期评估并调整薪酬和奖励体系。随着高校科研环境的变化和科研人员需求的演变，薪酬和奖励机制也应相应地进行调整，以保持其相关性和有效性。此外，收集和分析科研人员对薪酬和奖励体系的反馈，可以帮助领导者不断优化和改进奖励机制。

三、提供持续支持和资源

（一）提供充足的研究资金和先进设备

确保科研人员有足够的研究资金，是激发创新和维持科研活力的基础。领导者需要积极探索和开拓资金来源，这可能包括政府科研基金、行业合作项目以及与国际组织的合作等。有效地管理和分配这些资源，确保它们能够满足不同科研项目的特定需求，是领导者的重要职责。例如：对于基础研究项目，可能需要长期稳定的资金支持；而对于应用研究，则可能需要更多与产业界合作的机会。提供先进的实验设备和技术，对于提升研究效率和质量来说至关重要。领导者需评估并更新实验室设备，确保科研人员能够访问到最新的科研工具和技术。这包括不仅限于传统的实验设备，还包括高性能计算资源、专业软件以及其他科研辅助工具。通过这些先进设备，科研人员可以更有效地进行数据分析、实验模拟和研究设计。

除了直接的财务和设备支持外，领导者还需确保科研人员能够有效地利用这些资源，如组织专业的培训活动，帮助科研人员掌握新设备的使用和最新科研方法的应用。此外，领导者还应鼓励跨学科合作和资源共享，以促进资源的高效利用和科研成果的互补增强。在资金和设备支持方面，领导者还需考虑到长期的可持续性和策略性布局。这意味着在资源分配时，不仅要考虑当下的需求，还要预见未来的科研方向和技术发展趋势。通过战略性投资新兴科研领域和关键技术，可以为高校的长期发展打下坚实基础。

（二）保障充足的实验空间和专业培训

确保充足的实验室空间和优良的工作环境，是支持科研活动的基础。适宜的实验空间不仅意味着有足够的物理空间进行实验操作，也包括必要的设施和设备支持，如实验室通风、温度控制、实验器材以及数据存储和处理设施。所以领导者需要定期评估实验室的设施和空间配置，以确保它们能够满足不断变化的科研需求。安全的工作环境对于实验室工作同样至关重要，领导者需确保实验室符合安全标准和规定，包括化学品管理、生物安全、辐射安全等方面。定期的安全检查和维护以及在必要时进行改造升级，都是保证实验室安全的关键措施。

舒适的办公条件也是科研人员高效工作的重要因素，这包括适宜的办公家具、高效的网络和计算资源以及充足的休息和休闲设施，领导者应关注这些细节，以提升科研人员的工作满意度和效率。提供专业培训和发展机会同样作为另一个重要方面，随着科研领域的不断发展和技术的日新月异，持续的专业培训对于科研人员保持竞争力至关重要。因此领导者可以通过组织研讨会、工作坊、讲座和在线课程等形式，提供最新科研技术和方法的培训。这些培训不仅应涵盖科研技能，还应包括数据分析、科研伦理、项目管理等方面的内容。

（三）确保面对挑战时的支持和指导

面对科研中的挑战，领导者应提供有效的沟通渠道和支持系统。定期的一对一会议是一个有效的方法，它为科研人员提供一个分享挑战、寻求建议和讨论解决方案的机会。在这些会议中，领导者应耐心倾听，提供专业的指导和实际的解决建议，帮助科研人员识别问题的根源，并探索可行的解决策略。而且领导者还应提供心理和情感上的支持，科研工作的压力可能导致情感上的波动，领导者的理解和关怀对于维持科研人员的积极性至关重要。这可能包括鼓励的话语、情感支持，甚至是专业的心理咨询服务。通过这种支持，科研人员能够感受到他们的努力被认可，面对挑战时不是孤立无援的。

领导者还应关注科研人员的职业发展，为他们提供发展和成长的机会。这可能包括职业规划的建议、提供进修和学习的机会，或者是推荐他们参与重要的科研项目和会议。通过这些措施，科研人员可以不断提升自己的专业能力和职业素养，为未来的职业生涯打下坚实的基础。在解决具体问题的过程中，领导者应提供具体和实用的资源，如资金支持、设备使用权限或是联系外部专家和资源。通过这种实际的支持，科研人员能更有效地解决手头的问题，推进科研工作的进展。

第二节　建立有效的绩效评价体系

一、高校科研人员薪酬激励机制绩效评价要遵循的基本原则

（一）目标一致性原则

高校科研人员薪酬激励机制绩效评价工作的最终目标就是要让科研周期内的规划完全实现，因此绩效评价目标的构建无疑为之提供了明确指南。对此，这就需要财务部门在构建该绩效评价体系过程中，必须确保绩效评价目标的高度一致。并且以此为基础，根据科研成果的评价，将科研过程中的科研行为加以有效控制，从而确保科研工作的全面开展能够逐渐向绩效评价目标靠近，对高校科研人员起到激励的作用。在这里，需要注意的是绩效评级指标体系的构建要与科研人员工作岗位的切实要求相一致，如果出现要求过高或者要求过低的情况，那么绩效评价对优化高校科研人员薪酬激励机制的作用则会大打折扣。

（二）科学性原则

高校科研人员作为全面提升高校科研水平的中坚力量，其作用不仅体现在从事学科领域的科学研究工作方面，还体现在科研型人才培养和服务社会发展两个方面，所以高校科研工作人员的工作特点不仅具有明显的特殊性，还具有一定的复杂性。针对于此，在进行高校科研人员薪酬激励机制绩效评价过程中，必须确保评价的科学性与客观性，让其工

作的特殊性和复杂性在绩效评价中能够得到充分体现，从而确保薪酬激励机制的构建与运行效果始终处于理想状态。

（三）系统性原则

毋庸置疑，高校科研工作人员日常工作活动具有多层次性、多要素性、复合性特征，其日常工作表现往往通过多种形式体现。因此，薪酬激励的工作必须从多个维度开展，而这也意味着对其薪酬激励机制的绩效评价也要从多个维度来进行，这无疑要求绩效评价机制必须体现出系统性特征。在这里，广大高校财务人员应该做到有效处理整体和部分、系统目标和个体行为之间存在的关系，由此来充分反映出高校科研工作薪酬激励机制绩效评价科学化与合理化的特点。

（四）可度量性原则

就绩效评价体系构建的最终目的来看，就是要让各项评价指标的重要性能够得到充分体现，确保绩效评价结果能够切实反映出当前事物发展的现实情况，为各项决策的科学制定提供客观依据。为此，在高校科研人员薪酬激励机制绩效评价体系的构建过程中，各项指标不仅要体现出多层次性，同时要确保各层次内所包含的要素能够进行有效量化，并且还要确认非量化性指标的合理性，只有这样才能确保绩效评价结果不会出现模棱两可的情况。

（五）可操作性原则

众所周知，绩效评价工作的全面开展就是要对绩效目标的完成情况进行客观评价，并且让所有绩效评价指标都能反映出具体的工作状态。对此，在进行绩效评价指标的选择过程中，需要保证绩效评价指标本身不仅具有可测得性和可对比性，还要确保绩效评价内容中的目标经过评价对象努力之后可以实现。高校科研人员薪酬激励制度绩效评价体系的构建显然也不例外，由此方可确保绩效评价结果能够对高校科研人员激励机制的构建、运行、优化具有指向作用。

二、高校科研人员薪酬激励机制绩效评价体系构成因素分析

（一）科研绩效评价指标

1. 学术论文

学术论文作为高校科研人员科研成果的直观表现形式之一，其鲜明的研究论点、论据、论证能够为研究领域的发展发挥至关重要的推动作用，对弥补和深化研究领域的研究深度以及促进科研成果实践推广等方面有着突出的价值。对此，在高校科研人员薪酬激励机制的绩效评价工作中，绩效评价体系的构建要将科研人员所发表的学术论文数量和质量作为重要的评价指标，从而确保薪酬激励机制切实为高校科研人员科研工作的全面开展提供激励。

2. 学术专著

学术专著是高校科研人员研究成果的又一直观体现形式，在著作内容中，不仅会明确研究的时代背景和理论依据，还包括现有研究成果、本著作的创新点、实践路径、未来展望，能够对研究领域的新发展起到推动作用。对此，在进行高校科研人员薪酬激励机制绩效评价活动中，应将学术专著作为一项重要的评价指标，不仅要将正式出版的学术专著数量作为绩效评价重点关注对象，更要将出版社的影响力和学术专著的总字数作为重要评价指标，从而确保薪酬激励机制可以进一步激发广大高校科研人员学术研究的热情。

3. 科研项目

科研项目作为高校科研人员日常科研工作的实践平台，参与的科研项目越多，越有机会产出更多科研成果，发表高质量学术论文和出版高质量学术专著的数量也会越多。但是，不同级别的科研项目所获得的科研成果为经济与社会带来的影响也会不同，所以这也意味着高校科研人员薪酬激励机制的运行需要在这一方面提起高度关注，同时更意味着高校科研人员薪酬激励机制绩效评价体系构建过程中，应将科研项目作为

重要的绩效评价维度，以此确保薪酬激励机制的构建与运行，切实推动高校科研水平实现可持续提升。

4.发明专利

发明专利是高校科研工作智慧结晶以及科研成果实现科学转化的重要标志，也是其经济价值和使用价值的具体表现所在。因此，在高校薪酬激励机制的构建与运行过程中，应将其作为进行科研人员薪酬激励的重要依据之一。针对于此，在进行高校科研人员薪酬激励机制的绩效评价中，财务部门应将“专利发明”作为绩效评价维度的重要组成部分，并且设立相应的绩效评价指标，以此来确保高校科研工作实现高质量发展的同时，有效推进各项科研成果的转化。

5.科技成果奖项

在高校科研工作中，获得科技成果奖项意味着科研人员对科技创新发展提供了推动作用，是对高校科研人员科研工作的一种肯定。所以在高校科研人员薪酬激励机制的运行过程中，科技发明奖项必须作为薪酬激励关注的焦点之一。但是，并非一切科技成果奖项都要给予相同的薪酬激励，不同类型和级别的科技成果的贡献价值显然不同，故而在进行高校科研人员薪酬激励机制的绩效评价过程中，必须将这两方面作为绩效评价指标的基本组成部分，由此才能保障高校科研人员薪酬激励更加具有科学性、合理性、客观性。

（二）服务贡献绩效评价指标

1.校内服务贡献

高校科研人员作为全面提升高校科研水平的中坚力量，参与科研项目的研究工作目的性也较为明确，就是要为本专业领域的发展探索出新思路、新方法、新道路，而这也正是高校科研人员学科贡献的基本表现。对此，高校科研人员薪酬激励机制的构建与运行过程中，应将其作为重要依据，同时也意味着高校财务部门在进行科研人员薪酬激励机制绩效评价过程中，应将其作为不可缺少的绩效评价维度，并设置相应的评价指标，由此对科研人员责任感与使命感的提升形成有效激励，达到全面加快学科建设与发展步伐的目的。

2.校外服务贡献

从高校科研工作的实质出发，就是要通过科研项目提升高校科研工作的整体水平，并且能够对社会发展起到积极的推动作用。因此，在高校科研人员薪酬激励机制的构建与运行过程中，应该充分体现出这一层面。然而，高校科研人员薪酬激励机制的构建与运行过程是否真正体现这一维度，显然需要高校财务部门从这一维度开展相关的绩效评价工作，即校外服务贡献，并且设置与之相关的绩效评价指标，由此为高校科研人员薪酬激励机制的有效完善和运转保驾护航。

综合以上对高校科研人员薪酬激励机制绩效评价的主要维度，以下就将其各维度评价指标加以明确，具体如表 6-1 所示。

表 6-1　高校科研人员薪酬激励机制绩效评价指标体系

绩效评价目标	一级绩效评价指标	二级绩效评价指标	绩效评价指标内容
高校科研人员薪酬激励机制绩效评价指标体系	科学研究	学术论文	收录情况
			期刊级别
			影响因子
			作者排名
		学术专著	著作级别
			出版社级别
			著作总字数

续　表

绩效评价目标	一级绩效评价指标	二级绩效评价指标	绩效评价指标内容
高校科研人员薪酬激励机制绩效评价指标体系	科学研究	科研项目	项目级别
			经费来源
			参与人员排名情况
		发明专利	专利所属类型
			有效经费转让情况
		科研成果奖项	科研成果奖项类别
			科研成果奖项级别
	服务贡献	校内服务贡献	学科建设贡献率
			学术交流价值
			校内委员会任职情况
		校外服务贡献	校外科研机构任职情况
			校外调研活动级别

三、高校科研人员薪酬激励机制绩效评价指标权重的确立

（一）通过 AHP 法确定指标权重的原理分析

所谓的“权重”，其实质就是某一指标在评价指标体系中所占的比重，其量化值的大小是否合理直接影响绩效评价结果是否有效。在此期间，绩效评价指标权重如果发生变化，势必也会对绩效评价的最终结果造成直接影响。在确定绩效评价指标权重的过程中，必须做到所采用的方法具有高度科学性与合理性，针对高校科研人员薪酬激励机制的绩效评价而言，AHP 法固然是较为理想的选择。该方法的原理在于通过对要素以及存在的相互关系进行系统分析，并且按照支配的隶属关系进行层

次结构的划分，进而形成一个具有递阶性的层次结构，随后则通过两两比较的方式将每一层要素的相对重要性加以确定，并建立一个判断矩阵。在此之后，还要以此为基础，将其判断矩阵进行计算和一致性检验，最终计算出绩效评价指标的权重并获得优化方案。①

1. 建立递阶性层次结构

在建立递阶性层次结构的过程中，先要针对绩效评价工作所包含的指标进行系统性分析，做到高度明确指标之间的关系，从而按照支配的隶属关系确立不同的指标层次。在同一层次的各要素分析过程中，要根据要素对下一层次的支配作用以及上层因素所给予的支配作用大小，形成一个系统的递阶性层次结构。针对高校科研人员薪酬激励机制绩效评价体系而言，该结构主要包括三个层次，即目标层、准则层、指标层，具体如图 6-1 所示。

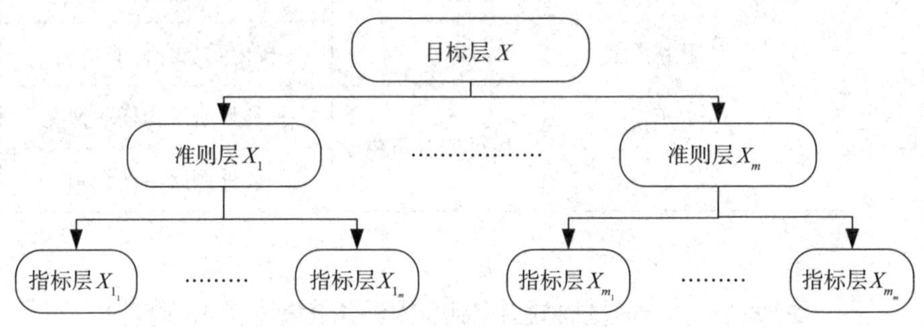

图 6-1 AHP 层次结构

2. 建立判断矩阵

在完成递阶性层次结构的构建工作之后，下层要素往往要以上层要素作为准则，并根据 1 ～ 9 段标度法针对各层要素的相对重要性进行有效判断，进而构建出两两比较的判断矩阵，即：$A=(A_{ij})_{m\times n}$。其间，A_{ij}

① 梁永丰 . 中国研究型大学教师绩效评价体系研究 [D]. 哈尔滨：哈尔滨工程大学，2009：12-13.

则代表指标 i 与指标 j 相比较，前者的重要性更高。1 ～ 9 段标度法如表 6–2 所示。①

表 6–2　1–9 段标度法

标度	内涵
1	要素 i 与要素 j 的重要性相同
3	要素 i 的重要性比要素 j 重要性略高
5	要素 i 的重要性明显比要素 j 更高
7	要素 i 的重要性极高
9	要素 i 的重要性是要素 j 无法取代的
2/4/6/8	上说判断的中间重要程度
倒数	要素 i 与 j 比较得出 a_{ij} 要素 j 与 i 比较得出 $1/a_{ij}$

（二）指标权重的确立

1. 建立分层指标体系

在分层指标体系的构建过程中，依然需要以层次分析法的应用原理作为重要依据，具体的分层指标体系如表 6–3 所示。

表 6–3　高校科研人员薪酬激励机制绩效评价指标体系递阶层次结构

目标层	准测层	指标层
高校科研人员薪酬激励机制绩效评价指标体系 C	科学研究 C_1	学术论文 C_{11}
		学术专著 C_{12}
		科研项目 C_{13}

① 苏宁红 . 高校教师绩效评价的 AHP 方法 [J]. 江西教育科研，2007（4）:58-59.

续 表

目标层	准测层	指标层
高校科研人员薪酬激励机制绩效评价指标体系 C	科学研究 C_1	专利 C_{14}
		科研成果奖项 C_{15}
	服务贡献 C_2	校内服务贡献 C_{21}
		校外服务贡献 C_{22}

2. 计算指标权重

在对高校科研人员薪酬激励机制进行绩效评价的过程中，要明确绩效评价对象，并且将样本数量加以确定。以 ×× 大学为例，要将该校科研人员作为研究对象，并且要向 100 位科研人员发放调查问卷，并将其问卷调查结果进行分析整理，此后建立起可供两两对比的判断矩阵，由此确保指标权重能够得到准确计算。以 ×× 大学为例，准则层各指标权重计算结果如表 6-4 所示。

表 6-4　×× 大学准则层各指标权重计算结果

	科学研究	服务贡献	权重 W
科学研究	1	2	0.8626
服务贡献	1/2	1/2	0.1374
Amax=3.0536，Cl=0.0268，CR=0.0462<0.1			

高校科研人员科研指标权重计算结果如表 6-5 所示。

表 6-5　高校科研人员各项科研指标权重计算

科研指标	学术论文	学术专著	科研项目	专利	科研成果奖项	权重 W
学术论文	1	3	2	3	3	0.3732

续　表

科研指标	学术论文	学术专著	科研项目	专利	科研成果奖项	权重 W
学术专著	1/3	1	1/2	2	1	0.1606
科研项目	1/2	2	1	2	2	0.2404
专利	1/3	1/2	1/2	1	1	0.1046
科研成果奖项	1/3	1	1/2	1	1	0.1211
λ max=5.0685，Cl=0.0171，Rl=1.12，CR=0.0153<0.1						

高校科研人员服务贡献层面的下属指标权重计算结果如表 6-6 所示。

表 6-6　高校科研人员服务贡献层面下属指标权重计算

服务贡献	校内服务贡献	校外服务贡献	权重 W
校内服务贡献	1	3	0.7500
校外服务贡献	1/3	1	0.2500
λ max=2.0000，Cl=0.0000，Rl=0.00			

四、高校科研人员薪酬激励机制绩效评价方案

在高校科研人员薪酬激励机制绩效评价体系的构建过程中，建立明确的绩效评价方案是最终环节，其中，应该包括学术论文、学术专著、科研项目、专利、科研成果、校内服务贡献、校外服务贡献 7 个绩效评价方案，具体分别如表 6-7、6-8、6-9、6-10、6-11、6-12、6-13 所示。

表 6-7　高校科研人员学术论文绩效评价方案

<table>
<tr><th>学术论文类别</th><th colspan="2">具体项目</th><th>评分标准</th><th>标准分转化</th></tr>
<tr><td rowspan="8">自然科学类学术期刊</td><td colspan="2">《Science》和《Nature》</td><td>500</td><td rowspan="8">将高校科研人员工作岗位进行排序，得分最高的科研人员指标按 100 分记录，其他科研人员按与最高分的比例记录。</td></tr>
<tr><td colspan="2">《SCI》收录论文</td><td>150 + 10 × SCI 影响因子</td></tr>
<tr><td rowspan="2">《EI》收录</td><td>国内正式期刊发表</td><td>120</td></tr>
<tr><td>国内正式期刊发表</td><td>100 + 10 × CSCD 影响因子</td></tr>
<tr><td rowspan="2">《CSCD》来源期刊</td><td>影响因子大于本学科平均影响因子的期刊</td><td>80 + 10 × CSCD 影响因子</td></tr>
<tr><td>影响因子小于或等于本学科平均影响因子的期刊</td><td>50 + 10 × CSCD 影响因子</td></tr>
<tr><td colspan="2">《ISTP》收录论文</td><td>30</td></tr>
<tr><td colspan="2">其他学术期刊</td><td>10</td></tr>
<tr><td rowspan="7">人文社科类学术期刊</td><td colspan="2">《SSCI》收录</td><td>150 + 10 × SSCI 影响因子</td><td rowspan="7">将高校科研人员工作岗位进行排序，得分最高的科研人员指标按 100 分记录，其他科研人员按与最高分的比例记录。</td></tr>
<tr><td colspan="2">《A&HCI》</td><td>120</td></tr>
<tr><td colspan="2">《人民日报》理论版和《光明日报》理论版收录</td><td>100</td></tr>
<tr><td rowspan="2">《CSSCI》来源期刊</td><td>影响因子大于本学科平均影响因子的期刊</td><td>50 + 10 × CSSCI 影响因子</td></tr>
<tr><td>影响因子小于或等于本学科平均影响因子的期刊</td><td>80 + 10 × CSSCI 影响因子</td></tr>
<tr><td colspan="2">《ISTP》收录或《CSSCI》来源期刊扩展版</td><td>30</td></tr>
<tr><td colspan="2">其他学术期刊</td><td>10</td></tr>
<tr><td colspan="5">注：科研人员学术论文计分准则为“作者排名”，第一、第二作者积分比例为 6 ： 4，三人合作的论文第一、第二、第三作者计分比例为 5 ： 3 ： 2，三位以上作者合作的论文，第四作者不计分。</td></tr>
</table>

表 6-8 高校科研人员学术专著绩效评价方案

<table>
<tr><th>出版机构级别</th><th>评分标准</th><th>标准分转化</th></tr>
<tr><td>国内知名出版社出版的学术专著</td><td>300 × k × s</td><td rowspan="4">将高校科研人员工作岗位进行排序，得分最高的科研人员指标按 100 分记录，其他科研人员按与最高分的比例记录。</td></tr>
<tr><td>专业出版社出版的本专业著作</td><td>200 × k × s</td></tr>
<tr><td>其他出版社出版的学术专著</td><td>60 × k × s</td></tr>
<tr><td colspan="2">注：1. k 为字数系数，字数 ≤ 20 万字，k=0.8；20 万字 < 字数 ≤ 40 万字，k=1.0；40 万字 < 字数 ≤ 60 万字，k=1.2；字数 > 60 万字，k=1.3。
2. s 作为类别系数，学术专著 s=1，编著 s=0.6，译著 s=0.5，工具书 s=0.5。
3. 合作出版的专著可根据书中表明章节字数计算得分，无具体字数表明时按照平均字数计算得分。</td></tr>
</table>

表 6-9 高校科研人员科研项目绩效评价方案

<table>
<tr><th colspan="2">类别</th><th>评分标准</th><th>标准分转化</th></tr>
<tr><td rowspan="6">纵向项目</td><td>国家重大科研项目</td><td>50/ 万元 × 经费数</td><td rowspan="8">将高校科研人员工作岗位进行排序，得分最高的科研人员指标按 100 分记录，其他科研人员按与最高分的比例记录。</td></tr>
<tr><td>国家重点科研项目</td><td>35/ 万元 × 经费数</td></tr>
<tr><td>国家级普通科研项目和省部级重大科研项目</td><td>25/ 万元 × 经费数</td></tr>
<tr><td>省部级普通科研项目</td><td>20/ 万元 × 经费数</td></tr>
<tr><td>其他纵向科研项目</td><td>15/ 万元 × 经费数</td></tr>
<tr><td>校级科研项目</td><td>5/ 万元 × 经费数</td></tr>
<tr><td colspan="2">横向项目</td><td>10/ 万元 × 经费数</td></tr>
<tr><td colspan="3">注：要根据科研工作人员参加科研项目进行工作量划分，二人合作按照 6 ： 4 的比例计分，三人合作按照 5 ： 3 ： 2 的比例计分，四人合作按照 4.5:3:1.5:1 的比例计分，五人合作按照 3.7 ： 2.5 ： 2 ： 1 ： 0.8 的比例计分，六人合作按照 3.3 ： 2.2 ： 1.5 ： 1.3 ： 1 ： 0.7 的比例计分。</td></tr>
</table>

表 6-10　高校科研人员科研专利绩效评价方案

类别	评分标准	标准分转化
发明	50+5/ 万元 × 有效转让经费	将高校科研人员工作岗位进行排序，得分最高的科研人员指标按 100 分记录，其他科研人员按与最高分的比例记录。
实用型	20+5/ 万元 × 有效转让经费	
外观设计	10+5/ 万元 × 有效转让经费	
软件著作权	10+5/ 万元 × 有效转让经费	

表 6-11　高校科研人员科研成果奖项绩效评价方案

	奖励级别	奖励类别	一等奖	二等奖	三等奖	标准分转化
自然科学领域	国家级	国家最高科学技术奖	1 000			将高校科研人员工作岗位进行排序，得分最高的科研人员指标按 100 分记录，其他科研人员按与最高分的比例记录。
		自然科学奖项	600	400	200	
		技术发明奖项	450	200	0	
		科技进步奖项	400	150	0	
	省部级	自然科学奖项	120	80	50	
		技术发明奖项	100	70	30	
		科技进步奖项	80	60	20	
	地市级	科研奖项	30	15	10	
	校级	科研奖项	10	5	3	

续　表

	奖励级别	奖励类别	一等奖	二等奖	三等奖	标准分转化
人文社科领域	国家级	国家社会科学基金项目优秀成果奖项	400	150	80	将高校科研人员工作岗位进行排序，得分最高的科研人员指标按 100 分记录，其他科研人员按与最高分的比例记录。
	部委级	国家高校人文社科优秀成果奖项	200	120	60	
	省级	社会科学优秀成果奖项	80	50	20	
	地市级	社会科学优秀成果奖项	30	15	10	
	校级	社会科学优秀成果奖项	10	5	3	
注：要根据科研工作人员参加的科研项目进行工作量划分，二人合作按照 6 ∶ 4 的比例计分，三人合作按照 5 ∶ 3 ∶ 2 的比例计分，四人合作按照 4.5 ∶ 3 ∶ 1.5 ∶ 1 的比例计分，五人合作按照 3.7 ∶ 2.5 ∶ 2 ∶ 1 ∶ 0.8 的比例计分，六人合作按照 3.3 ∶ 2.2 ∶ 1.5 ∶ 1.3 ∶ 1 ∶ 0.7 的比例计分。						

表 6-12　高校科研人员校内服务贡献绩效评价方案

类别	评分标准	标准分转化
学科建设	高校所在地区对参加学科建设的科研人员服务贡献作出评价，重大贡献计 25 分，较重大贡献计 20 分，一般贡献计 15 分，贡献较少计 10 分。	将高校科研人员工作岗位进行排序，得分最高的科研人员指标按 100 分记录，其他科研人员按与最高分的比例记录。
学术交流	校级学术报告计 10 分，学院级学术报告计 5 分。	
校内委员会任职	就任校级委员会计 10 分，学院委员会计 5 分。	
注：就任校委员会人员不累计得分，只记录最高级别的分。		

表 6-13　高校科研人员校外服务贡献绩效评价方案

<table>
<tr><th>类别</th><th>评分标准</th><th>标准分转化</th></tr>
<tr><td>校外科研机构任职</td><td>国家级科研机构任职计 8 分，省级科研机构任职计 5 分，市级科研机构任职计 3 分，其他级别科研机构任职计 1 分。</td><td rowspan="3">将高校科研人员工作岗位进行排序，得分最高的科研人员指标按 100 分记录，其他科研人员按与最高分的比例记录。</td></tr>
<tr><td>校外调研员</td><td>具有重大研究价值的计 30 分，具有一般研究价值的计 20 分，研究价值较小的计 10 分。</td></tr>
<tr><td colspan="2">注：校外科研机构任职得分不累计，只计最高级别得分。</td></tr>
</table>

第三节　设计合理的薪酬结构

一、薪酬的均衡固定与变动

（一）稳定性与保障的提供

从更深层次上看，固定薪酬在很大程度上体现了对科研人员的尊重和信任。它发送了一个明确的信号，即高校承认科研人员的价值并承诺对其进行长期的投资。在这个基础上，科研人员可以自信地进行研究，并建立起对高校的信任。再进一步，稳定性不仅关于薪酬的具体数字，它也与工作环境、资源提供以及科研项目的连续性有关。当科研人员知道他们可以在一个受支持的环境中长时间工作，并且他们的研究项目可以得到持续的资金和资源支持时，科研人员更有可能进行长期的、有远见的研究。

同时，这种稳定性也有助于高校吸引和留住顶尖的科研人员。在当今竞争激烈的学术环境中，提供一个具有吸引力和稳定的薪酬结构是获得优秀人才的关键。固定薪酬不仅提供了经济上的安全感，还是对科研人员才能和努力的明确认可。但是，这并不意味着固定薪酬可以完全取代变动薪酬，两者之间需要有一个平衡。变动薪酬，如绩效奖金、研究资金等，可以为科研人员提供额外的激励，鼓励科研人员获得更高的成就。但是，这种变动薪酬的设定必须基于一个公正、透明的评价体系，确保科研人员的努力和成果得到适当的回报。

（二）对表现与产出的激励

变动薪酬的标准和评价体系必须是公开、明确且客观的，科研人员知道自己的每一分努力都会被公正地评价和回报，将大大提高工作积极性。同时，这也有助于减少因偏见或偏好而导致的不公平现象。薪酬激励应与科研人员为学术界和社会做出的实际贡献相匹配，这意味着不仅要激励数量上的产出，如论文的数量或项目的数量，还要考虑研究的质量、深度和影响。

科研工作往往是长期的，需要科研人员进行深入的思考和持续的努力。因此，变动薪酬不仅要考虑短期的表现，还要鼓励科研人员为实现长远目标所做出的努力。例如，可以为那些进行了开创性研究的科研人员提供更多的激励，鼓励科研人员探索未知领域，挑战学术边界。随着科研领域的不断变化和发展，高校对表现与产出的激励机制也需要进行适时的调整。这要求高校定期对薪酬结构进行审查，确保它始终与当前的科研环境和需求相匹配。

（三）确保薪酬结构的公正与透明

薪酬是每个工作人员关心的焦点，尤其是在高校科研领域，这不仅关系到经济待遇，更与科研人员的工作激情、职业尊严密切相关。对科研人员表现与产出的激励是一个非常有效的手段，但如何具体实施，确保过程公正与透明，成为实施的关键。固定薪酬确保基本生活质量，使科研人员无需担忧基本生计；变动薪酬则对其表现和产出进行鼓励，激发其工作激情。

二、明确的绩效评价与奖励机制

（一）透明且客观的评价标准

评价标准应具备一定的量化指标，如论文发表数量、被引用次数、研究项目获批金额等。这种量化方式有助于提供一个客观的标准，让科研人员明白要达到怎样的目标才能得到相应的薪酬回报。同时，通过数字来描述，有助于减少因主观因素导致的评价偏见。学术界是一个日新月异、充满变化的领域。为了确保评价标准始终与时俱进，需要定期审查和更新这些标准，确保它们始终能够反映科研人员的真实工作表现。

除了论文和项目之外，还有很多其他方面可以体现科研人员的工作价值。例如，科研人员在团队中的合作态度、科研人员为学生提供的辅导、科研人员在学术会议上的发言等。评价标准应考虑到这些方面，确保每一位科研人员都能得到全面、公正的评价。而且，在明确的评价标准之外，还需要确保每位科研人员的诉求都能够得到及时、明确的反馈。这意味着，每当完成一个评价周期，科研人员都应该知道自己的工作表现是如何被评价的以及自己在哪些方面做得好、哪些方面需要改进。这种反馈不仅可以帮助科研人员更好地规划自己的职业发展，还可以激励科研人员持续提高自己的工作水平。

（二）与薪酬的直接关联

与薪酬直接相关的绩效评价，是科研人员努力工作的主要动力之一。这种直接的关联，确保了科研人员的工作热情、努力与创新能够得到应有的回报，同时也进一步确保了高校能吸引和留住那些真正有才华、愿意为学术研究贡献智慧和力量的科研人员。绩效评价与薪酬之间的明确关联，也是确保薪酬激励机制公正与公平的关键。只有当每位科研人员都确信自己的工作表现会得到公正的评价，并且这种评价会直接影响到自己的薪酬时，他们才会真心实意地为学术研究付出努力。这也可以减少职场中的嫉妒、怨言和不满，建立一个和谐、公正、公平的工作环境。

与薪酬直接相关的绩效评价，不仅是为了奖励当前的工作表现，更是为了鼓励未来的成长与发展。科研人员明白，只有通过不断的学习、研究和创新，才能保持自己的竞争力，获得更高的薪酬回报。这种关联为科研人员提供了一个长期的发展方向，使科研人员始终保持对学术研究的热情和活力。

（三）薪酬激励的多样性与灵活性

高校科研人员追求的不仅仅是经济上的回报，更多的是对自己学术研究的执着和对学术领域的热爱。对科研人员而言，多样性和灵活性的激励机制可能比单一的金钱奖励更具吸引力。这是因为科研工作本身就涉及多种多样的任务和挑战，每个科研人员的需求和期望也都是各不相同的。多样性与灵活性的奖励机制，正好可以满足这些个性化的需求。例如，对于那些主要关注基础研究的科研人员，提供更为充足的研究经费和更为先进的实验设备可能是科研人员最为期望的奖励，而对于那些主要从事应用研究的科研人员，提供与产业界合作的机会，或是帮助其将研究成果转化为实际应用，可能更有吸引力。

多样性与灵活性的奖励机制还可以促使科研人员之间形成更为紧密的合作关系，例如，可以设立一个团队奖励机制，鼓励多个科研人员联合开展跨学科研究，或是共同解决某一学术难题。这样不仅可以帮助高校取得更为出色的学术成果，还可以增强科研人员之间的团队协作精神。同时，灵活性的奖励机制也意味着，高校可以根据科研人员的具体表现和需求灵活调整奖励的方式和额度。这样可以确保奖励机制始终与科研人员的实际工作相匹配，避免出现“高工资、低效益”的情况。

三、关注非物质性激励

（一）职业发展与学术成长机会

为科研人员提供丰富的职业发展与学术成长机会，实际上是对科研人员长期努力和贡献的一种回馈。这种非物质性的激励往往比简单的金钱奖励更具有吸引力，也更能激发科研人员的创新精神和工作热情。参与重要学术项目不仅可以帮助科研人员拓展自己的研究领域，还可以增强科研人员的研究能力和影响力。对于那些希望在某一特定领域深入研究的科研人员而言，这无疑是一次难得的学术锻炼和展现自己的机会。与此同时，科研人员也可以借此机会与其他领域的研究者进行深入的交流与合作，从而开阔自己的学术视野，获得更多的学术灵感。

担任学术组织职务则可以帮助科研人员在学术界建立更为广泛的人脉关系，这不仅可以为科研人员提供更多的学术资源和合作机会，还可以增强科研人员在学术界的影响力和地位。同时，这也是对科研人员学术成果和贡献的一种认可，可以进一步激励科研人员在未来的学术研究中做得更好。与国内外知名学者合作则是科研人员学术成长的一种快速途径。通过与顶尖的学者进行深入的交流和合作，科研人员可以迅速掌握最新的学术动态和研究方法，从而提高自己的学术水平。同时，这也是一种难得的学术锻炼机会，可以帮助科研人员在短时间内实现在学术领域的快速成长。

（二）学术支持与资金保障

对于高校的科研人员，薪酬激励固然重要，但非物质性的学术支持与资源保障往往更能激发科研人员的工作热情与学术潜力。学术研究的本质在于探索未知、寻求真理，这需要有一个良好的学术环境与足够的资源来支撑。实验室设备的更新对于进行前沿科研是至关重要的，过时的设备可能会限制研究的深度与广度，甚至影响到研究的结果。因此，定期更新实验室设备，引入最新的技术与工具，是确保学术研究质量的关键。同时，这也是对科研人员工作的一种尊重，让科研人员感受到高校对其学术研究的支持与重视。

研究资金的支持则直接关系到研究的实施与推进，足够的资金不仅可以保证研究的正常进行，还能为科研人员提供更多的研究机会，如参加国际学术会议、开展国际合作等。这不仅能拓宽科研人员的学术视野，还能提高科研人员在学术界的影响力与知名度。研究团队的建设涉及人才的引进与培养，一个合作默契、技术过硬的团队，可以大大提高研究的效率，同时也能为科研人员提供一个良好的学术交流与合作平台。通过团队合作，科研人员可以相互学习、互补优势，共同推进学术研究的发展。

（三）创造有利于研究的工作环境

高效的学术研究不仅需要才华和勤奋努力，更需要一个能够鼓励思考、创新、合作与交流的环境。一个良好的工作环境可以提供科研人员所需的一切，让科研人员可以专注于研究，达到事半功倍的效果。设施完善的实验室和舒适的办公环境是基本要求，确保科研人员在日常的研究活动中能够获得必要的支持。例如，较快的网络速度可以使科研人员快速下载研究资料；专业的实验器材可以支持科研人员进行高精度的实验；舒适的办公椅和可调节灯光可以提高科研人员的工作效率。

与此同时，与同事的关系也是工作环境中不可忽略的一部分。在一个团结、互助、和谐的团队中，每个人都可以得到支持和鼓励，这对于激发科研人员的工作积极性和创新思维是非常有益的。而一个封闭、狭隘、充满竞争的环境，则可能会导致科研人员的士气低落，甚至可能会影响到研究成果的质量。学术交流的机会也是非常重要的，定期的学术报告、研讨会、工作坊等活动，都为科研人员提供了与他人分享自己的研究成果、获取反馈以及了解最新学术动态的机会。这样的交流不仅能够拓宽科研人员的学术视野，还能激发科研人员的学术热情，帮助科研人员找到新的研究方向或解决现有问题的新方法。

四、灵活性与适应性的考虑

（一）吸引与留住不同阶段的科研人才

新入行的科研人员常常充满了激情和好奇心，对于学术研究有着强烈的探索欲望。这一阶段的科研人员可能更加重视学术资源、研究机会和学术指导。对于科研人员来说，一个完善的培训体系、有前景的研究项目和与优秀同行的合作机会可能比纯粹的薪酬更具吸引力。因此，薪酬结构可以考虑为此类科研人员提供更多的学术交流基金、研究启动资金或者学术指导机会，以激发科研人员的工作热情和职业发展动力。

而对于经验丰富的科研人员，其通常已经在学术领域取得了一定的成就，拥有一定的影响力和声誉。这部分科研人员更加看重稳定性、认可度和经济回报。高校可以考虑为科研人员提供更为稳定和丰厚的基础薪酬，同时结合绩效奖金或研究成果的专利收益等方式，为科研人员提供额外的经济激励。此外，为科研人员提供更大的研究自由度、更为宽敞舒适的办公环境以及更多的学术领导机会，也能够进一步提高科研人员的满意度和留任意愿。

处于职业生涯中间阶段的科研人员，通常已经具备了一定的学术积累和研究经验，但仍然有着很强的上升动力和学术追求。这部分人才可能既重视经济回报，也看重职业发展的机会。高校可以考虑为此类科研人员提供更为丰富的职业发展路径，如担任重要的学术项目负责人、提供跨学科合作的机会，或者为科研人员提供进一步的学术进修和培训机会。同时，结合绩效奖金、项目分红或学术成果的额外奖励等方式，为科研人员提供更为具体和可观的经济激励。

（二）适应高校的长期战略目标

薪酬结构与高校的长期战略目标之间的关系是密不可分的。合理的薪酬结构不仅应满足科研人员的经济需求，更应激发科研人员的工作热情，推动科研人员为高校的长期战略目标作出更大的贡献。高校的每个学术研究方向都有其独特性。某些研究领域可能需要大量的资金投入，而另一些则需要更多的时间和精力。根据这些不同的需求，高校可以调整薪酬结构，为在高投入或高风险领域工作的科研人员提供更高的经济激励，从而吸引和留住这部分人才。

如果高校的战略目标是培养某一类特定的人才，如跨学科研究人员或具有国际化视野的科研人员，那么薪酬结构应当考虑这些特定需求。例如，为跨学科研究人员提供更多的学术交流和合作机会，或为具有国际化视野的科研人员提供更多的国际交流基金。如果高校的长期战略目标是与其他机构建立更深入的合作关系，那么薪酬结构可以考虑为参与合作项目的科研人员提供额外的奖励或激励。这不仅能够鼓励科研人员更加积极地参与合作项目，还能够进一步深化与合作机构之间的关系。高校的长期战略目标往往需要科研人员不断地进行创新和探索，为了鼓励这种创新精神，高校可以考虑为发表高水平学术论文、获得重要学术奖项或成功申请专利的科研人员提供额外的经济激励。

第四节　创新激励方式和手段

一、鼓励跨学科合作

（一）搭建跨学科交流平台

在传统的学术研究中，各个学科都有自己明确的研究范围和方法论。但随着科学技术的发展，许多问题已经不再局限于单一学科范畴。搭建跨学科交流平台意味着提供一个场所和机会，让各学科的科研人员能够放下成见，开放思维，相互借鉴和融合，共同探索问题的答案。不同学科的研究人员可能掌握了不同的技能和资源，例如，一个生物学家可能需要某种数据分析技术，而这恰好是计算机科学家的专长，反之，计算机科学家可能需要生物学的知识来解决某个生物信息学问题。跨学科交流平台为这种技能和资源共享提供了机会，从而促进了研究的高效进行。

在跨学科交流平台上，科研人员可以自由地探讨和设想各种合作模式，不受传统学科界限的限制，可以是短期的项目合作，也可以是长期的研究伙伴关系，而且平台还可以为科研人员提供合作合同、资金申请等实际操作的指导和帮助。除了实际的研究合作，跨学科交流平台还可以作为培训和教育的场所。通过参与各种活动，科研人员可以培养出跨学科的思维方式，学会从不同的角度看待问题，有效地与来自其他领域的研究人员沟通和合作。这样看来，跨学科交流平台不仅能够提高各学科的研究水平和质量，还能够推动高校的整体发展。当各学科的科研人员都能够消除界限，共同合作，高校的研究氛围将更加活跃，学术影响力也将逐步提高。

（二）提供跨学科研究基金

跨学科研究基金不仅是一种经济支持，更是对创新和协作的一种精神鼓励。在当今的研究环境中，单一学科很难独立地回答所有复杂的问题。跨学科的合作为研究带来了更广阔的视角、更多的资源和更高的效率，而专门为此设立的研究基金则为这种合作提供了坚实的后盾。科研人员往往倾向于在自己熟悉的领域进行研究。跨学科研究基金作为一种明确的资金支持，可以鼓励科研人员走出舒适区，勇敢尝试与其他领域的合作。资金的支持不仅可以鼓励高校内部的科研人员进行跨学科合作，还可以吸引其他高校或研究机构的科研人员参与进来。这样，不仅可以增强研究的深度和广度，还可以促进学术资源的共享和交流。

跨学科研究基金可以用于购买先进的设备、资助研究团队出国考察或是支持一些大型的研究项目。这为科研人员提供了更多的资源和可能性，使科研人员能够更好地进行研究。跨学科的合作不仅能够提高研究的质量，还可以增强高校的学术影响力。当高校能够展现出强大的跨学科研究能力时，它更容易吸引到优秀的科研人员和学生，从而推动高校的整体发展。跨学科合作需要科研人员具备广泛的学术视野、跨界沟通的能力以及领导合作项目的技巧。跨学科研究基金的存在可以为科研人员提供这样的机会，培养科研人员成为未来的学术领袖。

（三）加强跨学科培训和教育

在一个日益复杂、多元化的学术环境中，科研人员不再满足于探索自己的专业领域，而是开始尝试与其他领域的研究者合作，以求得到更加全面和深入的研究成果。跨学科课程体系应当包含基础的学术概念、方法和工具，从而确保所有参与者都有一个共同的学术基础。具体操作方法有以下五个方面：

一是制定跨学科的课程体系。这样的课程体系应当包含基础的学术概念、方法和工具，从而确保所有参与者都有一个共同的学术基础。这不仅有助于提高合作的效率，还可以减少因为学术背景不同而产生的误解。二是组织定期的跨学科研讨会。这样的活动可以为科研人员提供一个分享经验、交流想法的平台。通过与其他领域的科研人员面对面的交流，科研人员可以了解到最新的学术动态和趋势，从而为自己的研究找到新的方向。三是建立跨学科的导师制度。对于那些希望进行跨学科研究的科研人员，高校可以为科研人员分配来自其他领域的导师。这样，科研人员可以从导师那里获得宝贵的建议和指导，从而确保研究的方向的正确性。四是提供跨学科的实践机会。理论知识是基础，但真正的学术成果往往来自实践。高校可以为科研人员提供一些跨学科的实践机会，如参与大型的研究项目或是与其他高校的研究团队进行合作。这样，科研人员可以在实践中积累经验，培养出跨学科合作的能力。五是鼓励科研人员参与跨学科的学术活动。这包括参加国内外的学术会议、研究生交换项目等。通过这些活动，科研人员可以与来自世界各地的研究者建立联系，并与其开展更广泛的学术合作。

（四）明确跨学科研究成果的评价与认可

跨学科研究日益受到关注和重视，因为它往往能够为某一问题提供全新的视角和解决方案。然而，跨学科研究的评价成果与认可却面临着一系列的挑战。由于其跨界的特性，这类研究可能不完全符合任何一个学科的标准评价体系。因此，为了公正地评价和认可跨学科研究，高校需要采取一系列具体措施。其中，需要注意以下几个方面：

一是跨学科研究的特点是综合性、创新性和前沿性。评价这类研究的标准应当强调其独特的贡献，而不仅是传统的学术产出如论文数量和影响因素。评价体系可以考虑研究的实际影响、创新程度、所涉及的学科数量等多个维度。二是评价跨学科研究的过程中，应当邀请来自多个学科背景的专家参与。科研人员可以为评价提供多元的视角，确保评价过程的公正性和全面性。三是对那些在跨学科研究中取得突出成果的科研人员，高校可以设立专门的奖励制度。这些奖励不仅可以是金钱奖励，还可以是学术交流的机会、研究基金的支持等。四是高校可以与学术期刊和会议组织者合作，鼓励科研人员设立跨学科研究的专题或分会场。这可以为跨学科研究提供一个展示和交流的平台，同时有助于提高这类研究的知名度和影响力。五是通过与其他高校、研究机构、企业等进行合作，可以共同制定跨学科研究的评价和认可标准。这样不仅可以确保评价的一致性，还可以为跨学科研究提供更多的支持。六是科学研究的发展日新月异，评价体系也需要随之进行调整。高校应当定期收集反馈，审查现有的评价体系，并根据需要进行调整。

二、知识共享与开放访问

（一）加强知识共享平台的建设

知识共享对于学术进步与创新至关重要。有效的知识共享机制可以促进研究成果的传播、应用和再创新，进一步激发科研人员的工作热情与创新活力。知识共享平台的核心价值在于为学术研究提供一个集中、开放且互动性强的环境。因此，加强知识共享平台的建设不仅意味着技术上的升级与扩展，还包括内容管理、用户互动和知识传播等多方面考虑。其中，先要意识到集中资源，打造统一的入口，如高校中存在大量的学术资源，包括研究论文、数据集、实验报告等，集中这些资源，打造一个统一的知识共享入口，不仅方便用户查找与使用，同时也提高了资源的利用效率。

除了基本的上传与下载功能外，知识共享平台还应提供论坛、评论、标签、推荐等互动功能。这样可以促进用户之间的交流与合作，增加平台的活跃度与黏性。虽然知识共享的初衷是开放与共享，但在某些情况下，科研人员可能需要对某些数据或研究成果设置访问权限。因此，平台需要出台相应的数据安全与隐私保护措施，确保平台用户的利益不受侵害。而开放访问是知识共享的一种理念，旨在使学术研究的成果对公众免费开放。高校应该通过各种渠道，如讲座、研讨会等，鼓励科研人员分享自己的研究成果。对于那些不熟悉知识共享平台的科研人员，高校应提供相关的培训和支持，如操作指南、在线帮助、技术支持等，确保科研人员能够顺利地使用平台。

（二）设立开放访问奖励机制

开放访问在学术界已经成了一种不可忽视的新动态。但是，传统的发表模式和对知识的守护态度以及对于学术影响力的认知，往往让许多科研人员在开放访问上持保守态度。而实际上，开放访问不仅能够使研究成果得到更广泛的传播，还能够增加其被引用的次数，从而提高学者的学术影响力。高校可以通过以下方式来设立开放访问奖励机制：

一是经费支持。高校提供特定的研究经费奖励，支持那些在开放访问期刊上发表的研究项目。这种经费可以用于购买研究设备、资助研究团队成员、参加学术会议等。二是优先权。高校为在开放访问期刊上发表的科研人员提供优先的学术活动机会，如受邀为特定的学术活动发言、参与重要的学术项目等。三是学术荣誉与认可。可以为在开放访问期刊上发表的文章设立奖项，如“最佳开放访问论文奖”，并为获奖者颁发证书和奖金。四是技术与资源支持。提供技术指导和资源，如培训、专家咨询、数据存储和管理等，帮助科研人员更好地利用开放访问平台。五是宣传与推广。对在开放访问期刊上发表的优秀研究成果进行宣传和推广，提高其社会和学术影响力。

（三）培训与教育

在当前的学术环境中，开放访问已经开始改变传统的学术传播方式。尽管这种模式为广大读者提供了无障碍的学术信息获取途径，但许多科研人员对如何在此模式下操作并分享其研究成果仍然存在疑惑。这种情况体现了培训和教育在促进开放访问模式下的科研成果分享中的重要性。

高校为了推动开放访问的进一步发展，需要积极组织各种培训活动。其中，可以设立专题讲座，由经验丰富的编辑或研究者分享开放访问出版的流程、好处及其对学术生涯的正面影响。此外，开设实践性的工作坊可以教授科研人员如何选择合适的开放访问平台，如何保护自己的知识产权以及如何利用开放资源提高研究的影响力。研讨会可以提供一个让科研人员互相交流经验、解决疑虑的场所，让科研人员在实际操作中更加得心应手。通过这些培训与教育活动，使科研人员对开放访问有更加深入的了解，从而更加主动地分享其研究成果。长期来看，这不仅能加速知识的传播和创新，还能提高高校的学术影响力。为了确保这些培训活动的有效性，高校还应定期收集反馈，不断优化内容和形式，以满足科研人员不断变化的需求。

（四）积极与社会公众互动

当今社会，公众对科学和技术的兴趣日益浓厚。与此同时，社会对高校的期待也在增加。因此，与社会公众的互动成为高校科研人员日常工作中不可或缺的一部分。为了建立与社会公众的紧密联系，高校应当定期组织各种科普活动。例如，可以定期开放实验室，让公众参观，了解最新的研究进展和成果。同时，也可以与各大媒体合作，通过电视、广播、互联网等多种渠道，对外发布最新的研究成果和科技动态。此外，还可以通过社交媒体，如微博、微信、抖音等，与公众进行即时互动，解答公众的疑问，满足公众的好奇心。

通过这些措施，高校科研人员的研究成果将得到更广泛的传播和认可，从而提高其社会影响力。与此同时，这种与公众的紧密联系，也将帮助高校更好地了解社会的需求，为未来的研究提供方向。长远来看，这将有助于高校与社会建立更加紧密的合作关系，为科研工作提供更多的支持和资源。

三、非传统学术成果的认可

（一）推动实践与理论的结合

理论研究构建了一个宏观框架，为研究者提供了方向和指导，而实践则是在真实世界中应用和执行这些理论。两者之间的关系往往是互补的，而不是相互排斥的。在学术界，重视理论研究的传统确保了学科的深度，但若过分偏重，可能会导致研究脱节于实际，难以为社会带来真正的价值。相反，若过于追求实践而忽视理论，则可能使研究失去方向，变得盲目和零散。高校作为培养科研人员的摇篮，有责任和义务确保其研究工作既有深度又有广度。这意味着，除了鼓励理论研究，还需要为科研人员提供足够的机会，使其能够将研究成果应用于实际，从而产生直接的社会效益。实现这一目标的关键是调整和完善现有的评价体系。

传统的评价体系可能无法充分体现实践活动的价值，导致科研人员对此缺乏积极性。为了纠正这一现象，可以考虑在评价标准中增加与实践相关的指标，如项目的实际影响、技术转移的成功率等，还可以为实践活动提供更多的奖励，如研究经费、学术奖励或者职业发展机会。通过这些改革，鼓励更多的科研人员参与到实践活动中，将其研究成果转化为实际的社会价值。这样不仅可以提高研究的社会影响力，还可以加强高校与社会的联系，从而为科研工作带来更多的资源和支持。此外，这种模式也有助于培养一批既懂理论又善于实践的复合型人才，为社会的发展做出更大的贡献。

（二）强化学术交流与合作的价值

学术交流并非仅限于论文发表，组织和参与学术会议、研讨会或工作坊等活动，对于科研人员来说同样具有重要意义。这些活动不仅提供了一个面对面交流的平台，还为各领域的专家、学者和研究生提供了一个深入讨论、共同解决问题和建立合作关系的机会。而且，通过这样的活动，科研人员可以及时了解最新的研究进展和趋势，进而在自己的研究中产生新的启示。为了充分发挥学术交流活动的价值，高校应提供充分的支持。这可以是资金上的支持，如为组织或参加学术会议提供旅费和住宿补贴，或者设立专项基金鼓励和支持学术交流活动。除此之外，也可以提供组织资源，如提供会议场地、提供组织和筹备会议的专业团队等。同时，高校也应加强对学术交流活动的宣传和推广，确保这些活动能够吸引到更多的科研人员参与。

除了直接的支持，高校还应该设立相关的奖励和认可机制。这些奖励可以是经济奖励，也可以是职业发展的机会，如提供更多的研究资源、提供更好的职业发展路径等。高校还可以通过设立学术交流奖、最佳学术合作奖等奖项，来鼓励科研人员更加积极地参与到学术交流和合作中。通过这些策略的实施，形成一个积极的学术氛围，鼓励科研人员积极参与学术交流和合作。这不仅可以提高科研的质量和效率，还可以培养出一批既有学术深度又具有广阔视野的科研人才，从而为社会发展做出更大的贡献。

（三）开放多元的评价渠道

在传统的学术评价体系中，同行评审往往被视为最权威和最公正的评价方式。然而，这种评价方式可能会受到各种因素影响，从而无法全面地反映科研人员的真实贡献。通过开放、多元的评价渠道，高校可以从多个维度对科研人员的工作进行评价，使评价结果更具参考价值和说服力。要开拓多元评价渠道，首先需要对现有的评价体系进行改革和完善。可以设立专门的机构或部门，负责搜集、整理和分析来自各个渠道的评价信息。同时，高校也应提供足够的技术和资源支持，确保评价过程的顺利进行。此外，还需要对科研人员进行培训，帮助科研人员了解新的评价体系，提高科研人员的评价意识和能力。

在实施多元评价渠道时，高校应注意保护评价对象的隐私和权益，确保评价过程的公正和透明。可以采取匿名评价、第三方评价等方式，避免评价结果受到不必要的干扰。同时，也应建立反馈机制，及时向科研人员反馈评价结果，帮助科研人员找到工作中的不足，促进科研人员研究工作的持续改进。伴随科技和社会的发展，学术评价的方式和标准也会不断地演变和创新。高校应把握时代的脉搏，持续优化和完善评价体系，确保其始终与时代发展的要求相一致。同时，也应注重培养科研人员的自我评价能力，帮助科研人员更好地适应未来学术评价的发展趋势。

四、定制化的职业发展路径

（一）个性化的需求分析

每位科研人员都是独特的，科研人员的研究背景、学术追求以及对工作和生活的期待都有所不同。这种多样性意味着没有一种“一刀切”的激励方式适用于所有人。因此，高校需要深入了解科研人员的多样性，从而为科研人员提供更为精准和有效的支持。完成个性化的需求分析后，高校可以根据科研人员的实际需求制定针对性的薪酬激励策略。例如，对于那些更关注职业发展和长期目标的科研人员，可以为其提供更多的培训和进修机会；对于那些更关注研究自由度和创新空间的科研人员，可以为其提供更为宽松和自由的研究环境。

科研人员的需求和期望可能会随着时间、研究环境和个人生活的变化而发生变化。为此，高校应确保需求分析的持续性和不断更新，定期收集和分析科研人员的反馈信息，从而及时调整薪酬激励策略，确保其始终符合科研人员的实际需求。为了确保需求分析的有效性和准确性，高校需要构建一个互信和开放的沟通环境。这可以鼓励科研人员更加真实、开放地表达自己的需求和期望，同时也可以帮助高校更好地了解和满足科研人员的实际需求。

（二）多元化的发展机会

每位科研人员都有自己的优势，科研人员在职业生涯中可能会遭遇各种机遇和挑战。高校应关注科研人员的成长与潜力，为科研人员提供多元化的发展机会，让科研人员在多个领域都有所收获。这不仅有助于科研人员的职业发展，也有助于高校培养出更为全面和多才多艺的科研团队。外部合作与交流是科研人员拓宽视野、学习新知识和技能的重要途径。高校应与其他学术机构、企业以及国际伙伴积极建立合作关系，为科研人员提供更多的学术交流和研究合作的机会。这不仅可以提高科研人员的学术影响力，还可以为科研人员带来新的研究灵感和资源。

不同的科研人员可能需要不同的培训内容和方式，高校应根据科研人员的具体需求，提供定制化的培训方案，如一些专业技能培训、研究方法论坛或者其他与科研人员研究相关的活动。这样的培训不仅可以帮助科研人员提高研究能力，还可以为科研人员的职业发展打下坚实的基础。除了学术的研究，实际应用与产学研结合也是科研人员职业发展的重要方向。高校应为科研人员提供更多与产业界、政府机关和其他社会组织合作的机会，让科研人员的研究成果能够真正转化为实际的社会价值。这不仅可以提高科研人员的社会影响力，还可以为科研人员带来更多的职业满足感和成就感。

（三）激励与支持的结合

激励不仅是财务上的奖励，更多的是对科研人员真实诉求的倾听和满足。高校需要深入了解每位科研人员的个性化需求，如研究设备、学术交流的机会、专业发展等，然后提供相应的支持。这种与诉求匹配的激励方式更能触动科研人员的内心，使科研人员感受到自己的价值被高度认可和尊重。短期的激励虽然可以带来快速的反应，但长远的职业规划和支持更能激发科研人员的工作热情。高校应为科研人员提供明确的职业路径，展示科研人员的未来可能，从而使科研人员对未来充满信心和期待。当科研人员看到自己在高校中有广阔的发展前景时，其更愿意投入研究工作中。

除了具体的物质激励和职业规划，高校还应努力打造一个积极、开放和合作的工作氛围。这样的氛围可以促进科研人员之间的交流和合作，也可以鼓励科研人员分享自己的研究成果和经验，从而为整个学术团队带来更多的活力。激励与支持的策略应是动态的，高校需要定期收集反馈，了解这些策略的实际效果，并据此进行改进。当科研人员看到高校对科研人员的意见和建议予以重视，真正为科研人员提供有用的支持，会更有动力在研究中取得更好的成果，也为高校带来更高的声誉和影响力。

（四）持续的反馈与调整

持续的反馈与调整意味着高校对于职业发展路径的制定具有高度的动态性，而这种动态性需要基于透明性来进行。每一次的调整都应当清晰地传达给科研人员，让科研人员明白为何会有这样的变化以及这些变化背后的逻辑和考量。透明性的保障不仅可以增强科研人员的信任感，还能确保科研人员根据新的路径做出相应的调整。仅仅通过问卷或简单的访谈来收集反馈显然是不够的，高校可以尝试多种方法来了解科研人员的真实想法和需求，如匿名的意见箱、线上的论坛或是定期的座谈会等。这种多角度的反馈收集可以确保高校得到更为全面和深入的信息，从而做出更为精准的调整。

调整不应只是简单地增加或减少某些机会和资源，而应考虑到每一位科研人员的特点和需求，进行更为个性化的调整。这可能涉及为某些特定领域的研究者提供额外的资源，或是为某些科研人员提供更为灵活的工作时间等。每一次的调整都应细致入微，确保它能够为科研人员提供实实在在的帮助。收集反馈并不是一次性的活动，而是一个持续的过程。高校应确保在每一阶段都能收集到科研人员的反馈，并及时做出响应。这样不仅可以确保职业发展路径始终与时俱进，还能让科研人员感受到高校对科研人员的关心和重视，从而进一步提高科研人员的工作积极性和满意度。

第五节 建立公正透明的奖励和晋升机制

一、明确的评价标准

（一）研究的深度与广度

当谈及研究的深度时，学术界主要是指对某一特定领域的深入研究和对某一问题的细致探索。这通常涉及创新性的问题解决方法和深入的理论探讨。相反，广度主要涉及对多个领域的知识掌握程度和跨学科的研究能力。高校在评价科研人员时，应确保对深度和广度都给予适当的关注，确保科研人员既有深厚的专业知识，也具备跨领域的研究能力。为了更好地评估科研人员的研究深度与广度，可以采用多维度的评估方法。这包括对研究论文的质量和影响进行评估、对科研项目的难度和创新性进行考察以及对学术活动和合作项目的多样性进行评价等。这种多维度的评估方法可以确保评价体系的全面性和公正性。

随着学术研究的不断发展和变化，科研人员可能需要不断调整自己的研究方向和方法。在这种情况下，评价标准也应具有一定的灵活性，确保它能够适应这些变化，而不是束缚科研人员的创新和探索。例如，对于新兴领域的研究，可能需要给予科研人员更多的支持和鼓励，而不是简单地按照传统的评价标准进行评估。为了确保评价标准的适用性和公正性，高校应定期与科研人员进行互动和沟通。这可以是定期的座谈会、意见征集活动或者在线调查等形式。通过这些活动，高校可以及时了解科研人员的意见和建议，从而不断完善和调整评价标准，确保它能够真实地反映科研人员的工作贡献和价值。

（二）对创新思维的重视

在这个日新月异的时代，独创性和前瞻性思考成为科研人员的必备素质。创新不仅是新的发明或者突破性的研究，更多的是一种思考方式，一种对待问题的态度。这种态度鼓励科研人员从不同的角度看待问题，勇于尝试不同的方法，并敢于质疑已有的认知。对于高校来说，应该在评价体系中明确地对创新思维给予足够的重视。不应该只看研究的数量，更应该看其质量和独创性。一个具有创新思维的科研人员，可能在短时间内没有大量的研究产出，但科研人员的工作往往更具有深远的意义。

鼓励创新也意味着高校需要为科研人员提供一个宽松的环境，这样的环境允许科研人员失败，因为只有在允许失败的环境中，创新才有可能发生。这也意味着高校应该提供足够的资源和支持，帮助科研人员开展科研人员的研究，特别是那些高风险但可能带来高回报的研究。除了物质资源的支持，高校还应该为科研人员提供丰富的学习和交流机会。这样，科研人员可以了解最新的研究动态，与其他优秀的科研人员交流，从而激发自己的创新思维。

（三）学术参与度与社区贡献

在当今的学术环境中，学术成果不再仅仅限于研究论文或项目成果，而是一个更广泛的概念。这涵盖了科研人员如何参与学术社群，如何与其他学者合作以及如何向更广大的公众传递知识。这样的变化反映了一个事实，那就是在一个日益互联和协作的世界中，单打独斗已不再是唯一的选择。在学术社群中的参与度可以反映出科研人员对于学术交流和合作的态度，积极参与学术会议、研讨会或工作坊，不仅能够扩展自己的学术视野，还能与其他学者建立联系，为未来的合作打下基础。在学术期刊上担任审稿人，则显示了其对于学术标准的坚守以及对于新知识的评价能力。

对于年轻的学者和学生来说，科研人员的指导和支持尤为重要。通过指导学生的研究、提供实习机会，或是在学术活动中为科研人员提供平台，都是对学术后备力量的培育。这不仅能够确保学术研究的持续发展，还能为自己的研究带来新的视角和思路。所以高校在制定评价标准时，应充分考虑到科研人员在学术社群中的参与度和贡献，以确保评价体系的公正性和全面性。

（四）适应性与学习能力

科学与技术的日新月异使得科研人员必须不断更新自己的知识结构和技能库。因此，一个能够迅速适应新变化、持续学习和积极求知的科研人员往往更能够在学术领域取得显著成果。适应性不仅是掌握新的研究方法或技术，更重要的是能够对待新的知识和信息持有开放的态度，愿意从中学习和借鉴。这种开放的思维方式使得科研人员更容易从不同的角度看待问题，从而产生新的解决方案或研究思路。

持续的学习能力则是科研人员的基本素养，这不仅包括参加学术会议、阅读最新的学术论文，还包括对其他学科的了解和研究。跨学科的学习和合作往往能够产生意想不到的创新成果。而对新技术、新方法的掌握，则能够使研究更为高效，从而产生更为深入的研究成果。科研人员应该具备与时俱进的思维，对待任何新的学术发展动态都持有积极和开放的态度。

二、多维度的评估机制

（一）量化与非量化的平衡

提及研究评价，很容易陷入数量化指标的桎梏。而一个优质的评价体系不应该仅仅关注这些可量化的指标。当然，这些数量性质的输出，如论文数量、引用次数、项目数等，能为评价提供客观、直观的数据，但它们并不能完全代表科研人员的所有价值。研究的质量是不容忽视的关键，一篇论文可能引用次数不多，但它提出的新观点或方法可能对某一领域产生深远的影响。因此，对研究的深入评价、其在学术界的接受程度和其潜在价值是必要的。

科研人员的独特贡献同样重要。例如，一个科研人员可能在团队中起到了关键的桥梁作用，促进了团队间的合作和沟通，从而使项目得以顺利进行。或者，一个科研人员的指导和培养能力对学生的发展产生了积极的推动作用。这些都是非量化但极为关键的贡献。而创意、思考的深度以及启发性对于研究领域的贡献同样不可或缺，这些往往不易量化，但它们却是推动科学进步的核心动力。例如，一个新的研究思路，虽然刚开始可能并没有得到广泛的关注，但它打破了传统的框架，为未来的研究提供了全新的方向。为此，构建一个公正的评价体系必须综合考虑量化与非量化指标。通过平衡这两方面，评价体系才能更为全面，确保每一个有价值的贡献都得到应有的认可和奖励。

（二）跨学科评价体系的纳入

跨学科研究正在成为科研的新趋势。面对日益复杂的问题，单一学科往往难以给出完整答案，需要各领域的知识相互碰撞，共同推进。因此，跨学科研究在当代学术界的地位日渐上升，其价值不容忽视。对于那些涉猎多个领域、敢于打破学术界限、挑战传统认知的科研人员，其贡献往往是多元的，但这也给评价带来了挑战。传统的评价体系可能难以准确评估这类工作的真实价值，因为它们可能既不完全符合某一学科的评价标准，又跨越了多个领域。

为了公正评价这些跨学科的贡献，应纳入跨学科评价体系，这样可以更准确地了解研究的深度和广度以及它在各个领域的贡献。同时，跨学科的评价应该更加重视实际的应用价值和创新性，因为这些研究往往目的明确，旨在解决具体的实际问题。但同时，也要警惕过于追求跨学科而忽视了学科深度。真正的跨学科研究应该是基于对各自学科的深入理解，然后在此基础上进行跨界合作，以求得到更为全面、深入的研究成果。

（三）研究影响力的考量

在评估科研成果时，单纯依赖数量或者质量往往无法全面揭示其真正价值。更高的引用率、对相关领域的启示以及实际应用的推动，这些都是研究影响力的重要指标。研究的影响力体现在其能够对同领域内的研究者产生深远的影响，甚至可能改变某个领域的研究方向。这种影响可能是理论上的，如提出了一个新的观点或理论；也可能是实践上的，如发明了一个新的技术或方法。这种影响不仅在学术界内部产生，也可能对社会、经济、文化等产生深远的影响。

与此同时，一个有影响力的研究成果可能会带动一系列后续的研究，形成一个研究热点，吸引更多的科研人员参与。这种研究的连锁效应，可能会使原始的研究价值得到数倍甚至数十倍的放大。在衡量研究的影响力的过程中，需要一个综合的评价体系，除了考虑传统的引用次数等指标，还应考虑研究成果在社会、经济、文化等领域的实际应用和产生的效益。例如，一个研究成果可能没有得到较多的引用，但它可能为某个行业带来了实质性的进步，为社会带来了巨大的经济效益。

三、公开透明的晋升流程

（一）避免主观偏见

公开透明的晋升流程起着关键性作用，尤其在高校科研人员这样的专业领域内。晋升机制通常涉及多方面因素，从学术贡献到团队合作，再到领导能力。因此，一个有效、公正的流程至关重要。评价标准和流程的透明化有助于确保每位科研人员都知道如何和为何做出某些决策。

当评审过程完全开放时，任何潜在的偏见或歧视都会被暴露于阳光之下。这样，评审团队就更可能基于事实和证据，而不是个人喜好或者与申请人的关系来做出判断。同时，这样的环境也会鼓励评审团队成员彼此之间进行开放、坦诚的沟通，对于那些可能导致偏见的事情提出怀疑。为了真正实现避免主观偏见的目标，不仅需要流程的透明化，还需要相应的培训。例如，对评审团队进行无意识偏见培训，使其认识到并能够抵御那些可能扭曲决策的深层次心理因素。

（二）增强信任与归属感

晋升机制如何运作，基于什么标准进行评估，这些问题都直接关系到每位科研人员的未来和职业发展。如果这些信息模糊不清，那么科研人员可能会感到迷茫、不安，甚至可能怀疑评审的公正性。因此，明确透明是建立信任的第一步。一个开放的评审环境可以帮助科研人员了解自己的优势和需要改进的地方，这样科研人员可以明确自己的发展方向，更有针对性地进行学术研究。同时，公开的流程还能够避免某些流言和误解，让科研人员不再因为“背后的事情”而担忧。

归属感则是一个更为复杂的情感，它与科研人员对于高校、团队和同事的认同、尊重及共同价值观有关。一个公正的评审机制可以让科研人员感受到，高校不仅是一个提供薪酬的地方，更是一个认可科研人员努力和才华的地方。当科研人员觉得自己在高校里是有价值的，并且这种价值是被认可和尊重的，那么科研人员的归属感就会自然增强。当科研人员看到自己或同事因为真正的贡献和才华得到提拔，而不是因为关系或其他非学术因素，会更有动力去追求卓越。

（三）明确的期望与目标

当谈到个体的职业发展，没有什么比知道自己的目标更重要。每个人都希望自己的努力能够得到应有的回报。但在许多场合，尤其是在大型组织或高校中，晋升流程可能会显得相对模糊，使得科研人员感到迷茫，不知所措。对于任何组织，确保员工或成员明确知道自己的工作目标以及如何达到这些目标都是至关重要的。这不仅有助于提高工作效率，还可以增强员工的工作满意度。

明确的期望和目标也有助于创建一个公正的工作环境。但明确的期望和目标并不仅仅是告诉科研人员他们应该做什么，更重要的是，它还应该为科研人员提供所需的资源和工具来实现这些目标。这可能包括提供培训、工具、时间和其他资源。这样，当面临挑战时，科研人员会感到有备无患，有信心可以克服。

（四）鼓励开放沟通与反馈

沟通和反馈对于任何组织的健康成长都至关重要，尤其在高校这种追求学术卓越的场所。公开透明的晋升流程为科研人员提供了一个平台，其可以自由地表达自己的观点和意见，确保科研人员在整个流程中的声音被听到。开放沟通的好处是双向的，对于科研人员来说，这为科研人员提供了一个表达自己的机会，确保科研人员的工作、努力和成就得到认可。对于管理层来说，开放沟通为科研人员提供了一个了解科研人员真实感受的机会，从而更好地满足科研人员的需求和期望。

鼓励反馈是开放沟通的重要组成部分。这为高校提供了一个持续改进和完善晋升流程的机会。只有真正听取科研人员的反馈意见，高校才能确保晋升流程真正满足科研人员的需求。

第七章　案例分析：国内外高校科研人员薪酬激励机制的差异

第一节　国内高校科研人员薪酬激励机制的案例分析

一、结果导向的薪酬策略

某重点大学为了鼓励科研人员对科研成果的产出，实行了基于研究成果的奖励机制。例如，获得国家级科研项目的科研人员可以获得额外的薪酬奖励；在国际顶级期刊发表文章可以获得高额的奖金。

为了响应国家对科研的鼓励和支持，很多高校都在寻找能够激励教师的方式。其中，以研究成果作为奖励的判断标准成为一种常见的策略。该重点大学的这种方法将科研与薪酬挂钩，确立了明确的结果导向制度。在这种机制下，当科研人员有了特定的科研成果时，会得到相应的奖励。这种模式的出现，一方面是为了让科研人员能够看到自己的努力会有相应的回报，另一方面是为了进一步提升高校的研究水平。有了明确的奖励机制，科研人员会更有动力去参与到科研工作中。这种奖励不仅仅是金钱上的，更多的是对科研人员个人能力的认可。具备了某种程度的科研成果，无疑会提高教师在学术界的影响力，从而为自己带来更多的机会。但是，这种强烈的结果导向制度也可能带来风险。为了迅速获得奖励，一些科研人员可能会选择更为短期、更容易达到的科研目标，而忽略了长期、深度的研究。

这种模式明确了奖励与科研成果的直接关系，为科研人员提供了清晰的目标导向。由于明确的金钱奖励，很多科研人员加大了科研力度。然而，任何激励机制都是双刃剑。该重点大学采用的这种策略，旨在刺激科研人员的研究积极性，但也不应忽视可能出现的问题。短期的成果当然重要，但长期、深入的研究才是学术研究的核心。高校应当在制定激励政策时，考虑如何平衡这两者，以确保科研活动既有深度又有广度。为了更好地实施这种薪酬策略，高校应当定期对其进行评估和调整。不同的时间段，科研的方向和重点可能会有所不同，激励策略也应当随之进行相应的调整。此外，对于那些长期、深入的研究，高校可以提供其他形式的支持和奖励，如资金支持、研究团队的建设等。

二、团队合作奖励

某双一流大学为了鼓励跨学科的合作研究，推出了团队合作奖励制度。当来自不同学科的科研人员形成研究团队并取得显著的研究成果时，整个团队都会获得奖励。

在当今科学研究日益复杂化的背景下，跨学科合作显得尤为重要。双一流大学推出的团队合作奖励制度，意在通过激励方式促进不同学科的科研人员之间的交流与合作。该策略的核心理念是，科研人员将各自的知识融合，将获得更为深入、广泛的研究视角和成果。学术研究的边界日益模糊，多学科、跨学科的研究方式日益受到重视。这种趋势下，跨学科的合作不仅可以使得研究更为全面，还能促进知识的更新与创新。例如，医学与工程学的结合可以推动医疗器械的创新，文学与心理学的交叉则可以为文化研究提供新的视角。此双一流大学的这一策略，无疑是基于这种背景，希望通过奖励的方式，激发科研人员的合作意愿。

这种模式鼓励了学科间的交叉合作，促进了知识的融合和创新。但同时也要确保评估机制的公正性，确保每个团队成员的贡献都得到了公正的评价。这样的策略有助于推动学科交叉和创新研究的发展，但也需要避免“搭便车”现象。如果评估机制不够公正，可能会导致部分成员的努力被埋没，或者某些成员只是为了奖励而加入团队，而不是真正地为了合作研究。为了避免这一现象，高校在实施团队合作奖励策略时，应当建立健全的评估机制，确保每位团队成员的贡献都得到应有的认可。此外，可以设置明确的标准和条件，如团队的研究成果需要达到一定的水平，或者团队内的每位成员都需要有一定的贡献才能获得奖励。

三、特别资金支持

某著名研究型大学为了支持年轻科研人员的科研工作，为其提供了一个为期五年的特别资金支持。只要年轻科研人员提交一个研究计划并获得批准，就可以获得这五年的资金支持，且不受成果数量和质量的限制。

面对日益激烈的学术竞争和短期内必须产出科研成果的压力，如何为年轻科研人员提供一个宽松的研究环境成为诸多高校密切关注的问题。该著名研究型大学提供的五年特别资金支持，旨在给予年轻科研人员更为充裕的时间和资源来进行深入研究，确保其有足够的空间和机会去探索和尝试。新入职的年轻科研人员往往面临诸多挑战：研究方向的确定、实验材料的准备、项目的申报等。而这五年的特别资金，如同为科研人员提供的一份“科研启动金”，让科研人员有机会深入钻研，摆脱日常琐碎的经济压力，专心于科研。这样的支持，无疑大大促进了科研人员的职业发展，帮助科研人员更早地建立起属于自己的研究领域。

这种策略重视长期研究和年轻科研人员的发展，帮助科研人员在早期确立自己的研究方向。这种模式下，年轻科研人员可以摆脱短期内必须产出成果的压力，更加深入地进行研究。研究，尤其是深度研究，往往需要时间来积累和沉淀。简单的量化评估往往难以完全反映研究的深度和广度。此著名研究型大学这种长期的支持模式，正是对这种深度研究的肯定和鼓励。在这样的激励下，年轻科研人员不再受制于短期内的成果产出，而是能够专注于研究本身，从而获取更有价值、更具深度的学术成果。当然，这种策略同时也对大学的资源配置提出了更高的要求。为了支持长期的研究，高校需要有充足的经费和耐心，不仅要提供资金上的支持，也要对年轻科研人员有充足的信任。相信科研人员在长期的研究中，最终能够带来高质量的研究成果，为学术界和社会带来贡献。

第二节　国外高校科研人员薪酬激励机制的案例分析

一、建立多层次的科研成果评价体系

麻省理工学院建立了一个多层次的科研成果评价体系。除了文章发表、项目资金和荣誉等传统指标外，还加入了对教师在推动产业合作、教育创新和社会贡献的评价。

科研评价历来都是一个高度复杂且争议不断的领域。麻省理工学院在这一背景下，选择了一条更加开放和多元的路径，通过建立综合性的评价体系，不仅将目光聚焦在传统的学术成果上，还着重考察了科研人员在产业合作、教育创新和社会贡献等多个维度上的表现。这一模式将评价的边界推向了更远的地方。这样的变化，意味着科研人员不再是孤立的知识生产者，而是成为连接学术界、产业界和社会的重要桥梁。这种转变不仅提高了科研成果的实用价值，还大大加强了科研人员与各方的紧密合作。

这种模式将科研的影响扩展到了更广泛的领域，不局限于学术界。这鼓励了科研人员从多个层面和领域进行研究，从而提高其整体的科研价值和社会贡献。对于科研人员而言，这种评价体系无疑带来了更为广阔的天地。研究者可以根据自身的兴趣和长处，选择更为多元化的研究方向和合作伙伴。这种自由度的提高，既可以调动科研人员的积极性，也为科研人员提供了更为宽广的职业发展路径。当然，更为开放的评价

体系也意味着更大的挑战。如何公正、准确地评价研究者在多个领域中的表现，确保每一位科研人员都得到公平的待遇，都是需要认真思考和应对的问题。此外，这样的体系可能会引发一些不稳定因素，如可能会有科研人员过于追求短期的产业合作成果，而忽视了长期的学术研究。

二、赋予和提供研究自主权与无约束资金

斯坦福大学为优秀的研究人员提供了所谓的“无约束研究资金”。这部分资金允许科研人员根据自己的兴趣进行研究时使用，不受特定项目或方向的约束。

高校研究的本质在于探索未知、突破边界。斯坦福大学通过提供“无约束研究资金”，将这一原则贯彻得淋漓尽致。此举意味着高校愿意相信和依赖科研人员的专业判断与兴趣驱动，赋予其完全的研究自主权。有时，真正的创新源于意料之外的灵感。过度的项目约束和方向限制，可能会使科研人员过于固守于已知的领域，难以跳出框架进行全新的探索。斯坦福大学的这一策略，给予科研人员足够的空间，使其能够深入探索、尝试与实践，进而获得更为突出的研究成果。无约束的资金支持不仅是资金层面的援助，更是对研究者的一种信任与肯定。这种信任可以有效地激发科研人员的工作积极性，使其更为投入地进行科研工作。同时，这也表现了斯坦福大学对于学术自由和探索的重视，进一步塑造了其积极、开放的学术文化氛围。

这种模式对于激发科研人员的创新精神和积极性有很大的帮助，因为它为科研人员提供了足够的自由空间。这种信任和支持有助于催生突破性的研究成果，因为科研人员可以探索自己真正热衷的问题。然而，完全的自主权也可能带来一定的风险，如研究方向的涣散、资源的浪费等。因此，斯坦福大学在实施这一策略时，可能也需要对其进行适当的监督与管理，确保资金使用的合理性和研究的持续性。这不仅要求科研

人员具有高度的自我管理和责任感，也需要高校提供有效的指导和建立完善的反馈机制。

三、设立跨学科研究资金

牛津大学为了鼓励不同学科之间的合作，推出了跨学科研究资金。当两个或多个不同学科的科研人员提出合作研究计划并获得批准时，可以获得这部分额外的资金支持。

当今时代，众多的科研难题不再局限于单一学科的知识体系。例如，生物信息学结合了生物学与计算机科学，环境科学涉及地质、生物和社会学等多学科的知识。牛津大学推出的跨学科研究资金，恰恰体现了其对于多学科合作重要性的认识。学术研究中存在着传统的学科壁垒，这些壁垒可能会限制科研人员的视野和思维方式，影响到科研的进展和成果的创新性。通过提供跨学科研究资金，牛津大学鼓励科研人员走出自己的学科领域，寻找不同领域的合作伙伴，共同解决复杂的科研问题。跨学科的合作可以为研究提供多个角度的视野，使得研究成果更为全面。同时，不同学科的科研人员可以相互学习知识和技能，促进研究的深入。这种合作模式不仅可以提高研究的效率，还可以提高研究的质量和水平。

牛津大学的这一策略为其他高等教育机构提供了一个新的方向和思路。鼓励跨学科合作并为其提供资金支持，可以帮助高校更好地应对当今复杂多变的科研环境，促进高校科研水平的提高。但同时，高校在实施此类策略时也需注意保证研究的质量，确保资金使用的合理性，为研究者提供足够的指导和支持。学术界已经认识到，当前，许多的研究难题需要多学科的知识和技能来解决。这种奖励机制鼓励了科研人员跳出自己的专业范畴，与其他学科的科研人员合作，以期获得更加全面和深入的研究成果。

第三节　国内外高校科研人员薪酬激励机制的差异

一、项目特性方面的差异

（一）国内高校科研人员薪酬激励机制在项目特性方面的表现

在中国，高校科研人员薪酬激励机制的项目特性表现具有明显的特点。这些特点反映了中国高等教育和科研体系在追求科学成就和技术创新方面的特定目标和策略。中国高校科研人员的薪酬激励机制紧密与国家和地方政府的科研项目相连，这些项目往往具有详细的指导方针，明确的成果目标，强调科研产出的数量和质量。例如，科研论文的发表数量和质量成为评价科研人员绩效的重要标准之一。这种以数量和质量为导向的激励机制，鼓励科研人员提高论文发表的数量和质量，以符合评价标准并获得更高的薪酬和职业发展机会。

除了论文发表，专利的申请和批准数量也是重要的评价指标。在科技日益成为国家竞争力核心的今天，专利不仅代表了科技创新能力，还是转化科研成果、推动产业发展的关键因素。因此，专利指标在薪酬激励机制中占据了重要位置。随着中国经济的快速发展和科技创新需求的提升，高校科研激励机制越来越注重科研项目的实际应用和产业化潜力。这一转变特别明显在应用科学和工程技术领域，这些领域的科研不仅要追求理论上的创新，更要注重科研成果的应用和市场转化。这种转变反映了高校科研激励机制从单纯的学术导向向实用性和产业化导向的转变。

（二）国外高校科研人员薪酬激励机制在项目特性方面的表现

在国外许多高校，尤其是欧美国家，科研人员的薪酬激励机制展现出独特的项目特性。这些高校的激励机制不仅关注科研成果的数量，更重视质量和创新性，体现了对科学探索深度和广度的重视。在欧美国家的高校中，科研人员的薪酬激励机制强调研究项目的原创性和创新性。这意味着，科研人员不仅被鼓励产出高质量的研究成果，如发表在顶级学术期刊上的论文，还被激励去探索新的科学领域，提出创新的研究方法和理论。这种激励机制促进了科学知识的边界扩展和深度挖掘。

学术贡献的质量在欧美国家的高校薪酬激励体系中占据重要位置，不仅是论文的数量，更重要的是论文的影响力，如论文被引用次数和发表的学术期刊的质量。这种以质量为核心的激励机制鼓励科研人员追求深入而有意义的研究，而非简单地追求数量。在欧美等国家，科研项目对学术界的长远影响也是薪酬激励机制的一个重要考虑因素。高校鼓励科研人员进行具有长期价值和深远影响的研究，如探索新的科学理论、开发先进技术或提出解决重大社会问题的方案。这种以影响力为导向的激励机制促进了学术研究与社会需求的紧密结合。国外高校的科研激励机制还注重项目对社会的影响和科学研究的道德标准，这表明在科研成果评价和激励中，不仅考虑科学的进步，还关注研究活动对社会、环境和伦理的影响。这种全面的评价体系促进了科研人员在进行创新性研究的同时，积极考虑其社会责任和伦理约束。

（三）国内外高校科研人员薪酬激励机制在项目特性方面的差异表现

国内外高校科研人员薪酬激励机制在项目特性方面的差异显著，反映了各自教育体系和科研环境的特点以及科研策略和发展目标的不同之处。中国高校的科研激励机制通常更加重视量化指标和实际应用，这种机制倾向于以可量化的成果，如论文数量、专利申请和科研项目的完成情况作为评价标准。此外，这种激励机制也强调科研成果的实际应用和产业化潜力，尤其是在应用科学和工程技术领域。这种偏向量化指标的激励机制符合中国快速发展的经济和技术转移需求，旨在通过直接的成果指标激励科研人员提升工作效率和产出质量。相较之下，国外高校，特别是在欧美国家，科研人员的薪酬激励机制更侧重于研究的原创性和对学术领域的贡献。在这些高校中，评价和激励科研人员的机制更注重研究工作的创新性、深度和学术影响力。例如，论文的发表不仅看重数量，更重视发表在高影响力学术期刊上的质量和论文被引用的次数。此外，这些高校的激励机制也会考虑科研项目对社会的影响和科研伦理标准，鼓励科研人员在追求科学进步的同时，注重研究的社会责任和伦理问题。

这些差异反映了国内外高校在科研激励机制上的不同取向，中国的机制通过强调量化指标和实际应用，可能更有利于迅速提升科研产出和技术转移的速度，满足国家快速发展的需求。而国外的激励机制则通过强调研究的原创性和学术贡献，更有利于推动科学边界的扩展和深入探究，促进学术知识的积累和创新。这些差异在一定程度上也体现了中国与国外在科研策略和发展目标上的不同，中国的激励机制反映了对快速发展和应用导向的重视，而国外高校则更加重视基础研究和创新驱动的发展模式。这些不同的激励机制各有其优势和局限，适应了各自不同的科研环境和发展阶段。

二、资源的配置和利用方面的差异

（一）国内高校科研人员薪酬激励机制在对资源的配置和利用方面的表现

在中国，高校科研人员的薪酬激励机制在资源配置和利用方面呈现出特定的特点，这些特点与国家的科研政策和经济发展战略紧密相连。资源配置方面，中国高校科研人员的主要资金来源是政府的直接拨款，这包括国家自然科学基金、各类重点研发计划等。这种资金分配方式在很大程度上决定了科研资源的分配模式，倾向于支持那些大型、有明确成果预期的科研项目。因此，这种资源配置方式往往促使科研人员关注于符合国家科研方向和政策导向的项目。

在资源利用方面，中国高校科研人员在项目申请和管理上需要投入大量精力。由于科研资金的申请和分配通常伴随着详细的审核和评估过程，科研人员需要准备全面的项目计划书，明确项目的预期成果，并在项目执行过程中遵循严格的财务和行政规定。这种制度环境可能在一定程度上提高了科研资金的使用效率，但同时也可能增加了科研人员的工作负担。中国高校科研人员的资源利用也受到成果导向的强烈影响，在薪酬激励机制中，科研成果的量化指标，如论文发表数量和质量、专利申请数量等，成为评价科研人员绩效的重要依据。这种以成果为导向的激励机制可能导致科研人员在资源利用上更多地关注短期成果，而不是长期的科学探索和深入研究。

（二）国外高校科研人员薪酬激励机制在对资源的配置和利用方面的表现

在国外，尤其是欧美地区的高校中，科研人员薪酬激励机制在资源的配置和利用方面展现出其特有的多样性和灵活性。相较于中国的科研资金配置体系，这些国家的高校科研人员面对更加广泛的资金来源，这些来源不仅包括政府的直接资助，还包括私人基金会赞助、行业合作项目以及其他非政府组织的支持。在美国和欧洲的高校中，科研资金获取方式的多样性为科研人员提供了更广阔的选择空间。政府资助依然是重要的资金来源，但它并不是唯一的选择。私人基金会赞助和行业合作项目为科研人员开拓了额外的资金渠道，尤其是对于那些创新性强、与产业紧密相关的研究项目。

这种多元化的资金来源体系赋予了高校和科研人员更大的自主权，国外高校的科研人员可以根据自己的研究方向和兴趣，申请不同来源的资金。这种灵活性不仅使科研人员能够更自由地选择研究项目，也促进了研究的多样性和创新性。国外高校中的科研人员在资源利用上也展现出更多的创新和风险承担能力，因为资金来源的多样性，科研人员可以进行更多的探索性研究和风险较高的创新项目，所以这些项目可能不一定有即时的实际应用价值，但对科学知识的累积和长远发展具有重要意义。

（三）国内外高校科研人员薪酬激励机制在对资源的配置和利用方面的差异表现

国内外高校在高校科研人员薪酬激励机制方面，对资源的配置和利用呈现出明显的差异性。这些差异不仅反映了不同国家在科研战略、资金分配和管理体系上的不同取向，还体现了对科研创新和学术自由度的不同重视程度。在中国，科研资源的配置主要集中在政府主导的项目上。这意味着大部分的科研资金来自国家的直接拨款，如国家自然科学基金、各类重点研发计划等。这种资金分配模式通常更偏向于资金量大、成果明确且具有实际应用前景的大型项目。相应地，科研人员在资源利用上可能面临更多的限制，他们需要在符合政府科研方向和政策导向的框架内进行项目申请和执行。这种模式有助于快速推动特定领域的科技进步，但也可能限制科研人员在更广泛领域的探索和创新。

相比之下，国外高校，特别是在美国和欧洲，其科研人员面临的是一个更为多元化的资金来源和更灵活的资源利用环境。除了政府资助，科研人员还可以通过私人基金会赞助、行业合作项目等多种渠道获得资金。这种多元化的资金来源不仅为科研工作提供了更多的选择，还鼓励科研人员开展更多创新性和风险性较高的项目。在这些国家，科研人员在选择研究方向和执行项目时享有更大的自主权，有助于推动科学探索的多样性和创新性。

第四节　国内外高校科研人员薪酬激励机制的优势分析与借鉴意义

一、国内高校科研人员薪酬激励机制的优势分析

（一）明确性和稳定性

明确性和稳定性在国内薪酬激励机制中具有至关重要的地位。明确性指的是每一位从事科研工作的人员都能够明晰地了解到自己的工作目标、薪酬结构以及在实现一定的科研目标后所能够获得的具体激励。国内高校科研工作中的这种透明机制的存在不仅有助于减少不必要的误解和降低沟通成本，更为科研人员提供了一个明晰的工作方向。在这样的环境中，科研人员能够明确了解如何优化自己的研究路线，以期达到目标，并获得相应的奖励。在科研工作中，稳定性也是至关重要的因素。科研本身是一个漫长而复杂的过程，往往需要数月甚至数年才能取得重要突破。在这个背景下，科研人员急需一个稳定的工作环境以及长期的财政支持。我国的薪酬激励机制正好满足了这一需求。它提供了长期的科研经费，确保科研人员在科研道路上能够稳定前行。这种明确和稳定的薪酬激励机制，也在一定程度上反映了国内对于科研工作的尊重和重视。

（二）计划性和目标导向性

计划性在科研中的作用不容忽视。它为整个研究过程提供了一个清晰、结构化的框架，使得所有的研究活动都能有条不紊地进行。强调科研的计划性并不是要限制科研的自由创新，而是为了确保每一个步骤、每一个决策都能够得到仔细的思考和权衡，从而避免盲目的、没有目的的科研活动。目标导向性，意味着所有的科研活动都应该围绕一个或多

个明确的目标进行。这些目标可能是长期的、宏观的，如支持国家的科技创新发展规划；也可能是短期的、微观的，如解决某一个具体的科技问题。无论哪种，目标都为研究提供了方向和动力。当研究与目标不符时，这种导向性还能及时为研究提供调整和纠正的机会。

国内的科研薪酬激励机制之所以强调计划性和目标导向性，是因为只有当所有的研究资源都得到合理、高效的配置和利用，才能确保研究的质量和效果。而为了达到这一目的，就必须确保所有的科研活动都是有计划、有目标的。强调计划性和目标导向性也体现了我国对于科研的尊重和重视，也体现了对于科研结果的期望和要求，即希望科研能够为国家和高校带来真正的、有价值的成果。

（三）系统化的管理

我国科研人员薪酬激励机制强调对高校科研活动进行系统化的管理，其核心在于创建一个稳定、高效且有序的研究环境，以推进科研工作。系统化管理的优势可以从以下几个方面来深入剖析：

一是减少不必要的障碍与延误。系统化的管理精准规划了每一步流程。这种细致的设计最大限度地消除了潜在问题和障碍，使科研人员可以专注于核心研究，不被外部因素干扰。二是提高资源利用率。在此管理模式下，对资源的配置与使用都经过严格的策划和监控。这种策略确保了每份资源都得到最佳利用，进而提高了整体效益。三是促进协同合作。系统化管理强调各部门、各流程的紧密协作。这种内在的联系方便了部门间的合作和协调，提升了工作的协同效率。四是保障研究的质量。系统化管理在每个环节都设有明确的标准和要求，确保研究的质量。从项目策划、资源配置到项目执行、成果评估，均有严格的规定，以确保研究成果达到预期标准。五是提供清晰的指引。系统化管理为科研人员提供明确、具体的工作方向。即使在复杂、变化的研究环境中，科研人员也能快速、准确地找到正确的方法，提高工作效率。

（四）政策支持和配套措施

我国高校科研人员薪酬激励机制提供的强大的政策支持及配套措施，是国内科研工作重要的后盾，确保研究活动得以高效、顺畅地进行。多年来，无论是从中央政府还是地方政府，都发布了一系列鼓励科技创新、支持研究的政策。这些政策明确指出了国家对于某些研究领域的期望和要求，为科研人员提供了方向。明确的政策方向意味着科研人员可以迅速锁定研究目标，减少资源浪费，提高工作效率。

随着科技创新的需求日益增强，配套的扶持措施也成为确保研究深度和广度的关键。不同层级的资金支持，如国家自然科学基金、各种研究项目基金，为科研人员提供了必要的经济保障。有了这些资金，研究团队能够购买先进的研究设备，开展国际合作，甚至支持更多的研究人员参与进来。同时，配套资金的存在，也能激励研究团队追求更高的科研目标，从而推动科研领域的发展。配套措施中还包括了各种培训和研讨会。许多高校和研究机构经常组织各种研讨会，邀请国内外专家分享最新的研究成果和经验。这种交流提供了一个平台，帮助科研人员拓宽视野，了解最新的研究动态，为其今后的研究提供参考。

二、国外高校科研人员薪酬激励机制的优势分析

（一）创新驱动和自由度

创新驱动和自由度在科学研究中扮演着至关重要的角色，它们承载了一种哲学观念，即知识的进步是充满不确定性的，而研究的真谛则在于对未知领域的勇敢探索。这一哲学观念背后蕴含着对各种可能性的尝试，这些尝试加快了科研的步伐。在国外高校和研究机构中，创新驱动和自由度被视为科学进步的关键因素，因为它们有助于打破束缚、扩展视野、激发灵感，并最终推动知识的不断演进。在这种背景下，科研人员得以在宽松自由的环境中充分发挥自己的创造力。科研人员拥有选择

研究方向和方法的自由，不必受制于既定的轨迹或严格的约束。这种自由度在科研项目经费的使用上也得到了体现。相比严格的预算限制，国外的科研项目经费更加灵活。科研人员可以根据研究进展和实际需求对资金进行调整，这意味着科研人员能够迅速应对突发的挑战，而不必担心资金的限制。

国外高校的科研评价体系也以一种更加开放、鼓励创新的方式构建，这种评价标准鼓励科研人员深入挖掘研究课题，追求知识的深度和质量，而非仅仅满足于产出数量。这种鼓励创新和自由探索的评价机制，激发了科研人员不断追求卓越、开拓新领域的热情。

（二）灵活性和适应性

科学研究的过程是曲折的。随着研究的深入，新的问题、新的方向和新的方法经常出现。在这方面，国外高校在薪酬激励机制上展现出显著的灵活性和适应性。

灵活性首先表现在经费使用上，研究项目中经常会出现一些预料之外的需求，这可能是因为原计划不可行，需要新的设备或技术，也可能是因为在研究过程中发现了新的有趣的方向，需要额外的资金来探索。在这种情况下，国外高校往往给予科研人员更大的支配权，允许科研人员根据实际情况调整经费的使用情况，而不是死板地按照原计划执行。其次，在研究方向和方法上，国外高校同样鼓励研究者进行创新和尝试。与一些严格限制研究方向的机制不同，国外高校更看重研究的价值和深度。这种开放的态度为科研人员提供了更广阔的空间，鼓励科研人员探索不同的可能性，即使这些可能性在项目开始时并没有被考虑到。

在科研领域，新的技术和方法层出不穷，适应性则体现在国外高校对于变化的快速响应，如何将这些新技术和方法引入研究中，是每个科研人员都需要面对的问题。为了解决这一问题，国外高校往往有一套完善的培训和学习机制，确保科研人员能够及时了解并掌握新技术。与此同时，也鼓励科研人员跨学科合作，通过不同领域的交流和碰撞，产生新的创意和方法。

值得注意的是，灵活性和适应性并不是简单地放任和纵容，其背后是一套严格的评估和审查机制，确保研究的方向和方法是科学的，经费的使用是合理的。

（三）多元化的激励手段

激励手段是任何组织或机构中用于鼓励其成员向目标努力的手段。在科研领域，这尤为关键，因为研究的成果往往需要长时间的努力和积累。国外高校在这方面展现出了明显的优势，不仅提供经济上的激励，还有其他多种形式的激励手段，为科研人员提供了全方位的支持。经济激励固然重要，但对于很多科研人员而言，科研的真正动力来自对知识的探索和热情。这种内在的驱动力需要得到外部环境的支持和响应。例如，学术地位的提升是一个强有力的激励。无论是被邀请参加国际学术会议，还是获得某个领域的权威奖项，这些都是对科研人员努力的肯定，也鼓励科研人员继续前行。而研究机会则为科研人员提供了实际的支持，这不仅是经费上的支持，更包括了使用先进设备的机会、与其他领域的专家合作的机会甚至是前往其他国家进行交流的机会。这些交流不仅能够帮助科研人员扩展视野，获得新的知识，还能够为科研人员提供一个更好的研究环境，促进研究的深入进行。学术交流也是一个重要的激励手段，不仅包括学术会议上的交流，更包括了日常的讨论和合作。国外高校通常都有一套完善的学术交流机制，如定期的学术沙龙、研究团队间的交流会议等。这些交流不仅能够帮助科研人员获取新的知识，还能够为科研人员提供一个交流和碰撞的平台，激发出新的创意和思路。除了上述这些激励手段，还有一些更为细致的激励措施，如为科研人员提供舒适的工作环境，确保其在研究过程中不受到干扰；为科研人员的家庭提供支持，确保科研人员在家庭和工作之间找到平衡；为科研人员提供心理支持，帮助科研人员消除科研过程中的压力和困惑。

（四）开放和国际化

研究环境的开放和国际合作平台的增多是现代科研的两大核心特点，尤其是在如今全球化的背景下。国外高校对于这两方面的重视，无疑在提升其研究的国际影响力上起到了决定性的作用。开放的研究环境意味着研究的自由与无界，在这样的环境下，科研人员能够自由选择研究方向，不受外部因素的束缚，能够追求真正的学术价值和研究的深度。这种环境下，科研人员会更加注重研究本身，而不是研究的外部效益。这种对于研究的深度追求，最终会产生更高质量的研究成果。

更广阔的国际合作平台，则为科研人员提供了一个展现自己的舞台。与其他国家和地区的科研人员进行合作，科研人员能够得到更多的资源和支持，也能够得到不同文化和知识背景下的启示。这种跨文化、跨领域的合作，往往能够催生更有创新性的研究成果。同时，这种合作也有助于研究成果的传播，提高研究的国际影响力。

三、他山之石：国外高校科研人员薪酬激励机制优势的借鉴意义

（一）提高创新性和自由度

提高科研创新性和自由度在今天的学术环境中显得尤为重要，因为真正的科学进步源于无拘无束的探索与挑战现有认知的勇气。国外高校的薪酬激励机制可以为国内高校提供借鉴。科学与技术日新月异，研究的边界在不断扩展。面对这种情况，科研人员需要有足够的自由度去探索未知，提高科研的创新性。

实行这样的激励策略，需要中国高校为科研人员提供一个开放和自由的研究环境。这意味着要为科研人员提供足够的资源，如经费、设备和实验材料等，同时也要为科研人员提供更多的学术交流机会。只有这

样，科研人员才能够全心全意地投入研究中，产出高质量的研究成果。但这样的激励策略也有其挑战，如何确保研究的方向与高校的整体发展策略相一致，如何确保科研人员使用的资源能够产生实际的研究成果，都是需要考虑的问题。

（二）灵活配置资源

在深度探讨国外高校科研人员薪酬激励机制优势时，灵活配置资源的策略十分重要。理解这一策略的重要性，有助于为国内高校找到更加合适、高效的资源利用方法。资源，尤其是研究资源，对于科研工作至关重要。这不仅包括财务资源，还涉及人力资源、实验设备、实验材料、学术交流机会等。灵活的资源配置策略意味着可以根据实际需求，快速调整资源分配结构，确保资源能够被有效利用。

能够快速调整资源配置的高校更容易应对科研工作中的变化，确保研究工作顺利进行。在实际应用中，实施灵活的资源配置策略需要考虑的问题有很多，例如，如何评估研究的实际需求，如何确保资源的公平分配，如何确保资源不被浪费等。但这些挑战并不是无法克服的，只要高校能够建立一个有效的资源管理机制，就可以确保资源被高效、合理地利用。

（三）采取多元化激励手段

科研工作充满了挑战和不确定性，但同时也是富有创意和创新的领域。为了激发科研人员的潜能，高校可以采取各种激励手段。在这一领域，国外高校为国内高校提供了宝贵的经验。经济激励，如薪酬、奖金和其他福利，无疑是科研人员的重要驱动力。但经济激励并不是唯一的，也不一定是最有效的激励手段。为了更好地激励科研人员，需要考虑到科研人员的多种需求和动机。

首先，学术地位是科研人员非常关心的一个方面，每个科研人员都希望自己的工作得到同行的认可，能够在学术界建立自己的地位。因此，为科研人员提供晋升的机会，或者为科研人员提供一个可以展示自己研究成果的平台，都是非常有效的激励手段。其次，研究机会也是科研人员非常看重的，科研工作需要大量的资源，包括资金、设备、实验材料等。提供足够的研究机会，意味着为科研人员提供了完成研究的必要条件。这不仅可以提高研究的质量，也可以增强科研人员的工作满足感。最后，学术交流是科研人员扩展视野、获取新知识的重要途径，通过参加国内外的学术会议、研讨会或其他交流活动，科研人员可以与同行交流，学习到最新的研究方法和技术，也可以得到对自己研究的反馈和建议。除此之外，还有很多其他的激励手段，如研究成果的公开发布、专利权的保护、研究成果的商业化等。这些激励手段都可以为科研人员提供动力，激发科研人员的科研精神。

（四）增强开放性和加强国际合作

现今，科研已不再是一个国家或地区的封闭体系。随着科技的发展和信息的全球化流通，跨国界、跨文化的科学研究合作越来越成为一种趋势。为了应对这种变化，国内高校必须加快开放和国际化的步伐，深化与国外高校和研究机构的合作。从一个更广泛的角度看，开放性和国际化的科研环境能够为科研人员提供更为丰富的知识资源和研究方法。与国外的科研人员合作，可以使研究更加深入和广泛，拓宽研究的视野，获得更多的创新灵感。开放性还体现在多学科交叉、多领域合作上。在现代科学研究中，各个学科相互交织，形成一个复杂的知识网络。通过跨学科、跨领域的合作，可以更好地发现和利用这些知识资源，推进科学的进步。

国际合作可以为国内高校带来更多的研究机会和资金支持，很多国际研究项目都提供了丰厚的资金支持，为参与的科研人员提供了良好的研究条件和环境。与此同时，国际合作还可以提高国内高校的国际影响力，增强其在国际科研领域的地位。为了更好地增强开放性和加强国际合作，国内高校需要采取一系列措施。例如，可以加大对国际合作的资金支持力度，为科研人员提供更多的学术交流机会，或者与国外高校和研究机构建立长期合作关系。只有这样，国内高校才能真正融入国际科研的大潮，为国家的科技进步做出更大的贡献。

第八章　高校科研人员薪酬激励机制的评价和改进

第一节　评价指标和方法

一、绩效评价指标体系

高校科研人员薪酬激励机制的绩效评价指标体系应该有明确的层次结构，进而呈现出针对不同评价对象的多级评价指标体系。作为一个衡量高校科研人员薪酬激励机制合理性的指标体系，在构建过程中显然应充分反映出组织管理的整体要求。因此，这里就立足有关研究成果，并结合层次分析法初步建立一套高校科研人员薪酬激励机制绩效评价指标体系的基本框架，其中主要包括 3 个一级评价指标，10 个二级评价指标，30 个三级评价指标，具体如表 8-1 所示。

表 8-1　高校科研人员薪酬激励机制绩效评价指标体系基本框架

一级指标	二级指标	三级指标
团队投入	物力投入	经费来源
		经费支出
		仪器设备损耗与维护
		图书资料购买与补充
	时间投入	科研项目所用时间

续 表

一级指标	二级指标	三级指标
团队投入	人力投入	人员数量
		人员结构
团队产出	论文专著	国际重要学术期刊发表数量
		国内核心期刊发表数量
		国际重要学术期刊引文数量
		国内核心期刊引文数量
		学术专著出版数量
	科研成果奖数量	获国家级科技成果奖数量
		获省部级科技成果奖数量
		获其他级别科技成果奖数量
	发明专利	发明专利申请数量
		发明专利授权数量
		研究成果创新性
	承担未完成科研项目情况	国家级科研项目
		省部级科研项目
		地方和其他级别科研项目
团队效益	经济效益	研究成果转化情况
		研究成果未来前景
	社会效益	团队的社会声誉
		团队成果的社会认可程度
	人才培养	团队成员的成长
		团队知识共享情况
		团队成员获奖情况
		团队成员职称评定
		硕士及博士研究生人才培养

表 8-1 中各级绩效评价指标的设定是以“投入”和“产出”为视角，将高校科研工作绩效评价指标划分为团队投入、团队产出、团队效益三个维度，并且将这三个维度作为绩效评价体系的一级指标，以下就针对所包含的二级指标和三级指标进行具体分析。

（一）团队投入

在高校科研工作进行过程中，针对科研项目的人力投入、物力投入、时间投入是确保科研项目顺利进行并最终取得科研成果的关键因素，投入力度的大小也将直接影响科研项目的进度和最终成果。然而，就当前有关高校科研人员薪酬激励机制的绩效评价指标体系构建的实际情况而言，评价指标体系普遍将重点放在科研成果之上，在科研团队投入方面的重视程度还需要进一步加强。对此，本研究在改进高校科研人员薪酬激励机制绩效评价指标体系的过程中，就将科研团队投入作为重要的组成部分，从而突出团队投入对高校科研成果产出的重要作用，并且充分说明资源投入的合理性与有效性能够对科研成果带来直接影响，具体评价指标的分析如下：

1. 物力投入

在高校科研工作中，物力投入主要集中在资金投入这一方面，其中科研经费的来源与支出情况以及仪器设备的损耗与维护和图书资料的购买与补充都是主要花费。在高校科研工作中，经费的来源渠道有很多，既包括国家或有关部门下拨的科研经费，也包括高校本身对于科研项目的专项资金投入。除了以上两个经费来源渠道之外，还包括一些社会投资或者高校科研组织或机构合作科研项目经费等。在高校科研工作的开展过程中，仪器设备的补充、维护、保养以及图书资料的购买往往会在科研经费中占据很大比例，特别是在一些自然科学类的科研项目中。因此，在进行高校科研人员薪酬激励机制的绩效评价时，应对这些评价指标进行考评，使其成为高校科研人员薪酬激励的重要因素之一。

2. 时间投入

时间投入指完成科研项目所需要花费的时间。在这里，考虑到每一个科研项目在成果上会具有不确定性，所以时间投入与成果产出能否成正比就成为高校科研人员薪酬激励机制构建与运行过程中，绩效评价的一个重要标准，主要考察的内容就是在计划时间内是否保质保量地完成具体科研细节。另外，考虑到不同的科研项目的用时也不尽相同，较短的科研周期通常在几周至几个月不等，较长的科研周期甚至会达到一年或几年，所以在评价高校科研团队薪酬激励机制的构建与运行是否合理的过程中，应该将时间投入作为一项重要的绩效评价指标，从而让评价的重点不仅关注科研周期的长短，还要评价科研项目是否有现实意义和价值。

3. 人力投入

在高校科研人员薪酬激励机制的绩效评价工作中，人员投入这一绩效评价指标主要包括两个方面：一是科研团队中的人员数量，二是科研团队中的人员结构。人员数量不同则意味着科研过程所投入的精力和时间总量会存在明显差异。人员年龄结构和专业结构的合理性也会直接影响科研工作开展的效率。如果老中青三代成员的结构占比较为合理，并且专业结构保持高度的完善，那么在科研工作的开展过程中，年轻一代可以让科研工作保持较强的冲力，中年一代则能够发挥出骨干力量，而老一代科研人员则能够有效弥补青年一代和中年一代科研人员经验上的不足，这样不仅可以保质保量地完成科研工作，还能促进学科之间的相互交叉，更能确保高校科研型教师培养的能力得到不断提升。

（二）团队产出

在评价高校科研人员薪酬激励机制的过程中，团队产出情况无疑要作为一个重要的绩效评价维度，因为产出往往是科研项目开展的现实意义所在，没有产出的科研项目往往也不具备科研价值和应用价值。该绩效评价维度主要包括以下具体的绩效评价指标。

1. 论文专著

在通常情况下，论文和学术专著是高校科研项目研究成果的重要体现形式，也是对高校科研人员进行薪酬激励的重要依据。其原因在于论文和学术专著的发表需要经过同行评价，只有得到行业内高度认可的研究成果才能被视为有学术价值和研究价值，才会通过杂志社或出版社的审核并予以发表或出版。该维度的绩效评价指标有五个：国际重要学术期刊论文发表数量、国内核心期刊论文发表数量、国际重要学术期刊引文数量、国内核心期刊引文数量和学术专著出版数量。

单纯的论文专著发表数量作为绩效评价标准并不客观，论文和专著本身在学术领域的影响力并不能得到充分体现。因此，还要将论文发表和学术专著出版的级别作为主要绩效评价指标，同时还要将不同等级学术论文和专著的引文数量作为绩效评价的重要因素，这样不仅有助于该绩效评价指标的量化，同时也能确保绩效评价结果更加客观，能够为高校科研人员薪酬激励的科学性与合理性提供重要保障。

2. 科研成果奖数量

高校科研项目开展的最终目的是获得预期研究成果，并且能够对研究领域的发展起到积极推动作用。其中，产出的高水平、高学术性、高实用性的科研成果越多，说明高校科研工作的整体水平越高，科研人员所获得的薪酬激励显然也越多，反之则说明高校的科研水平还有较大的上升空间，科研人员所获得的薪酬激励显然也要与之成正比。对此，在有效改进高校科研人员薪酬激励机制绩效评价指标体系的过程中，应该将科研成果奖励数量作为一项重要的评价指标，并且还要将该评价指标划分为国家级、省部级、地方和其他科技成果的获得数量等三级指标。

众所周知，科技是第一生产力，科技创新是推动时代发展与社会进步的动力，高校不仅是高质量人才培养的摇篮，更是社会的知识场和文化场，在推动科技创新的道路上发挥着不可替代的作用。所以，各大高校每年都会申请并承担一些国家级、省部级、地方或其他级别的科研项目，其目的不仅在于充分体现高校在研究领域的学术影响力，更要体现高校在研究领域科技创新道路中所取得的成就。为此，在评价高校科研人员薪酬激励机制的构建与运行过程中，国家级科技成果奖项的评价结果要以国家最高科学技术奖、国家技术发明奖、国家自然科学奖以及国家科技进步奖等奖项的获得数量作为重要依据，省部级和地方或其他科技成果奖项的评价也是如此，从而确保绩效评价结果能够反映出高校科研人员薪酬激励机制构建与运行的科学性与合理性。

3.发明专利

在高校科研工作中，科研成果的另一种表现形式为发明专利，它并不是特指某一物品，而是智慧的结晶，是具有自主知识产权的科技和设计结合体。另外，发明专利往往体现科研工作的创造性与独特性，同时也代表着科研成果本身所具有较高的学术性和应用性。对此，在评价高校科研人员薪酬激励机制的构建与运行过程中，应将发明专利作为一项重要的评价指标，与之相关的三级绩效评价指标应包括专利发明申请数量、专利发明授权数量、研究成果的创新性三个方面。

其中，发明专利的申请数量和发明专利的授权数量具有不同的现实意义和价值。针对一些科研项目要求其研究成果必须具备较强的创新性，科研人员则可将具有创新性的研究成果申请专利，但是这些研究成果并不是都具备授权条件，如果创新程度和创新价值能够得到评审部门的高度肯定，那么这些科研成果也随之具备了发明专利授权条件，这也说明科研成果的创新价值、学术价值、应用价值获得高度认可。正因如此，发明专利的申请数量和发明专利的授权数量应作为评价高校科研人员薪酬激励机制构建与运行效果的重要评价指标。另外，还需要注意的是高校科研工作的全面开展为科研型和创新型人才培养提供了理想平台，深入挖掘科研人员的创新能力，凸显科研项目的创新性因此也要作为评价高校科研人员薪酬激励机制构建与运行效果的重要评价指标。

4. 承担未完成科研项目情况

就高校每一个科研团队而言，科研项目无论是大还是小，其完成情况都是对高校科研水平的一种真实反映。在通常情况之下，科研团队所承担的科研项目等级越高，说明高校科研水平整体较强。同时，科研项目越多也越能够说明高校本身具有较为雄厚的科研实力，尤其是承担其他高校未能完成的国家级、省部级、地方及其他级别的科研项目。对此，在评价高校科研人员薪酬激励机制构建与运行效果的过程中，应将“承担未完成科研项目情况”作为一项重要评价指标，其中各级科研项目也是该评价指标中的三级绩效评价指标。

国家级科研项目往往集中指向自然科学类，如国家自然科学基金项目、国家自然科学基金重大项目、国家社会科学基金项目、863 研究项目、国家重点基础研究发展计划（973 计划）等，承担这些未完成的科研项目显然证明科研人员具有较强的科研能力，高校显然要为之制定相应的薪酬激励措施。省部级科研项目主要是由省级行政部门或国家部委根据国家科研计划所下达的科研项目，其资金主要来源于国家财政，能够承担这些未完成的科研项目显然说明科研人员本身同样具有突出的科研能力，因此高校显然也要为之提供相应的薪酬激励方案。地方和其他级别的科研项目主要是指高校根据其自身发展规划，有针对性地设立的科研项目，其目的就是对科研人员的科研能力和创新能力进行培养，所以承担这些未能完成的科研项目需要高校科研人员必须具备创新意识和科研意识，高校显然要为这些科研人员提供一定的薪酬激励。

（三）团队效益

就高校科研工作开展的最终目标而言，就是要让其科研成果能够体现出应有的效益，这样才能为科研领域的发展做出实质性的贡献，科研成果的影响力也会从中得以充分体现。对此，在进行高校科研人员薪酬激励机制构建与运行效果评价的过程中，应将科研工作的团队效益作为不可缺少的评价维度，其中应该包括的三级绩效评价指标和具体解释如下：

1.社会效益

在高校科研工作中，科研成果的社会效益是指科研产出能够对社会的发展带来积极影响，因此社会效益应该作为科研团队效益的重要组成部分，所具体指向的科研人员显然在薪酬方面应该得到相应激励。具体而言，社会效益应体现在服务社会、科研精神对社会的影响、科研成果的社会认可度三方面。

一名优秀的高校科研人员不仅要具备突出的科研能力，还要具备优秀的团队精神和良好的个人品德。其中，科研能力主要是指高校科研人员所要具备的严谨治学和勤于钻研的研究态度，能够为同伴、高校学生、社会树立榜样。只有这样，高校科研成果的科研价值和实用价值才能得到充分保证。另外，高校科研项目研究活动的全面开展并不是“为了研究而研究”，而是要让科研成果能够得到社会认可，真正服务社会，甚至能够对社会产生积极影响。因此，在评价高校科研人员薪酬激励机制构建与运行效果的过程中，应将上述观点作为不可缺少的评价视角。

2.经济效益

在高校科研工作中，其经济效益是指科研成果为经济发展所带来的经济价值，经济价值越大说明科研成果的社会作用越强，科研项目落实的实际意义越为突出，科研项目投入的必要性越大，反之则不然。因此，在评价高校科研人员薪酬激励机制构建与运行的效果的过程中，经济效益应作为重要的绩效评价维度，应该包括科研成果转化和科研成果的未来发展前景两个重要评价指标。

在科研项目中，科研成果的获得显然并非易事，而确保成果的高度转化更是难上加难，其间不仅要针对科研成果进行反复验证，还要针对成果构成条件进行不断研发，让更多的新技术、新工艺、新材料促进新产业和新业态的形成，这样的科研成果才能带动社会经济发展，并且体现出较高的社会价值和科研价值，科研成果的未来发展前景也会从中得到客观体现。为了确保上述效果能够向现实转化，广大高校科研人员无疑要不断为之付出努力，而努力的过程自然要有薪酬激励机制与之相匹配。

3. 人才培养

高校作为高素质科研人才的重要聚集地，科研工作的全面开展显然不只是要产出更多研究成果，更肩负着培养高质量科研人才的重要任务，为高校科研水平的可持续发展积蓄力量。在这里，每一位高校科研人员都要贡献自己的一份力量，所以在评价高校科研薪酬激励机制的构建与运行效果过程中，应将其作为一个重要的评价维度，评价指标应该包括科研团队的成员成长、知识共享、获奖情况、职称评定情况、硕士及博士研究生培养等五个三级评价指标。

对于科研团队成员成长的评价，主要体现在研究视野、科研意识、科研能力、创新思维的培养效果等方面，从而体现科研人才培养的实质性。对于科研团队成员知识共享的评价，主要体现在科研过程能否通过合作的方式，利用彼此所掌握和搜集到的知识解决实际问题，从而确保研究活动所遇到的瓶颈得以突破等方面。对于科研团队成员获奖情况的评价，主要体现在成员自身的努力是否得到专业认定部门的认可，并且位置授予相应的荣誉等方面。对于科研团队成员职称评定情况的评价，主要体现在通过科研工作的进行过程，科研团队成员的职称是否实现晋升，而这也反映出成员的能力和经验是否真正得到肯定。对于科研团队成员硕士及博士研究生培养的评价，主要体现在科研团队成员是否真正向科研型硕士研究生和博士研究生迈进，这也是对科研人员日常人才培养工作付出的一种客观评价。

二、绩效评价方法

（一）专家问卷调查法

该绩效评价方法是以专家匿名发表意见的方式来进行初步的绩效评价，专家之间要进行周密的讨论，但是专家之间不发生横向关系，只与调查对象之间存在调查和被调查的关系，在多轮次的调查问卷讨论过程中提出自己的意见和看法，再经过反复多次的意见征询、修改、归纳，做到看法一致之后形成最终的调查问卷。由此可见，这样的绩效评价方法是一种主观定性评价方法，能够将专家之间的相互影响消除，将绩效评价有效落在评价对象之上，在高校科研人员薪酬激励机制的评价过程中，可以用于对评价指标权重的有效设置。在高校科研人员薪酬激励机制的绩效评价过程中，专家问卷调查法的应用一般指向专家确定不同评价指标或研究项目的权重和等级，应用过程中所采用的量化方法主要包括两种：一种是量化打分，而另一种是等级打分。在进行不同专家的数据处理过程中，如果组织能够做到充分了解专家的实际情况，那么就可以通过人工确定不同专家的数据权重，同时也可以通过专家问卷调查的方式，结合问卷调查所反馈的信息来确定数据权重。除此之外，对所有专家的评价给予相同权重。另外，在专家调查问卷收回之后，需要通过数据统计法将专家打分结果进行全面的数据处理。

该绩效评价方法在运用过程中主要体现出三个特点：一是匿名性，二是反馈性，三是统计性。其中，所谓的“匿名性”，是指在问卷调查的全过程中，专家本人并不知道究竟会有哪些人会参与其中，更不知道参与人群会以怎样的方式投票，这种问卷调查的方式也通常被称为“背靠背”问卷调查。所谓的“反馈性”，是指从问卷调查表中可以清晰地了解到其他专家所提供的具体意见，甚至还会呈现对自身观点的同意情况，以及相应的理由，这样更有利于专家本人作出新的判断。经过反复多次的问卷调查之后，专家在进行高校科研人员薪酬激励机制的构建与改进过程中，考虑的角度往往会更加全面，所提出的意见往往也会与其他专家保持高度一致。所谓的“统计性”，是指在进行专家打分数值的计算过程中，往往会包括中位数和上下四分位数，从而让专家意见的集中度和离散度充分体现出来。

从以上论述中不难发现，在高校科研人员薪酬激励机制构建过程中，专家问卷调查这一绩效评价方法的应用具有鲜明的优势。其中，具体表现为在其他专家意见的反馈过程中，有助于专家将自身的观点进行及时修正，确保自身的观点始终保持高度全面。而通过多轮次的反馈可以让专家的意见有效集中起来，这样不仅有助于专家充分接受不同的意见，更有助于专家本人让自身的观点变得更加合理。但是该绩效评价方法在高校科研人员薪酬激励机制构建过程中的应用同样存在一定局限性，即操作时间较长。以四轮制的专家问卷调查为例，每一轮专家问卷调查工作从向专家发函之日起，到下一轮专家发函至少为期 30 天，四轮专家问卷调查至少需要历时四个月。因此，这也意味着在高校科研人员薪酬激励机制构建过程中，绩效评价工作的开展需要将专家问卷调查法与其他方法共同使用。

（二）AHP 法

该绩效评价方法的原理在于将复杂问题划分为若干个因素，根据各个因素之间的关系进行结构层次的划分，之后通过两两对比的形式将因素的重要性加以确定，最终通过计算其权重将决策方案进行有效排序。正是这样的运作流程注定该绩效评价方法本身具有方便、快捷、实用三个特征，同时让该绩效评价方法充分体现出系统化和层次化两个重要特性，为解决复杂的评价问题提供了理想方案。所以，在进行高校科研人员薪酬激励机制的评价过程中，可以将该绩效评价方法作为选择对象。

该绩效评价方法的应用过程主要包括四个步骤。一是建立完整的层次结构模型。在高校科研人员薪酬激励机制的绩效评价过程中，层次分析法的应用就是要让复杂的问题能够通过属性分析变得有条理并且有层次，最终实现让问题趋于简单化。为此，建立一个完整的层次结构模型就成为该绩效评价方法应用过程的第一要务，要做到层次结构模型包含最底层、中间层、最高层。二是要构建判断矩阵。在明确层次结构模型的基础上，请专家对中间层的各个准则、相关子准则、指标，以及最底层各个方案进行两两对比，明确其重要性所在，从而构建出判断矩阵，以求专家能够将其权重顺利导出。三是要将层次进行单排序并对其一致性进行有效检验。所谓的“层次单排序”，进行某一元素对准则相对重要性的排序权重值计算过程。在进行某一准则下的各单元要素两两比较后明确其重要性之后，随即可以得到判断矩阵 $\boldsymbol{A}$，并且可以求出判断矩阵最大特征根 λ_{max} 和对应的特征向量 $\boldsymbol{W}$，最后将其特征向量进行归一化得出特征向量中各分向量，这些分向量也就是个元素的权重。四是要将层次进行总排序，并且还要对其进行一致性检验。在计算出某一准则下各指标权重的同时，还要将各层次所有元素对最高层相对重要性的排序权值进行计算，尤其是最底层各备选方案对总目标的排序权值，即层次总排序。在该过程中，最高层至最底层呈现逐层递进关系，完成层次总排序工作之后，还要对其做一致性检验，而检验的过程通常也是在逐层递进中完成。如果 B 层某元素对上层 A 中的某准则单排序的平均一致性比率为RI_j，那么相对应的平均随机一致性指标就应该为CI_j，那么 B 层总排序的一致性比率就应为：

$$CR = \frac{\sum_{j=1}^{m} W_{aj} CI_j}{\sum_{j=1}^{m} W_{aj} RI_j}$$

与此相类似，当 $CR \geqslant 0.1$ 时，那么就可以认定为层次结构模型中，B 层次上已经具备整体一致性，如果不能满足这一要求就意味着需要将判断矩阵中的元素取值进行具体调整，从而确保其能够呈现出整体一致性。综合这些观点不难发现，在绩效评价过程中，使用 AHP（层次分析法）法的优势在于能够充分体现出元素结构的递阶层次和层次本身鲜明特征，并且能够做到层次之间呈现清晰的关系。同时，在每个层次都能做到构成元素不仅全面，还具有简洁性。其中，除了第一层之外，每个元素都会受到上一层次一个元素（通常被认为“准则”）的支配，除了最后一层之外，每个元素都会对下一层的一个元素进行支配。而每个层次之中的所有元素既能体现出全面性的特点，又能做到不会相互重叠，呈现出独立性特征。但不可否认，在该绩效评价方法在实际运用过程中存在明显劣势，即给定的策略往往是最优选，而并非最新的选择，并且在指标体系的确定过程中依然需要专家系统为之提供支持，如果不具备这一基本条件，那么该绩效评价方法的准确性、客观性、合理性将不复存在，所以这就要求在使用该方法进行绩效评价的过程中，必须与专家问卷调查法相结合。

由于该方法强调了成就（achievement）、可能性（possibility）和幸福感（happiness）三个维度的重要性，所以全面评估科研人员的工作绩效及其对薪酬激励机制的反应。“成就”维度关注科研人员达到的具体目标和成果，如论文发表、项目成功率、创新成果等。这些是衡量科研绩效的传统标准，反映了个人对学术界的贡献和实际的工作成效。“可能性”维度着眼于科研人员的发展潜力和未来的职业成长，这包括其学习新技能的能力、适应新挑战的潜力以及在职业生涯中取得进步的可能性。这一维度鼓励对科研人员的长期投资，强调了持续发展和成长的重要性。“幸福感”维度考虑了科研人员的工作满意度和心理福祉，这包括工作环境的舒适度、工作与生活的平衡以及个人的职业满足感。这一维度的考虑有助于确保科研人员在高压和竞争激烈的环境中保持积极和健康的心态。

（三）熵值法

在物理学领域中，“熵”的英文为“entropy”，于1850年首次出现，作为该领域的术语。该物理学属于最早用于表示某种能量的空间分布均匀程度，属于热学中的一个物理概念，是混乱度的量度，用字母“S”表示。另外，在物理学领域，“熵”也用作表示从热功转化的极限效率导出的热力函数。而“熵值法”则是一种客观赋权法，其原理则是通过计算指标的信息熵，并根据指标本身相对变化程度在系统整体的影响来反映指标权重，也就是说相对变化程度较大的指标就意味着权重越大，反之则不然。正因如此，这种方法在统计学领域也得到了广泛应用，并且时至今日依然有较高的研究价值。

然而，在信息论之中，“熵”则是用于衡量事物的不确定性，不确定性的大小则由信息量的多与少来决定。具体而言，如果事物的信息量越小则意味着不确定性越大，因此衡量事物不确定性的难度就会越大，相反事物的信息量越大则说明事物本身的不确定性越小，衡量其不确定性的难度就越小。这样就可以对信息本身的无序程度进行度量。其中，信息熵越大就说明事物的无序程度越高，信息的有效性和应用价值则越小。以含 m 个评价对象（样本）的体系为例，i 元素标准化的指标数据记作 y_i，那么信息熵值 e 应为：

$$e=-k\sum_{i=1}^{m}y_i 1ny_i$$

在该式中，常数 K 的大小通常与样本数量 m 的大小有关，其关系可以通过一系列的推导而得出。针对信息完全无序的体系而言，信息的有序程度则意味着为零，那么信息熵值（e）最大可为 1。m 个样本处于完全无序分布状态时，$y_i=1/m$。因此，由以上信息可以得出 $k=1/$（1nm）。这样不难看出熵值法在应用过程中，是针对研究的内容进行赋值，这样可以让不能进行直接比较的两个事物通过标准化的处理（通过赋予权重）之后，再进行加权最终得出综合得分，从而让两个看似不能进行直接比较的事物进行比较。

在应用熵值法时，将科研人员的各项绩效指标，如论文发表数量、质量，科研项目贡献以及创新成果等，转化为可量化的数据。通过分析这些数据的分布特征，熵值法能够评估各指标在绩效评价中的信息量和差异性。指标的熵值越低，表明该指标在区分科研人员绩效中的作用越大，因此在绩效评价中的权重应更高。该方法的优势在于其客观性和科学性，能够减少主观判断对绩效评价的影响。通过熵值法，可以合理地确定各绩效指标的权重，使评价结果更加准确和公正。这对于激励高校科研人员提高工作效率和质量以及优化薪酬激励机制，都有着重要意义。

（四）数据包络分析法

在统计学领域中，数据包络分析法也被称为“DEA法”，主要以相对效率概念为根本，并根据多指标投入和多指标产出两项数据，对同类型单位有效性和效益进行评价的一种方法。所以，数据包络分析法通常用于预估生产前沿非参数的数学规划方法。早在1957年，M. J. 法雷尔首次提出用阶段性图曲面来预估生产前沿的思想，但是当时并没有得到有关专家与学者的高度重视。直至1978年，美国统计学家查恩斯、库珀、罗德斯三人共同运用了这一思想，提出以投入作为导向的数据包络分析模型，即“C2R模型”，并在全世界范围内得到有关专家和学者的广泛关注，并且通过研究与实践不断将该方法进行了完善。

“决策单元”作为数据包络分析法评价的具体对象。在该单元中，主要包括的信息在于经过一系列投入和一系列决策之后所获得的产出数量，以及产出的过程等相关信息。这一单元的特点则集中指向于信息本身具有输入性和输出性，其存在的目的就是在给定目标的前提下，能够使其产出达到最大化，这也充分说明决策单元在数据包络分析法中具有明显的经济意义。在这里，决策单元既可以试试某高校科研组织或机构的个生产部门，投入主要包括人力、物力、财力、技术等多个维度，其产出则是某一种或多种产品（服务），也可以是政府的某个部门，或者教育机构、医疗机构、企事业单位等。在数据包络分析法的应用过程中，决策单元往往都具有同质性，主要的特征有三个：一是在单元内的评价对象在目标与任务方面具有相同性，二是评价对象本身所处的外部环境相同，三是评价对象的输入和输出量和过程相同。一般而言，在决策单元的设置过程中，通常要包括 m 项投入和 s 项产出，而第 j 个决策单 DMU_j（j=1，2，…，n）的投入向量应为：

$$\boldsymbol{\chi}_j=(\chi_{1j},\ \chi_{2j},\ldots,\ \chi_{1j},\ldots,\ \chi_{mj})^{\mathrm{T}}\ (i=1,2,\ldots,\ m)$$

相对应的产出向量应为：

$$\boldsymbol{y}_j=(y_{1j},\ y_{2j},\ldots,\ y_{rj},\ldots,\ y_{sj})^{\mathrm{T}}\ (r=1,2,\ldots,\ s)\ (\boldsymbol{\chi}_j>0,y_j>0)$$

其间，生产可能集主要包括考察所有决策单元信息中投入产出的数据，并且同时建立参考集，即：

$$T=\left\{(\boldsymbol{\chi}_j,\ y_j)\,|\,i=1,2,\ldots n\right\}$$

其中，最基本的 C^2R 模型的生产可能集 T_{C^2R} 则是建立在一整套公理体系之下的。而公理体系主要由五个基本公理构成：

其一，平凡性公理：

$$(\boldsymbol{\chi}_j,\ y_j)\in T_{C^2R},\ \text{且}\ (j=1,\ 2,\ \cdots,\ n)$$

其二，凸性公理：

若 $(\chi_{j1},\ y_{j1})\in T_{C^2R}$，$(\chi_{j2},\ y_{j2})\in T_{C^2R}$，且 $\alpha\in[0,\ ]$，则 $\alpha(\chi_{j1},\ y_{j1})$ $+(1-\alpha)(\chi_{j2},\ y_{j2})_{j2}{}^{\in}T_{C^2R}$。

其三，锥性公理：

如果$(\chi_j,\ y_j)\in T_{C^2R}$，并且 $\alpha\geqslant 0$，那么 $\alpha\ (\chi_{j1},\ y_{j1})\in T_{C^2R}$。

其四，无效性公理：

如果$(\chi_h, y_h) \in T_{C^2R}$，并且$\chi_h \le y_h$，那么$\in T_{C^2R}$。

其五：最小性公理：该公理是所有满足公理 a~ 公理 b 的最小者，该公理经过广大专家学者的反复证明后发现，该公理能够满足最小性公理集合唯一，即：

$$T_{C^2R}=\left\{(\chi,\ y)\mid \begin{array}{c}\sum_{j=1}^{n} x_j\lambda_j \leqslant x, \sum_{j=1}^{n} y_j\lambda_j \leqslant y \\ y \geqslant 0,\ \lambda_j \geqslant 0,\ j-1,2,\ldots,\ n\end{array}\right\}$$

在该公式中，生产可能集合 T 有着较为明显的经济意义，即生产厂家投入产出的所有可能组合，该集合全面阐述生产厂家在生产过程中会面临的所有可能性。在这里，生产可能集合与最小性公理体系之间具有明显的对应性，公理体系不同也意味着生产可能性集合也会完全不同。

在该集合中，生产前沿面是指生产厂家的生产行为之中，一切有效因素的集合，包括了所有生产投入产出的数据样本。尤为突出的是对于只有某一项投入，或者只有某一种产出的生产厂家而言，生产前沿面指的就是生产函数$f(x)$对应的曲线。由此可见，生产前沿面泛指生产函数向多投入多产出状态的一种推广。数据包络分析法在进行决策单元DMU_J在该评价方法中是否有效的判断过程，其实质就是判断决策单元DMU_J本身的投入产出数据点是否处于生产前沿面之上，所以，将生产前沿面加以有效确定就成为数据包络分析法应用于绩效评价的核心所在，这一观点在生产表现形式中就能体现出来。也就是说在有效确定$\lambda_j\left(j=1,2,\ldots,\ n\right)$的值之后，根据效率测度方法就能够得到决策单元$DMU_J$的效率。

该绩效评价方法在高校科研人员薪酬激励机制构建中的应用，考虑了如科研经费、实验设备等输入指标以及论文发表数、专利申请数、科研项目成果等输出指标。通过分析这些输入和输出数据，可以确定科研人员在资源使用和科研成果产出方面的相对效率。该绩效评价方法的优势在于其能够同时处理多个输入和输出变量，为科研人员的综合评价提供了更全面的视角。此外，DEA 法提供了识别效率前沿的能力，即在给定的资源条件下科研人员能达到的最佳产出状态。这有助于揭示效率低下的原因，并指导科研人员如何更有效地利用资源。

第二节　现有机制仍将面临的挑战

一、评价标准的单一性

（一）影响研究的真实价值

过于强调单一的评价标准容易导致对科研成果质量和深度的忽视。当研究评价主要基于某些明确的、可量化的指标，如论文数量或被引用次数，就可能出现科研人员为了满足这些指标而生产出数量众多但质量不高的论文的情况。长期下去，这种做法可能导致研究内容的同质化和重复性，研究创新性难以获得充分体现。研究的真实价值不仅在于其数量，更在于其能够为学术领域、工业界或社会带来的实际价值和贡献。一个深入、有创新性的研究可能带来的影响远大于数十篇内容陈旧的论文。但当评价体系过于单一，科研人员为了达到评价指标，可能会无意识地偏离研究的真正目的，进而影响其研究的真实价值。

这种评价方式势必对科研人员的心态和行为产生负面影响，为了迅速产出成果，科研人员可能更倾向于选择那些容易得到结果的研究领域，而不是真正有价值和挑战性的方向。这种状况长期存在，不仅会损害高校的学术声誉，还可能导致真正有潜力的研究方向得不到应有的关注和投入。为确保研究的真实价值得到充分体现，必须重新审视和调整当前的评价机制。只有建立起一个既考虑研究数量又注重研究质量和深度的评价体系，才能确保科研活动真正服务于学术和社会的进步。

（二）制约多学科交叉研究

评价体系以单一标准为主，很容易形成对某些学科或研究方向的偏见。每个学科都有其独特的研究方法和展现方式，固化的评价方式可能难以公正地评估不同学科间的研究价值。这种现象在多学科交叉研究中尤为突出，因为交叉学科的研究成果往往难以被传统的评价体系所认可。多学科交叉研究是现代科学的重要发展趋势，通过不同学科领域的知识结合，可以发掘出更多创新点，推动学术的发展和技术的进步。然而，受制于单一的评价机制，科研人员可能会对参与跨学科研究产生疑虑，担心其努力得不到应有的认可和回报。例如，一个涉及生物学和物理学的交叉研究，可能在生物学领域很难发表，而在物理学领域又因为其生物学背景被视为“非主流”。这样的情况不仅不利于科研人员，也制约了学术界整体的发展。

而且，跨学科的合作需要大量的时间和资源来建立共同的研究语言和方法。在当前单一评价机制下，这种合作往往看似“成本高、回报低”，使得很多科研人员不愿意投入。如果继续沿用这样的评价体系，可能会造成许多有潜力的跨学科研究项目搁浅，知识的交融和创新会受到严重制约。所以要真正推动多学科交叉研究的发展，必须对现有的评价机制进行深入的反思和改革。评价体系应该更加开放、灵活，能够适应不同学科的特点，同时也鼓励学术界对新兴和交叉学科的研究给予更多关注和支持。只有这样，才能确保多学科交叉研究工作得到充分的展开，进而为社会带来更多的创新和价值。

（三）导致科研行为偏见

现代科研的本质应是探索未知、解决问题和打破知识的边界。但当评价体系过于偏向单一的标准，如论文发表的数量、被引用次数或与某些“热门”领域的相关性，可能导致科研人员的选择受到明显影响。当薪酬与这种评价标准挂钩，可能加剧这种倾向。在某种程度上，这种行为会导致“跟风”现象，即大量科研人员涌向某一“热门”领域，而其他同样重要但被视为“非主流”或“不热门”的领域则可能被忽视。这种现象可能会导致研究资源的浪费，因为在同一个问题上可能会有过多的重复研究，而其他领域的关键问题则可能长时间得不到解决。

另一个关键的问题是，当薪酬与单一评价标准紧密挂钩时，可能会导致研究的质量受到损害。科研人员为了迅速产出成果、迅速获得高薪酬，可能会选择走捷径，或者故意回避那些长期、复杂但具有深远意义的研究项目。这样的趋势不仅不利于科研人员个人的长远发展，更对科研领域的整体进步构成障碍。为了消除这种偏见，评价和激励机制应更为多元和全面。除了数量等容易量化的标准外，研究的深度、原创性、对社会或经济的长远价值等因素也应被纳入评价体系中。并且，应当鼓励科研人员从长远的角度出发，选择真正对其有兴趣、并对社会有深远意义的研究项目。这不仅有助于促进科研领域的健康发展，也更符合科研的初衷。

（四）忽视非传统科研成果的价值

现代科研的多元性意味着，除了传统的论文发表，还有许多其他形式的学术成果和贡献。对于科研人员而言，软件开发、数据集构建、学术公众活动甚至是参与社会科研项目等，都是研究工作的重要组成部分。例如，某科研人员可能为某一学科领域开发出一款非常有价值的软件工具，这款工具可能为该领域的研究工作带来革命性的进步。但如果评价机制中没有对这种贡献给予适当的认可，那么这位科研人员可能在薪酬和职称评定中受到不公。

再如，数据分析和数据集构建对于许多学科的研究都至关重要。一份高质量的数据集不仅可以为科研人员提供宝贵的研究资源，还可能推动整个学科的研究进展。然而，与之相比，创建这些数据集的工作往往不如发表论文来得“光鲜亮丽”，也不容易被纳入传统的评价体系中。不可否认，论文发表仍然是科研工作的核心部分，但这并不意味着其他形式的学术贡献就应被忽视。真正的研究成果是多元的、丰富的。因此，评价体系需要更加开放和包容，真正反映科研的多样性和复杂性。

二、短期导向的激励机制

（一）牺牲长期研究视野

短期导向的激励机制，无疑有其合理之处。在一些情境下，确实需要快速的研究成果以解决当下的紧迫问题。然而，过于强调这种快速产出的研究可能会导致科研领域内的视角变得短浅，进而忽略了长期和深度研究的价值。在历史上，许多伟大的科研突破往往都是长时间沉浸和努力的结果。这些深度的研究需要科研人员有足够的时间去观察、思考、实验和修正。如果受到了短期激励的影响，科研人员可能会放弃这些需要长时间孵化的研究课题，转而选择那些能够迅速产出、但可能缺乏深度和广度的课题。

长期研究往往需要大量的投资，无论是时间、资金还是其他资源。如果短期导向的激励机制过于强烈，科研人员可能会在资源分配上受到影响，导致长期研究得不到足够的支持和关注。而这种资源上的匮乏可能进一步阻碍长期研究的开展。更为关键的是，真正具有变革性的研究往往都是长期、深度的研究。这种研究可以为整个学科带来全新的研究视角，推动学科的整体进步。如果受到了短期导向的影响，这些变革性的研究可能会被忽视或被放弃，从而导致整个学科的发展停滞不前。

（二）影响学术创新

科学的本质是探索未知、追求真理，并在此过程中产生新颖的思想和方法。但是，当激励机制过于倾向于短期成果时，可能会压制科研人员这种探索和创新的精神。为了获得快速的回报和认可，科研人员可能更倾向于沿用已经被证明的方法和路径，而避免涉足那些不确定性更高但可能产生重大突破的研究领域。但不可否认，创新往往需要失败和尝试。这种失败并不是真正的失败，而是对未知的一种探索。但在短期导向的激励机制下，这种“失败”可能会被看作不良的，因为它不能立即产生可见的成果。因此，科研人员可能会避免这种风险，选择那些更为“稳妥”的研究路径。

而这种避免风险的倾向，可能会导致机会的错失。某些真正有潜力的研究领域和方向可能会被忽视，因为它们在短期内看起来不太可能产生成果。这样，就可能错失了一些重要的学术机会，这些机会可能会为学术界和社会带来重大的价值。

（三）导致资源的浪费

资源，尤其是学术资源，总是有限的。无论是时间、金钱还是人力，所有资源都需要得到妥善的利用，以推进科学的发展。但当短期的激励机制成为主导，导致科研人员过于追求即时的回报，这可能会使得这些宝贵的资源被用在不那么具有价值的地方。

那些被忽视的、需要长时间投入的研究项目，可能正是推动学术领域前进的关键。而将资源投入那些短视的、重复性的工作中，不仅可能错失了这些关键的研究机会，还可能浪费了大量的资源。只追求短期成果还可能导致研究的质量下降。为了迅速完成任务，科研人员可能会减少实验的重复次数、简化数据分析或者过早地下结论。这样做的后果是，所产出的研究结果可能缺乏深度和严谨性，而这正是学术研究所追求的。

（四）损害团队协作能力

团队之间的健康竞争可以促进创新和提高效率，但过度的竞争却可能带来相反的效果。当激励机制过于强调短期成果时，科研人员可能更倾向于追求个人利益，而忽略团队的整体目标和长远发展。如果团队成员之间因为对某一短期奖励的争夺，而开始隐瞒数据、不分享研究进展，或者不愿协助他人完成任务，不仅可能导致研究项目的进展受到阻碍，还可能引发团队内部的矛盾和冲突。一旦团队之间的信任被破坏，恢复这种信任将会非常困难。这对于高校科研团队来说，是一个致命的打击，因为科研活动往往需要成员之间深度的合作和互信。

三、非传统成果的价值重视程度不足

（一）科研多元化带来的挑战

科研领域的变革，特别是在高校环境中，正处于一个快速发展的交汇点。在这个时代，科研人员不仅仅是沉浸在书本和实验室中，还参与到更广泛的学术活动中，如多媒体制作、软件开发、学术公众活动等。这些新型的学术活动，为科研领域带来了丰富的多元化，但同时也为薪酬激励机制带来了新的挑战。其中一个核心的问题是如何公正地评估这些非传统科研成果的价值。传统上，学术论文的数量和质量常常被视为评估学者成果的“金标准”。但在当今的学术环境中，仅仅依赖这一标准可能会导致某些重要的学术贡献被忽视。

随着跨学科研究的兴起，越来越多的科研人员开始涉足不同的领域。这种跨学科的研究方式，可能会导致科研人员在某一领域的研究成果数量较少，但其研究的深度和广度却可能远超过那些只专注于单一领域的学者。然而，当前的薪酬激励机制可能无法充分体现这种跨学科研究的价值。面对科研的多元化，高校需要构建更加开放和灵活的机制来激励和评估学者的成果。仅仅依赖数量和质量的评价，可能会导致科研人员为了追求数量而牺牲质量，或者为了迎合评价标准而放弃一些有价值的研究方向。

（二）影响科研人员的积极性和创新性

在当代科研环境中，非传统成果如数据集、开源软件、教育模块和多媒体内容已成为研究的重要组成部分。这些非传统成果对于推进学术界的进步和满足社会需求具有不可替代的价值。然而，若这些成果未能得到与传统学术论文相同的认可，会对科研人员的工作热情和创新动力产生消极影响。遗憾的是，许多现行的评估和激励机制仍然过于偏重于传统的学术成果，如期刊文章和学术会议论文。这导致了一个现象，即许多科研人员为了保证自己在职业发展上的稳定和升迁，往往选择那些更为“安全”的研究方向，而避免涉及风险较大或难以量化成果的研究领域。这样，尽管科研人员内心可能对某些新兴或非传统的研究方向充满兴趣和热情，但由于现实压力，科研人员不得不放弃或暂缓这些计划。

对于那些已经投入大量时间和精力于非传统研究领域的科研人员，可能会感受到努力并未得到应有的认可和回报。在这种情况下，科研人员可能会逐渐失去对非传统研究的热情，进而转向那些更为“主流”且容易被认可的研究领域。长此以往，可能会形成一种恶性循环，即越来越多的科研人员选择远离非传统研究，导致非传统研究领域的发展受到制约。为了打破这一局面，高校和相关部门需要深入审视并更新现有的评价和激励机制，确保它们能够更加公正地评估各种学术成果，无论它们是传统的还是非传统的。只有当每一种学术努力都能得到公正评价和充分认可时，科研人员的积极性和创新性才能得到真正的激发，从而推动学术界不断向前发展。

（三）妨碍科学知识的传播和普及

科学不仅是学术界的事务，更是与社会的每一个角落息息相关。在当下这个信息高度发达的时代，科学知识的传播和普及对于提高公众的科学素养、破除伪科学和偏见以及支持科研创新具有至关重要的作用。而科普传播、教育创新等非传统成果正是这个过程中的关键因素。不可否认，学术论文仍是科研人员主要的研究输出，但这些内容往往难以被所有人所理解和接受，尤其是对于那些没有相关背景知识的人群。因此，需要有人将这些深奥的学术知识转化为通俗易懂的内容，使其能够被更广泛的人群所接触和理解。这正是科普传播和教育创新所起到的作用。

但是，如果这些非传统的成果未能获得足够的认可和激励，那么将很可能导致两种情况。一种情况是，擅长这些工作的科研人员由于缺乏足够的动力和回报，可能会选择转行或转向其他更为“主流”的研究领域；另一种情况是，那些正在从事或计划从事这些非传统研究的科研人员，可能会因为担心自己的努力不被认可而产生挫败感，进而影响其工作热情。当科普传播和教育创新的动力受到打击时，将直接影响到科学知识的传播和普及。只有当科学知识被广大人群所了解和接受，科学才能够真正发挥其应有的作用，推动社会的进步和发展。

（四）限制了多学科交叉和合作的机会

现今的科研进展不局限于单一学科的深入研究，更多的是跨学科的交叉和碰撞。这种交叉所带来的是全新的观点、方法和技术，为解决传统学科面临的长期问题提供了新的思路。数据分享、开源项目等非传统成果恰恰是这种多学科交叉合作的典型代表。数据分享和开源项目能为各个学科提供一个共同的平台，使得不同学科的科研人员能够容易地分享自己的研究成果和数据，从而促进跨学科的交流和合作。这样的合作模式能够极大地加速科研的进展，提高科研的效率和质量。例如，在生物学、计算机科学和物理学之间的交叉合作，已经产生了许多前沿的科研成果，如生物信息学、计算生物学等新兴领域的成果。

然而，如果这些非传统的成果不被认为是有价值的，那么可能会导致一个非常严重的后果：当觉得自己在跨学科合作中的付出不会得到相应的回报时，科研人员可能会选择避免此类合作，从而集中精力在传统的、能够被认为有价值的研究上。这样的局面不仅限制了科研人员的创新空间，也限制了学术界的整体进步。因为在当前这个知识迅速传播的时代，跨学科的交叉和合作已经成为推动科研进展的主要动力。如果错失了这样的机会，那么可能会导致科研在某些关键领域的进展受到阻碍。为了避免这样的局面，需要对现有的薪酬激励机制进行深入的审视和改革，确保它能够充分地认识到非传统成果的价值，从而鼓励学者积极推动跨学科的交叉和合作。只有这样，学术界才能够充分地利用所有的资源和机会，推动科研活动的进展。

四、反馈机制的静态化

（一）缺乏动态调整的能力

谈及科研领域，一个不容忽视的事实是其变革速度之快。随着新技术的应用、新方法的引入及研究方向的不断变化，科学家们面临的挑战和需求也在持续改变。在这样的背景下，薪酬激励机制可能也要随之调整。因此，任何固守旧模式而不考虑动态调整的机制都可能很快失去其效力。需要肯定的是，一个经过精心设计的薪酬激励机制能够在短期内为高校带来预期的效果。但是，随着时间的推移，如果反馈机制保持静态，即使面临明显的问题和不足，高校也可能难以发现并进行相应的调整。而这种与时代脱节的激励机制，不仅可能使高校错失更好的科研机会，还可能对科研人员产生消极的影响。

例如，近年来，开放式科研、跨学科合作和大数据研究在很多领域都成为热门话题。然而，如果高校的薪酬激励机制仍然只关注传统的学术论文数量和影响因素，而忽视了其他非传统但同样重要的成果，那么科研人员可能会更倾向于避免涉足这些新兴领域。这不仅可能使学术界失去宝贵的机会，还可能导致科研人员在某些关键领域的研究能力下降。而解决这一问题的关键，正是建立一个能够与时俱进、适应变化的动态调整机制。这样的机制应当能够定期收集并分析科研人员的反馈，及时发现激励机制存在的问题，并在需要的时候进行相应的调整。只有这样，薪酬激励机制才能始终与实际的科研需求保持一致，从而真正发挥出其应有的作用。

（二）忽视科研人员的声音和需求

科研人员处于学术研究的第一线，每日与研究数据、实验和论文打交道，深知研究过程中的难处与需求。然而，当薪酬激励机制过于静态且缺乏有效的反馈机制时，这些科研人员的声音可能被埋没，科研人员的建议、需求和不满也无法被及时传达与解决。薪酬激励机制的核心目的是更好地激发科研人员的工作热情和创新能力，促进学术研究的健康发展。然而，当机制本身不再与科研人员的实际需求相匹配时，原本的目标可能逐渐被逆转。科研人员可能会觉得自己的工作没有得到应有的重视，甚至可能对整个激励机制产生怀疑。

为了确保薪酬激励机制能够真正发挥其应有的作用，高校必须重视并及时响应科研人员的声音和需求。这不仅需要建立一个更为开放、透明和动态的反馈机制，还需要高校管理层对科研人员的工作给予更多的关心和支持。只有这样，高校才能确保其薪酬激励机制始终与时俱进，真正符合科研人员的期望和需求。

（三）限制了激励机制的创新和完善

薪酬激励机制并非一成不变的，它需要根据外部环境、学术领域的变化和内部的需求进行不断的调整和创新。反馈机制作为激励机制的重要组成部分，其动态性对于机制的及时优化具有至关重要的作用。当高校的反馈机制过于静态，那意味着它缺乏对外部变化的敏感性和应对能力。时代的变迁、学术领域的新发现和社会对学术研究的新需求，都可能对薪酬激励机制产生影响。只有充分了解并及时应对这些变化，高校才能确保其薪酬激励机制始终有效和合理。然而，一个静态的反馈机制很难为高校提供这种敏锐的“感知”。

除此之外，薪酬激励机制的完善也需要内部的持续反馈。科研人员对于激励机制的认知、体验和评价，都是优化机制的重要参考。如果反馈机制无法及时、准确地将这些信息传递给决策者，那么决策者就可能缺乏对激励机制实际效果的了解，从而难以对机制进行有效的调整和优化。而且一个静态的反馈机制可能导致高校对外部的创新思路和实践经验视而不见，其他高校或研究机构在薪酬激励机制方面的成功经验、国外的先进做法，甚至学界关于薪酬激励理论的新观点，都可能被高校所忽视。这无疑会使高校在这方面逐渐落后，甚至可能对其在学术界的竞争力产生影响。

（四）增加了机制执行中的风险

高校是学术研究的重要阵地，也是科学知识和技术创新的重要源泉。薪酬激励机制对于高校科研人员的工作动力和学术研究质量有着直接的影响。然而，反馈机制的静态化不仅阻碍了激励机制的优化，还可能带来执行中的各种风险。动态环境中的变革和创新是学术领域的常态，因为科研领域总是充满了新的机遇和挑战，科研人员的需求和期望也会随之改变。如果高校不能根据这些变化调整薪酬激励机制，那么机制的效果可能会逐渐降低，甚至可能出现一系列的问题。

对于科研人员而言，科研人员的职业生涯和学术声誉都与科研人员的研究工作紧密相关。如果薪酬激励机制不能真正激发科研人员的工作积极性，或者与科研人员的实际需求脱节，那么科研人员可能会感到失落和沮丧。这种情绪可能会导致科研人员对学术研究的兴趣减退，甚至可能选择放弃或转行。而且静态的反馈机制可能还会导致一些不明智的决策产生，高校管理者在制定或调整薪酬激励机制时，往往需要参考科研人员的意见和建议。但如果反馈机制无法及时、准确地为管理者提供这些信息，那么管理者可能会做出一些与实际情况不符的决策，从而增加执行中的风险。

第三节　预算管理与绩效考核相协同的改进策略

一、多元化评价标准与预算动态分配

（一）确保资源的合理利用

在高等教育领域，资源的合理分配和利用对于学术创新和高质量研究的开展至关重要。多元化的评价标准结合预算的动态分配方式，将为整体学术进步提供强有力的支撑。资源，尤其是财务资源，总是有限的。高校需要将这些资源投入那些有潜力、能产生重大学术成果和社会影响的研究项目中。单一的评价标准可能导致资源的过度集中，甚至可能滋生一些追求短期效益而忽视长远发展和深度探索的不良趋势。因此，构建一个多元化的评价体系，考虑到学术研究的多样性和复杂性，将使资源分配更为合理。

动态的预算分配策略意味着预算的分配和使用能够根据实际情况进行调整，不同的研究项目和领域有着不同的需求和发展阶段，固定的预算分配可能会导致某些领域的研究或项目因资金不足而受到影响。而动态分配则能确保各个项目根据其实际需求得到相应的支持，促进各领域均衡发展。还需要加以高度关注的是，多元化的评价体系还可以激发科研人员的创新精神和探索欲望。当评价标准不再仅仅局限于某一方面，如论文发表数量，科研人员会更有动力去尝试新的研究方向，进行深入的学术探索，从而推动整体学术界的进步。

（二）激发科研人员的创新潜力

在当今的科研领域，科研人员面临着前所未有的挑战与机遇。科技的进步和学术的发展要求科研人员不断突破自己，释放创新潜力。而如何真正调动这种潜力，与评价与激励机制息息相关。多元化的评价标准从更广泛、更深入的角度反馈科研人员的工作成果，其原因在于当评价不再局限于某一单一指标，科研人员会得到更为公正和全面的评价。例如，学科交叉合作的深度、创新程度、研究对社会或行业的实际影响，都可以让科研人员更加关注研究的质量和深度，而非单纯追求研究成果数量。这种评价方式有助于提高科研人员的自信和工作满足感，进一步激发其投入更高质量的研究中。

动态的预算分配策略也为科研人员提供了更大的空间去探索和尝试，科研工作本身具有不确定性和风险性，有的研究可能需要长时间的投入才能看到成果，而有的则可能在初期就有显著的突破。通过动态的预算分配，可以根据项目的实际进展和成果来进行调整，确保资源能够更有效地支持有潜力的研究。在这里，高校财务人员还要意识到激励机制还应当注重培养科研人员的创新思维和跨学科合作能力。多元化的评价标准和动态预算分配为科研人员提供了更多的机会和平台，与不同领域、不同背景的专家进行交流和合作，共同探讨和解决问题。这种跨学科、跨领域的合作模式，能够帮助科研人员开阔视野，获得新的启示，进一步激发其创新潜力。

（三）提高预算的灵活性和适应性

在学术研究中，科研人员无法预见所有的变数和新的研究趋势。有时，研究方向的突破性和重要性进展可能只是瞬息之间的事情。因此，固定的、静态的预算分配可能会束缚研究的进展，限制其发展空间。而一个具有高度灵活性和适应性的预算分配机制则能够应对这种快速变化的学术环境。动态预算分配意味着根据研究的实际进展和价值调整预算，这对于新兴的、有广泛影响的研究来说，可以获得更多的资源和资金支持，鼓励其深入发展，从而加速科学技术的进步。同时，对于未能达到预期或已经失去时效性的研究，适当地调整预算支出可以避免资源的浪费，提高预算使用的效率。

灵活和适应性强的预算分配还可以满足多样化的研究需求，例如，有些项目可能在初期需要大量的资金投入，后期则较少，而有些项目则可能在后期需要更多的支持。根据项目的实际情况进行预算调整，既能满足项目需求，又能确保预算的合理使用。这种预算机制还可以激励研究团队更加努力。这种机制可以鼓励团队成员更加积极地投入研究中，寻找更好的方法和方案，实现更高的研究成果。

（四）减少非健康的竞争和资源浪费

多元化评价的重要性在于其可以综合性地审视每一个科研项目的多个方面，而不仅是从一个单一的维度。例如，仅以论文数量为唯一评价标准可能导致忽视了论文的实际影响和质量。这种评价方式可能会引导科研人员走向数量优先的路径，进而忽视真正的研究质量和创新性。当过于追求某一单一指标，研究过程中可能出现一系列的问题，如学术不端行为、研究重复等。这不仅对学术的进步造成阻碍，同时也对有限的研究资源造成了严重的浪费。因此，建立一个公正、全面的评价机制可以为科研人员提供一个更为明确和合理的方向，使得科研人员在进行研究时能够更加注重研究的本质和真实价值。

动态的预算分配可以确保资源能够更加精准地投向那些真正有价值和前景的研究项目。这种方式可以避免因为固定的、不合理的预算分配而导致的资源浪费。例如，对于那些在初步研究阶段表现出较高潜力和价值的项目，可以及时增加预算，促进其更快地取得突破。反之，对于那些在实际研究中效果并不理想的项目，可以适时调整预算，避免进一步的资源浪费。多元化的评价标准还可以建立一个更为健康的学术竞争环境。

二、均衡短期与长期研究的预算支持

（一）长期研究的战略价值

深化学术探索和推动创新的很多时候都来自长期研究。这种研究可能不像应用研究那样迅速产生现实效益，但对于积累知识体系、培养研究人才和开创新领域都具有深远意义和战略价值。高校作为学术研究的主要阵地，有责任和使命支持这种战略性的长期研究。

长期研究往往涉及更为基础和广泛的问题，这些问题的答案可能直接影响到整个学术界的未来方向。例如，对于某个基本物理现象的深入探索，可能需要数十年甚至上百年的努力，但一旦取得突破性进展，它可能为众多应用领域带来革命性的变革。这种长期坚持和深入挖掘的过程是对学术界韧性和毅力的考验，也是对高校支持和坚持的考验。在经济效益驱动的背景下，长期研究可能面临着资金短缺和社会理解不足的问题。短期内可能难以看到直接的回报，但从长远来看，长期研究对于培育学术氛围、维护学术独立性和推动学术进步都是不可或缺的。高校应当坚守这一学术岗位，为长期研究提供必要的资源和环境，确保学术探索不受短视的影响。

（二）短期研究的应用价值

短期研究往往是对现有知识和技术的进一步利用与拓展，目的明确、产出成果周期短，具有很高的实际操作性。这类研究通常能够快速解决实际问题，为社会发展带来直接的益处。正因为其具有明确的应用目标和快速的产出周期，很多时候能够为高校带来切实的经济效益和社会影响。

在现今的知识经济时代，新的技术和知识迅速产生并广泛应用，对于解决紧迫的社会和技术问题有着巨大的需求。短期研究能够及时针对这些问题给出答案，为企业、政府和公众提供实际的帮助。这不仅可以增强高校的社会服务功能，也能为高校带来实际的经济回报和声誉。

高校在预算分配时，需要充分认识到短期和长期研究之间的互补关系。短期研究能够产生快速的应用效果，但长期研究则是为学术领域埋下深远的种子。因此，在实际的预算分配中，应当确保这两种研究都能得到充分的支持和鼓励。

（三）动态的预算调整机制

随着技术的迅速发展和社会需求的日益变化，研究的焦点和方向也在不断地演变。这意味着，仅仅依赖每年固定的预算分配机制，已经不能满足高校科研的实际需求。因此，高校需要摒弃传统的预算制定方式，转而采用一种更加灵活和动态的方法。预算调整的核心在于“反应速度”，当某一研究领域突然兴起或当某一项目突然展现出巨大的潜力时，高校应当能够迅速做出反应，为这些研究提供必要的资金支持。这种迅速的反应不仅可以捕捉到学术界的最新动态，也可以确保高校始终走在研究的最前沿。

动态预算调整机制也有助于防范潜在的风险，研究项目在进行过程中，往往存在很多不确定性。有的项目可能会因为各种原因进展缓慢，有的则可能在中途遭遇重大困难。通过定期的预算审查和调整，高校可以及时发现这些问题，并采取相应的措施，避免无效的投入和资源浪费。而从科研人员的角度来看，灵活的预算制度也能带来更大的激励。因此，建立一个动态的预算调整机制，既是对外部环境变化的有效应对，也是对内部科研人员激励的加强。只有这样，高校才能确保每一分钱都投入最有价值的研究中，推动科研事业不断向前发展。

（四）科研人员的培训与指导

科研是一个涉及多方面知识和技能的复杂活动，无论是短期还是长期的研究，都需要科研人员具备一定的理论基础和实际操作能力。因此，培训和指导在科研活动中占据了非常重要的位置。与此同时，正确看待和平衡短期与长期研究，也是每一个科研人员需要掌握的重要知识。培训的内容不仅是科研方法和技巧，更重要的是研究思维和视野。一个优秀的科研人员，不仅要能够熟练掌握各种研究工具和方法，还要能够站在更高的高度，看到研究的整体和方向。而这种能力，往往需要通过长时间的培训和实践来积累和形成。

指导是另一个关键环节。与培训不同，指导更注重个体的差异化需求和问题。每一个科研人员都有自己的研究背景、兴趣和特点，科研人员面临的问题和困难也各不相同。因此，需要有经验丰富的指导者，根据科研人员的实际情况，提供个性化的建议和帮助。这不仅可以帮助科研人员解决具体的问题，更可以帮助科研人员形成正确的研究思维和习惯。然而，无论是培训还是指导，其最终目的都是帮助科研人员更好地完成研究工作。短期与长期研究有着不同的特点和要求，科研人员需要明确自己的研究方向和目标，根据实际情况制订合理的研究计划。只有这样，科研人员才能更为有效地使用研究资金，提高研究的质量。

三、预算分配考虑非传统成果

（一）认识到非传统成果的价值

非传统成果所带来的价值，不仅体现在其直接的经济效益方面，更多的是对于科学知识的推广和普及以及为未来的研究和应用创造可能性。如何正确评价和支持这些非传统成果，成为高校科研管理中的一个重要问题。在当今信息时代，数据已经成为一种新的资产。数据分享不仅能够促进学术交流，还可以为工业界提供宝贵的原材料。例如，对公开数据的分析和挖掘，可能会产生新的研究方向或商业模式。而开源项目，则直接体现了科研成果的开放性和实用性。一个成功的开源项目，不仅可以为社会带来技术的进步，还可以吸引更多的人才加入，形成一个良好的创新生态。因此，非传统成果的价值不容忽视。

科普传播和教育创新也是非传统成果中的两个重要方面。科普传播能够让更多的人了解和认识到科学的魅力和价值，提高整个社会的科学素养。教育创新则是对传统教育方法和内容的一种挑战和创新，它可能会为教育界带来新的变革和机会。可是，虽然非传统成果的价值日益凸显，但在很多高校的预算分配中，它们仍然没有得到足够的重视。这是因为非传统成果的评价标准和机制还不够完善，导致它们在绩效考核中的权重相对较低。但随着科技的发展和社会的进步，人们已经开始意识到，非传统成果不仅是一种补充，更是一种创新和机会。

（二）设置专项资金支持

专项资金支持的设置体现了高校对非传统科研成果的重视，也为那些跨界、创新，并且具有广泛社会影响的研究提供了可靠的资金来源。而这样的资金安排能够直接促进科研活动的多元化，满足了社会日益复杂的需求。

其间，设立专项资金具有其明确的目标，这不仅是为了支持和奖励非传统科研项目，更是为了引导科研人员去开拓新的研究领域，探索不同的科研路径。例如，对于那些致力开源项目的研究者来说，运营资金的支持意味着科研人员可以更专注于项目的研发和完善，而不用担心资金来源的问题。同样，为数据分享项目提供存储和维护资金，不仅可以确保数据的安全性和可靠性，还可以鼓励更多的科研机构和个人共享自己的数据，促进学术界的交流和合作。从更长远的角度看，设置专项资金还能为高校带来更大的回报。当非传统科研项目得到充足的资金支持并得以发展时，它们所带来的社会影响和经济效益将远远超过初期的投资。例如，一个成功的开源项目可能会吸引大量的使用者和开发者，从而形成一个活跃的社区，为高校带来广泛的知名度和声誉。而一个高质量的数据分享平台，则可以吸引众多的科研人员来使用和贡献，从而促进学术研究的进步。

（三）绩效考核的多元化

绩效考核作为评价科研人员工作的关键环节，其多元化不但能更为全面地反映科研人员的工作成果，而且能更好地激励和鼓励科研人员在多个领域中做出突出贡献。而当今的科研环境，早已不局限于传统的学术输出，如论文发表或项目申报。非传统的成果，如软件开发、数据管理和科学传播等，同样具有重要的学术和社会价值。引入非传统成果的绩效考核，能够更为真实地体现出科研人员的全面价值。例如，一个科研人员可能在开源项目中做出了突出贡献，这不仅能为学术界带来实用的工具和方法，还能为公众带来便利和益处。再如，通过数据分享，科研人员可以与其他研究者分享自己的数据，促进了学术界的交流和合作，这同样是对学术和社会的贡献。

绩效考核的多元化，关键是要确保各个考核指标都能够公平、准确地反映科研人员的工作成果。这意味着，除了需要引入新的考核指标，还需要对现有的考核机制进行细致的调整和优化。例如，对于开源项目的考核，可以考虑其活跃度、用户数量、代码质量等指标；而对于数据分享，可以考虑其数据质量、使用频次、引用次数等指标。此外，还可以考虑对科研人员在科普传播、教育创新等领域的贡献等指标，如其撰写的科普文章的阅读量、点赞数、转发数等。

（四）加强与产业界和社会的合作

在当前的科研环境下，高校与产业界和社会的紧密结合已经成为一种常态。这种合作不仅是基于资金的需求，更是基于知识转化和科研成果的实际应用价值。这种合作形式可以为高校带来诸多好处，为非传统的科研贡献找到更广阔的应用场景和实际价值。

与产业界的合作，可以将高校的非传统科研贡献快速转化为实际的应用价值。例如，一个与实际需求紧密相连的开源项目，可以快速得到企业的关注和采纳，从而为企业带来实际的效益。而这种快速的知识转化过程，可以进一步激励科研人员进行更为深入和实用的研究，从而形成一个良性的循环。此外，与企业的紧密合作还可以为高校带来更为稳定和丰富的资金来源，为科研工作提供更为稳健的支撑。

而与社会的合作，则可以将高校的非传统科研贡献更好地普及到更广泛的人群。例如，与政府部门或非政府组织的合作，可以帮助高校的科普传播工作得到更为广泛的关注和支持。与社会的合作还可以帮助高校更好地理解社会的实际需求和挑战，从而进行更为贴近实际的研究。加强与产业界和社会的合作，无疑是高校发展的必然选择。但这并不意味着高校可以随意与任何组织进行合作。必须进行严格的筛选和评估，确保合作项目的质量和价值。只有这样，才能确保合作的成功，为高校带来真正的好处。希望高校能够认识到这一点，积极寻找和建立与产业界和社会的合作机会，为非传统的科研贡献找到更广阔的应用场景和实际价值。

四、建立动态的预算调整与反馈机制

（一）建立实时反馈平台

建立实时反馈平台的目的不仅是收集意见和建议，更是形成一个开放、透明和互动的环境，使得科研人员能够对预算分配和激励机制有更深入的了解和参与感。这样的平台不仅能提高科研人员的满意度和积极性，还能为高校带来更为精准和有效的管理策略。由于简单易用的平台设计是确保反馈质量的关键，因此平台应当具备直观的界面和简洁的操作流程，使得科研人员无需经过烦琐的学习和操作即可进行反馈。同时，平台还应当提供多种反馈形式，如文字、语音、图片等，以满足不同科研人员的需求和习惯。此外，为了保证反馈的真实性和针对性，平台还应当设置一定的身份验证和内容筛选机制，确保每一条反馈都是真实、有效且与主题相关的。

为了提高科研人员的参与度，平台还可以通过设置激励机制来鼓励更多的科研人员进行反馈。这些激励可以是虚拟的积分、徽章等，也可以是实际的物质奖励或者优先权利。除此之外，平台还应当设有专门的团队负责日常的维护和管理。这个团队不仅要确保平台的正常运行，还要及时收集和整理反馈信息，为高校提供有价值的数据支持。同时，团队还要负责与科研人员进行互动，对科研人员的反馈进行回应，让科研人员感受到自己的声音被重视和采纳。

（二）定期审查与调整

定期审查与调整的过程不只是简单的数据梳理，更是一个科学、系统且与时俱进的决策过程。这种决策过程需要综合考虑多方面的因素，包括科研人员的工作内容、科研方向的发展趋势、高校的长期规划以及外部环境的变化。考虑到科研工作的特点，其需要的资源和支持往往会随着时间和研究方向的变化而发生变化。因此，单一的、固定的预算分配方式不能满足科研人员的实际需求。通过定期审查与调整，高校可以更为精确地判断哪些项目资金需要更多的支持，哪些项目资金可以进行适当地削减，从而确保每一分开销都能落到实处。

同时，定期审查与调整的过程也是一个与科研人员进行沟通和交流的过程。通过这种沟通和交流，高校可以更为深入地了解科研人员的实际情况和需求，从而使得预算和激励机制更为符合实际。这不仅可以提高科研人员的满意度和工作积极性，还可以为高校带来更为长远和稳定的发展。但依然需要强调定期审查与调整的过程也需要注意一些问题，例如，这个过程不能过于频繁，否则可能会导致科研人员的工作受到干扰，影响科研工作的正常进行。此外，这个过程也不能仅仅依赖于数据和数字，还需要综合考虑多方面的因素，包括科研人员的意见和建议、高校的长期规划、外部环境的变化等。

（三）与绩效考核相协同

绩效考核与预算分配的关系如影随形，两者的互动和相互影响在科研管理中占据核心地位。只有当两者完美对接，才能真正实现资源的合理配置，切实提高科研人员的工作效率和积极性。科研工作与其他行业存在本质区别，尤其在成果的周期性和不确定性上。某些科研项目可能经年累月都没有明显的成果，但突然之间实现了重大突破，这种现象在科研领域并不罕见。因此，绩效考核不能仅基于短期的产出，更应该着眼于科研人员的长期贡献和潜力。在这种背景下，预算分配应当与绩效考核形成有效的协同，确保资源能够更好地流向那些真正有价值和潜力的研究项目和人员。

预算调整与绩效考核的协同还能为高校提供一个有效的激励机制，对于那些表现出色的科研人员，高校可以通过增加预算，为其提供更多的资源和机会，进一步鼓励其深入研究，实现更大的突破。相反，对于那些表现不佳的科研人员，高校可以通过缩减预算，促使其反思和调整研究方向，或者寻找新的合作伙伴，共同推动项目的进展。但也应该注意，预算和绩效的协同不能过于机械化，也不能仅仅依赖于数字和数据。人的因素在科研工作中始终占据主导地位，每一个科研人员都有其独特的价值和潜力。高校在进行预算调整与绩效考核的协同时，应当充分考虑科研人员的特点和需求，避免简单地将人和数字画等号，从而确保每一位科研人员都能得到合理的待遇。

（四）建立长效机制

长期预算规划首先应关注的是研究的方向和重点。科技发展日新月异，今天的热点可能会在未来被其他新的技术或理念所取代。因此，长效机制要有超前性，能够预测未来科技发展的趋势，从而在预算分配上为那些具有长远发展潜力的领域和项目提供更为稳固的支持。与此同时，建立长效机制也意味着高校和科研人员之间建立互信关系。这种互信不仅体现在经费的投入上，更重要的是双方都能为共同的目标而努力，相互支持，形成合力。高校应提供更为完善的研究环境和条件，确保科研人员能够全心投入研究中。反过来，科研人员也应当珍惜高校提供的每一份资源，用实际的研究成果来回报高校的支持。

长效机制的建立还要考虑到人才培养和流动性问题。随着时间的推移，部分科研人员可能会退休或转换研究领域，新的科研人员也会加入团队。在这种情况下，如何确保预算和激励机制仍然能够满足不同人员的需求，成为长效机制需要考虑的重要问题。高校可以通过设立人才培养基金，专门用于支持新入职的科研人员，帮助其快速成长和适应。建立长效机制还要注重与外部环境的互动，这包括与政府部门、产业界、其他学术机构等进行合作和交流，共同探讨未来的发展趋势和需求。高校可以通过这种方式获取更多的外部资金支持，同时也能确保研究的方向和内容始终与时俱进，具有广泛的社会价值和意义。

第四节　薪酬激励机制下的资金筹措新方法

一、构建产学研合作模式

（一）资源整合与共享

资源整合与共享是推动产学研合作模式成功运作的核心。在这种模式下，高校、企业和研究机构相互补充，形成一个有机的、高效的合作生态系统。谈及资源整合，不能仅限于物质资源，更要关注各方所持有的知识和技能。高校拥有大量的学术研究成果、前沿科技和人才培养能力，这为企业和研究机构提供了宝贵的智力支持。反过来，企业与研究机构在实际操作、市场应用和技术推广方面拥有丰富的经验。这种知识、技能与经验的结合，能够快速地将理论研究转化为实际应用，缩短研究成果的落地时间。

然而，要想真正实现资源共享，必须建立一个平台或机制，使各方能够便捷地获取所需资源。这就要求各方在合作初期就明确各自的权利和义务，确保资源共享的公平、透明和高效。例如，高校可以与企业签署合作协议，明确研究成果的归属和分配，同时确保科研人员在合作中的权益得到保障。而对于薪酬激励机制，资源整合与共享为其提供了新的筹措资金的路径。传统的薪酬来源主要依赖高校的经费分配，而在产学研合作模式下，企业和研究机构可以为科研人员提供更为丰厚的经费激励，如研发奖励等。这不仅能够激励科研人员更加积极地投入研究中，也为高校提供了新的薪酬筹措方式。这样资源共享的过程显然对各方之间的深度融合起到最大的作用，这不仅是知识和技能的交流，还包括文化、管理理念和工作方法的相互融合。这种深度融合能够为各方带来更多的创新机会，推动研究工作的持续开展。而在这个过程中，薪酬激励机制作为重要的驱动力，起到了至关重要的作用。

（二）实际应用导向

在这种模式中，高校的研究方向和目标往往与企业和研究机构的需求紧密相关。这样的合作关系为高校提供了一个与实际应用紧密相连的研究环境，确保科研活动始终与市场和社会需求保持同步。对于高校来说，与企业和研究机构的合作可以获取更多的研究资源和资金支持。不仅如此，企业和研究机构往往在市场和技术应用方面有着丰富的经验，这为高校提供了一个宝贵的实践场所。可以想象，在这种环境下，科研人员能够深入了解市场需求，开展更为针对性的研究，确保研究成果能够更快、更好地转化为实际应用。

同时，实际应用导向也为科研人员带来了更为广阔的职业发展机会。在产学研合作模式下，科研人员有机会与企业和研究机构的专家紧密合作，了解市场需求，参与技术转化和推广，这无疑为其提供了一个更为广阔的舞台。实际应用导向并不意味着完全放弃基础研究。相反，基础研究和应用研究应当相辅相成，共同推动科技的进步。

（三）风险分担与共同发展

风险是科研活动中无法避免的一个环节。当涉及高额的投资、先进的技术或者探索性的研究时，面临的风险更大。但在产学研合作模式中，这种风险得到了有效的分散和降低，同时也提高了研究成功的概率和益处。在传统的研究模式中，高校往往单独承担起所有的研究风险。但这种模式的局限性很明显。对于需要大量资金和长时间投入的研究项目，高校可能会面临资金短缺、技术不足或其他外部因素的困扰，导致研究项目的进展受阻。而在产学研合作模式下，企业和研究机构的加入，使得这种风险得到了有效的分散。

这种风险分担的背后是对共同发展的深度追求。企业和研究机构参与到高校的研究项目中，并不是为了分担风险。它们看到了与高校合作所带来的巨大潜在价值。一方面，高校的研究能力和人才储备为企业和研究机构提供了宝贵的资源，帮助它们在技术和市场上取得领先地位；另一方面，企业和研究机构的参与，使得研究项目更加符合市场需求，提高研究的商业价值。同时，共同承担风险也意味着共同分享成果。在研究项目成功的时候，不仅高校能够从中获益，企业和研究机构也能够分享到研究的果实。这种双赢或者多赢的局面，使得各方更加积极地参与到合作中，推动研究项目向前发展。

二、众筹与社会捐赠

（一）广泛的参与和互动

众筹和社会捐赠已经成为当今资金筹措的新趋势，这种方式所带来的影响不仅仅局限于资金方面，其更深层次的意义体现在广大社会各界能够参与其中，直接或间接地与高校的研究工作建立联系。这样的直接互动，有助于形成一个富有活力和创意的研究生态。当高校选择众筹和社会捐赠作为资金筹措方式时，与之相伴的是向大众传达自身研究价值和意义的机会。而对于大众而言，可以直接了解到高校的研究方向、目标和已取得的成果，这种透明的信息交流机制有助于建立双方的信任关系。

在众筹和社会捐赠的过程中，高校还可以借此机会进行更广泛的宣传和推广。通过各种线上线下的活动、工作坊和讲座等方式，可以吸引更多公众的参与，进而拓展其影响力。与此同时，公众对于高校的研究工作也会有更深入的了解，从而在心理上更容易产生支持的动力。这种广泛的参与和互动，有助于形成一个积极向上、充满活力的研究氛围。

当高校的研究工作得到大众的认可和支持时，科研人员的工作积极性和创新意识也会得到相应的提高，从而推动整个研究团队向更高、更远的目标前进。

（二）提高社会认知度与影响力

进入数字化时代，信息流通的速度和范围都在飞速扩展。在这种背景下，高校如果能有效地利用众筹或捐赠平台来展示自身的研究项目和成果，不仅可以筹集到所需的资金，还能在社会大众中塑造一个积极、创新和前沿的形象。这种形象建设，进一步推动高校科研在社会中的认知度与影响力持续提高。众筹或捐赠平台上的每一个项目和成果，都是高校与社会进行互动的一个窗口。通过这个窗口，公众可以直观地了解高校的研究方向、目标和已经取得的进展。更为重要的是，这也为公众提供了一个参与和支持高校研究的机会。而一旦得到了公众的支持，高校的研究项目和成果就容易得到更广泛的传播和应用。

这种广泛的传播和应用，对于高校而言，意味着更多的合作机会、更广泛的社会资源和更高的社会声誉。对于公众而言，也意味着可以更加直接地受益于高校的研究成果。这样的互惠互利，进一步加深了高校与社会的联系，也为高校科研的持续发展创造了更加有利的外部环境。高校还可以通过众筹或捐赠平台，与公众建立更加紧密的互动关系，如意见反馈、建议提供和技术合作等多种形式。这样的多元互动，不仅有助于高校科研的持续创新，还可以进一步提高大众对高校科研的信任度和支持度。

（三）灵活性与多样性

众筹与社会捐赠为资金筹措开辟了新的渠道，尤其在薪酬激励机制的影响下，科研人员对这些方式都展现出了极高的兴趣。当今的科技快速进步，社交媒体和数字平台的普及为众筹和社会捐赠带来了空前的机会。高校可以依托现有的技术平台，快速推广研究项目，让更多的人了解到研究的内容、价值和意义。同时，这种方式还为高校带来了与社会大众的直接沟通机会，这不仅有助于筹集资金，还能提高研究项目的社会关注度和影响力。

众筹与社会捐赠在筹资策略和活动形式上，表现出极大的灵活性与多样性。高校可以根据研究项目的性质、目标受众、筹资金额等因素进行策略调整和选择。例如，对于那些具有广泛社会影响力和关注度的研究项目，高校可以选择开展大规模的线上众筹活动；对于那些需要特定受众支持的研究项目，高校则可以选择进行定向的线下捐赠活动。这种灵活的筹资方式不仅可以更有效地吸引资金，还能为高校带来更多的合作机会和资源。

（四）鼓励创新与社会责任

创新一直是科研工作的核心。但在众筹和社会捐赠的背景下，创新的定义变得更为宽泛和多元，不再局限于技术和理论的突破，而是更多地涉及解决实际问题、满足社会需求和改善人们的生活。这也意味着，高校在筹集资金的过程中，需要更加注重与社会大众的沟通和交流，理解科研人员的期望和需求，以确保研究的方向和内容与社会的发展同步。另一方面，社会责任成为高校在进行众筹和社会捐赠时必须考虑的因素。作为社会的一部分，高校有责任确保其研究项目对社会有益，不会对环境和人类造成伤害。这不仅是出于伦理和道德的考虑，更是因为只有这样，高校才能赢得社会大众的信任和支持，确保资金筹措的成功。

三、知识产权转让与许可

（一）激发研究创新

知识产权转让与许可为高校带来了双重的激励。一方面，当研究者知道其成果有可能商业化并为社会带来实际益处时，内在的成就感和对社会的贡献会带来强烈的动力。另一方面，知识产权的经济回报也为研究者和高校带来了明确的收益，这无疑是对科研人员辛勤工作的有力回报。在知识产权转让与许可的背景下，科研人员可能更倾向于开辟那些具有商业价值和社会需求的研究方向。这种转变在某种程度上为社会提供了更实际、更切实的技术和解决方案。研究不再是纯粹的学术追求，而是与产业界、市场和社会紧密结合，形成一个紧密的产学研生态链。

为了保证知识产权转让与许可的成功，高校也需在内部制定一系列相关政策和措施。例如，加强知识产权的培训和教育，确保科研人员了解其权益；为科研人员提供与产业界的交流平台，了解市场需求；加强知识产权的保护和管理，防止成果被侵权。另外，知识产权转让与许可还为高校和科研人员提供了更广泛的合作机会。与企业或其他机构的合作不仅可以为研究带来资金支持，还可以为科研人员提供更多的资源，促使研究更加深入和广泛。

（二）强化与企业的合作关系

知识产权转让与许可已成为连接高校和企业的重要桥梁。在当前的经济环境下，企业与高校的合作关系已经超越了简单的资金输送，演变为真正的技术和知识共享。企业期待从高校获得创新的技术或研究，以增强其在市场中的竞争力。相应地，高校也希望其研究成果能够在市场上得到真正的应用，为社会带来更大的价值。企业与高校的合作模式也在不断创新，不再局限于简单的技术转移或资金投入，而是涉及共同的研发、人才培养、市场推广等多个领域。

高校需要在与企业合作中发挥主动作用。不仅要积极寻找与企业合作的机会，还要为企业提供高质量的研究成果和服务。只有这样，才能确保合作关系的稳定和长久，为双方带来真正的共赢。与企业的深度合作也带来了一系列的挑战。如何确保知识产权的保护和价值的实现，如何处理与企业的利益冲突，如何确保研究的独立性和公正性，都是高校需要面对的问题。但只要双方都能够本着诚信、合作的原则，这些问题都是可以得到妥善解决的。

（三）提高知识产权的经济价值

当今的知识经济时代，知识产权作为一种无形资产，其经济价值得到了越来越多的关注和重视。高校所拥有的知识产权资源是其核心竞争力之一，如何提高知识产权的经济价值，成为各高校和相关机构迫切需要解决的问题。高校需要深入研究市场需求，对其知识产权进行合理的评估和定价。这需要高校与市场、产业界建立更加紧密的联系，对市场的需求、竞争态势进行深入地分析，确保知识产权的定价更为合理，更符合市场规律。

高校需要建立一套完善的知识产权管理机制。这包括知识产权的申请、保护、使用、维权等各个环节。只有确保知识产权的安全和有效使用，才能真正提高其经济价值。与此同时，高校需要与企业建立长期、稳定的合作关系。通过知识产权的转让、许可、合作研发等方式，与企业共同开发市场，实现知识产权的资本化。知识产权的资本化还需要高校与金融机构的深度合作，金融机构可以为高校提供知识产权质押贷款、知识产权证券化等金融产品和服务，助力高校提高知识产权的资本化价值；高校也需要为金融机构提供高质量的知识产权资源，确保金融机构的权益得到有效保障。

（四）促进知识产权的实际应用

在现代社会，知识产权的价值不仅体现在它的创新性上，更体现在其实际应用中为社会带来的价值。当高校的研究成果仅停留在学术领域，其实际价值并不能完全体现。因此，与企业合作，促进知识产权的实际应用显得尤为重要。知识产权的转让与许可为高校的研究成果打开了一扇大门，使其能够走出学术领域，进入实际的生产和市场中。当企业看到某一项研究成果有可能为其带来经济效益或市场优势时，它们更愿意投入资源进行进一步的研发和应用。这为高校的研究成果提供了一个实际应用的平台。

这种合作不仅是高校出售其知识产权的行为，更是一种合作与分享的模式。高校提供创新的研究成果，企业负责将这些研究成果转化为实际的产品或服务。这种模式使得双方都能从中受益：高校可以获得出售知识产权的经济回报，企业则可以获得市场竞争的优势。同时，当高校的研究成果被企业采纳并应用，也为高校提供了反馈。高校可以了解其研究成果在实际应用中的表现，从而指导其后续的研究方向，使之更加贴近市场的需求。

四、设立研究基金与合同研究

（一）强化市场导向的研究方向

在当前的经济环境下，研究的实用性和对社会的价值正逐渐被提升到重要位置，远离了过去单一地追求学术价值的模式。横向合同研究项目与企业之间的合作，为高校提供了一个了解市场需求的平台。与此同时，企业能从中获得技术和知识的支持，以应对日益激烈的市场竞争。这种合作模式为双方创造了价值，更为重要的是，它将高校的研究活动与市场经济相结合，促使研究方向更贴近市场需求。

在这种模式下，高校不再是孤立的学术研究机构，而是成为企业和市场的合作伙伴。高校研究的方向和内容更加注重实际应用，为市场提供创新的技术和解决方案。这样的研究更容易得到社会的认同和支持，也更有可能为社会带来实际效益。而且这种紧密的合作关系也为高校带来了更多的资源和机会，企业和其他机构往往愿意为有市场前景的研究项目提供资金支持，这为高校提供了更为宽广的研究空间。其间，与企业的紧密合作还能为高校的学生和科研人员提供实践的机会，帮助科研人员更好地理解市场，培养科研人员的实际操作能力。

（二）提供稳定的资金支持

合同研究之所以能够为高校带来稳定的资金支持，与其本身的性质密切相关。它基于特定的项目或研究课题与企业或其他机构之间达成的合作协议，这些合作方通常对研究结果有明确的期望和需求。合同研究与企业之间的紧密关系意味着资金流通是建立在互惠互利的基础上，高校通过提供知识和技术解决方案，帮助企业解决实际问题或提高其竞争力，而企业则为高校提供资金支持，以保障研究的顺利进行。因此，这种合作模式在本质上已经超越了单纯的“买卖”关系，更多的是一种长期持续的合作伙伴关系。

这种长期的合作关系为高校的科研活动带来了稳定的资金支持。稳定的资金来源意味着研究可以按计划进行，资源可以得到合理的分配，从而提高研究的效率。在合同研究中，研究内容和方向通常是由合作方提出或经过双方协商确定的。这确保了研究的实际价值和市场导向，从而提高了研究成果商业化的可能性。商业化的研究成果，往往可以带来更高的经济回报，为高校带来更多的资金支持。

（三）促进产学研深度融合

横向合同研究项目的推进，无疑为现代科研活动中的产学研融合开辟了新的道路。这种融合不仅体现在研究方向和内容上，更体现在合作双方的共同目标、利益和期待中。高校作为知识和技术的创新中心，常常秉持着探索未知、推进科学前沿的目标进行研究。然而，单纯的学术探索可能会与市场需求存在一定差距。而企业和其他机构则是市场的直接参与者和反馈者。当高校与企业或其他机构合作时，这种差距便被有效地缩短。高校可以根据企业的需求，调整或确定研究方向，使之更加贴近市场。这种调整不是简单地放弃学术追求，而是在学术追求的基础上加入对其实际应用的考量，使得研究既有深度又有广度。而且产学研融合还有助于加速科研成果的转化过程，因为传统的科研活动中，从研究到成果转化，往往需要经过一个漫长的过程。但在横向合同研究项目中，由于研究方向和目标已经与市场需求相匹配，研究成果的转化速度往往会得到大大加快。

（四）提高研究的应用价值

在现今这个快速发展的时代，应用性研究与创新越来越受到重视。合同研究正是一个连接高校与市场、提供应用性解决方案的桥梁。因为市场需求是现代研究的核心驱动力之一，不同于传统的基础研究，合同研究更注重研究成果的实际应用和市场价值。当高校与企业或其他组织合作时，研究的方向和内容往往是由实际的市场需求来决定的。这样研究成果不再是封存在学术论文里的理论知识，而是可以真正转化为有实际价值的技术或产品。

这样的合作方式提高了研究的实际价值，也为高校带来了诸多好处。一是高校的研究成果能够得到实际的应用，这无疑会提高高校在社会上的知名度和声誉。而这种知名度和声誉又会吸引更多的企业或机构与高校合作，形成一个良性循环。二是合同研究为高校提供了一个与市场直接对接的平台。高校不再是一个孤立的学术机构，而是成为市场的一个重要参与者。这样的身份，不仅可以帮助高校更好地了解市场需求，还可以为高校的研究人员提供更多的实践机会，帮助科研人员更好地将理论知识转化为实践技能。

第九章　结论和展望

第一节　研究结论总结

一、财务管理与激励机制的紧密关联

（一）预算管理的角色

预算管理在高校科研人员激励机制中发挥了不可替代的作用，作为确保薪酬激励机制顺利实施的基石，它涉及的内容远比人们所想的更加复杂。预算的制定和执行直接影响到高校科研人员的积极性和创新力，从而影响整体的研究水平和成果的产出。高校的预算管理不仅是关于资金的配置，还是一个反映高校战略意图、目标与任务的计划。因此，当高校设定薪酬激励机制时，预算管理确保了所制定的激励机制与高校的整体战略、目标和期望相一致。这种一致性为科研人员提供了明确的方向，帮助科研人员了解高校对某一研究领域的期望成果和重视程度，进而调整自己的研究方向和策略。

预算管理还涉及对未来趋势的预测和风险的管理，因为科研活动本身就充满了不确定性，无论是研究的成果还是所需的时间和资源都很难被精确预测。因此，当高校设定预算时，必须考虑到这些不确定性，并为可能出现的风险做好准备。通过预算管理，高校可以在经济困难时期调整策略，确保关键的研究项目得到足够的资金支持，同时保持对科研人员的薪酬激励不变。在高校内部，预算管理还涉及各个部门和科研团队之间的协调和沟通。预算的分配不仅基于过去的绩效，还基于对未来的期望和对各个项目的战略价值的评估。这需要各个部门和团队之间充分沟通，确保资源能够有效地配置到最有价值的项目上。这种协调和沟通有助于建立一个公平透明的激励机制，从而提高科研人员的满意度和忠诚度。

（二）绩效考核与财务成果的连接

绩效考核在高校科研人员激励机制中发挥着至关重要的作用，它既是评价科研人员工作绩效的标尺，也是连接其工作绩效与财务成果的桥梁。这种连接方式赋予了财务指标在科研人员的评价和激励中一个重要的角色，进而导致科研人员的工作聚焦于产生实际的经济效益。高校的科研活动往往需要长时间的积累和研究，在短时间内难以产生直接的经济效益。但绩效考核通过将财务指标纳入评价体系，确保了在长期研究的同时，科研人员也能关注短期的经济效益。这种考核方式鼓励了科研人员在选择研究方向和方法时，既要有长远的眼光，也要关注短期的经济回报。这一方式既满足了科研的长期性需求，也确保了高校的经济效益。不仅如此，将绩效与财务成果相结合的考核方式，也有助于高校有效地配置资源。当科研人员明白工作绩效与经济效益之间存在直接的联系时，更容易对自己的工作进行自我管理，优化资源配置，从而提高工作效率。这不仅有利于提高科研人员的工作满意度，还有助于高校在有限的资源下取得更好的研究成果。这种考核方式还为高校提供了一个有效的工具，来评估和调整其科研策略。当某一研究领域或项目在财务状况上表现出色时，高校可以加大对其的支持和投入，相反，当某一领域或项目在经济上表现不佳时，高校可以及时调整策略，重新分配资源，以确保经济效益最大化。

（三）资金筹措策略的影响

资金筹措策略在高校科研人员薪酬激励机制中占据了重要的位置。有效地筹集和管理资金不仅为薪酬激励机制提供了坚实的财务基础，还为科研人员提供了强有力的激励源。因此，高校如何进行资金筹措以及如何将筹集到的资金用于激励机制，是一个需要深入探讨的课题。为了支持薪酬激励机制的实施，高校首先需要建立一个健全的筹资体系，这个体系应当确保高校在任何时候都有足够的资金来支持其薪酬激励计划。这意味着高校需要考虑多种筹资途径，如政府拨款、企业捐赠、校友捐款等，通过多渠道筹资，高校可以确保其薪酬激励计划的持续性和稳定性。

除了筹集资金，高校还需要对筹集到的资金进行有效管理。这意味着高校需要出台明确的资金使用规定，确保每一分钱都能用于支持薪酬激励机制。为此，高校可以建立专门的基金管理委员会，负责对资金使用情况进行监督和审计。这既确保了筹集到的资金得到了有效利用，也为科研人员提供了更多的激励来源，如研究基金、奖励金等。但仅仅依靠高校自身的筹资能力是不够的。为了确保薪酬激励机制的成功实施，高校还需要积极与外部机构合作，如与企业合作开展研究项目，或者与政府合作申请研究基金。这些合作不仅可以为高校带来更多的资金支持，还可以为科研人员提供更广阔的研究平台和更多的激励机会。

（四）财务管理的战略定位

薪酬激励作为一个能够激发科研人员潜力的工具，与财务管理的战略定位相结合，不仅可以促进科研成果的产出，还可以推动高校的长远发展。高校的财务管理战略首要考虑的问题是如何为科研人员提供一个稳定、公正且具有吸引力的薪酬体系。这需要高校确定明确的财务目标，并根据这些目标确定相应的薪酬策略。例如，高校可以设定科研成果的数量和质量目标，并根据这些目标为科研人员提供相应的薪酬激励。这样，科研人员在追求自己的研究目标的同时，也能够为高校的长远发展做出贡献。

高校的财务管理战略还需要考虑如何合理地分配资源。在资源有限的情况下，高校需要确保每一分钱都能发挥出最大的效益。这就要求高校在分配资源时，不仅要考虑到当前的需求，还要考虑到未来的发展。例如，高校可以将部分资金用于基础设施的建设和维护，以确保科研人员有一个良好的工作环境。另外，高校的财务管理战略还要考虑到外部环境的变化，在不断变化的教育和科研环境中，高校需要调整其财务策略，以适应这些变化。例如，当政府对高校的资金支持减少时，高校就需要寻找其他的筹资渠道，如与企业合作、吸引校友捐赠等。这样，高校就可以确保其薪酬激励机制的持续性和稳定性，从而激励科研人员为高校的长远发展做出更大的贡献。

二、薪酬激励的理论与应用

（一）行为动机的激发

行为动机的激发不仅与薪酬的数量有关，更与薪酬的性质、时机和方式密切相关。深入探究这一核心理论，会发现薪酬激励对高校科研人员的影响远不止表面的物质奖励。薪酬不仅是金钱，更是对个人价值的认可和尊重。对于高校科研人员来说，这种认可可能比金钱更为重要。一份合理的薪酬不仅能够满足其基本的生活需求，还能够使其感受到所做的研究工作受到了高校的重视和尊重。因此，合理的薪酬激励机制不仅能够引导科研人员更加专注于研究项目，还能够提高其对研究的热情和信心。

同时，薪酬的时机和方式也对行为动机的激发起到了关键的作用。适时的薪酬可以及时地鼓励科研人员，使其对研究工作保持持续的热情。适当的薪酬方式，如根据研究成果的质量和数量对科研人员进行奖励，可以有效地引导科研人员向更高的目标努力。这种即时且有针对性的薪酬方式，能够在短时间内激发科研人员的行为动机，从而提高其研究效率。对高校来说，薪酬激励不仅能够提高科研人员的工作效率，还能够促进高校的整体发展。合理的薪酬激励机制能够吸引和留住更多的优秀科研人员，从而提高高校的科研水平和扩大影响力。同时，通过激发科研人员的行为动机，高校还可以培养出更多的科研精英，从而为国家和社会做出更大的贡献。

（二）应用中的挑战与解决

众所周知，确保薪酬的公平性是实际应用中的首要挑战，不同的科研人员具有不同的经验、能力和成果，但如何确保科研人员所获得的薪酬反映出科研成果的真实价值，是每个高校都需要思考的问题。公平性不仅关于数量，还涉及薪酬的结构、时机和方式。为了确保公平性，高校需要建立一个全面的薪酬体系，包括基本薪资、绩效奖金、长期奖励等多个部分，并确保这些部分之间的平衡。同时，高校还需要定期进行薪酬审查，对比市场上的薪酬水平，确保自己的薪酬政策与市场保持同步。

制定出真正能激励到科研人员的薪酬政策是另一个挑战。科研人员的工作性质决定了其更加看重长期的发展和成就感，而不只是短期的经济收益。因此，高校在推行薪酬政策时，需要考虑到科研人员的长期目标和职业规划。例如，为优秀的科研人员提供更多的研究资金，或者为科研人员提供更多地发表和交流机会，都可以有效地激励科研人员。同时，高校还需要建立一个有效的反馈机制，及时了解科研人员的需求和意见，不断调整和完善薪酬政策。同时，高校可以对其他高校和企业的薪酬政策进行研究，还可以与专家和顾问合作，借助科研人员的经验和专业知识，设计出更为合理和有效的薪酬策略。

（三）理论基础的多元性

理论基础的多元性是薪酬激励机制运行的强大动力，这为决策者提供了一个广泛但具体的框架，以理解和响应科研人员的需求和动机。马斯洛的需求层次理论进一步深化了这一观点，他提出了一个五级的需求层次模型，五个需求分别为生理需求、安全需求、社交需求、尊重需求和自我实现需求。对于高校科研人员来说，他们可能已经满足了生理和安全需求，但在尊重和自我实现方面可能有更多的需求。因此，高校可以通过提供专业发展机会、公认的奖励和高水平的研究项目来满足这些需求。

但仅仅依赖这些理论是不够的，为了真正有效地激励科研人员，还需要综合考虑多种因素，如科研人员的文化背景、个人价值观和期望等。这就需要高校进行深入的研究，了解科研人员的真实需求和动机，从而推出真正适合的激励策略。而且随着时间的推移，新的理论和观点也会不断出现。这为高校提供了更多的选择和可能性，但同时也带来了更大的挑战。因此，高校需要保持开放的心态，不断学习和创新，确保其激励策略始终与时俱进。

（四）薪酬激励与其他激励手段的结合

尽管薪酬在很大程度上是科研人员努力工作的主要驱动力，但同时也需要考虑其他因素，这些因素可能与个人的职业发展、认同感和归属感等心理需求有关。为了发挥出高校科研人员的最大潜能，需要深入研究和了解这些非物质激励手段与薪酬激励的结合效果。职业发展是每位科研人员都非常关心的问题，实现个人的职业目标和抱负，需要有持续的学习和成长机会。高校可以通过提供培训、研讨会、进修和进一步学习的机会来满足这些需求。这样，除了薪酬激励，科研人员还会为了实现个人的职业目标而更加努力工作。

学术声誉显然也是非常重要的，对于科研人员来说，获得同行的认可和尊重，被邀请参加国际学术会议，或者在学术期刊发表文章，这些都是非常重要的。高校可以通过支持科研人员参加国际会议、提供研究基金和鼓励跨学科合作来提高科研人员的学术声誉。此外，为科研人员提供一个积极的工作环境，强化科研人员的归属感和团队精神，也是非常重要的。一个和谐的工作团队、开放的交流和分享氛围以及对每位成员的尊重和认可，都可以极大地增强科研人员的工作热情。

三、薪酬激励机制的设计原则

（一）公平性原则

在构建高校科研人员的薪酬激励机制时，公平性原则一直被视为核心的设计要素。公平性原则的核心理念是建立一个能够确保每位科研人员根据其努力和贡献获得相应回报的薪酬体系。公平性有助于科研人员对高校的信任和忠诚，当每个人都相信努力和贡献将得到公正的回报时，就会更加愿意投身于研究工作。这种信任感可以创造一个更加积极和生产力高的工作环境。

公平性不仅意味着为每个人提供相同的薪酬，它更多地关注如何根据每个人的能力、经验、努力和成果提供合理的薪酬。这意味着薪酬激励机制需要具有一定的灵活性，以适应不同的个体和团队之间的差异。为了确保薪酬的公平性，建议高校定期进行薪酬审查和评估，这可以确保薪酬体系与市场和行业标准保持一致，同时还可以根据个人和团队的绩效进行调整。这种定期的评估和调整机制有助于确保薪酬体系公平性。为了增强公平性原则的透明性，建议高校公开薪酬体系的具体内容。这可以帮助科研人员了解自己的薪酬是如何确定的，思考如何通过提高自己的绩效和贡献来提高自己的薪酬。

（二）激励性原则

高校科研人员所在的环境中，奖励的作用是无可替代的。然而，仅仅提供奖励并不够。真正的挑战在于确保这些奖励与科研人员的目标匹配，确保那些表现出色的个体能够得到相应的回报。激励性原则的核心就是根据员工的表现来分配奖励。在高校的科研环境中，这意味着需要有一个系统来衡量和评估科研人员的绩效，以确保奖励分配是基于明确的绩效标准的。

但是，如何定义和计算绩效是一项挑战。在高校科研的环境中，绩效可能涉及多个方面，包括研究产出、教学质量、学术贡献和团队合作等。而为了确保奖励与这些绩效标准对齐，需要一个全面而细致的评估系统。为了增强激励性原则的效果，还需要确保奖励是及时的。当科研人员认为自己的努力和成果被快速且公正地回报时，更有可能继续努力。因此，及时性在奖励的分配过程中是非常关键的。而在实际操作中，除了物质奖励外，还有很多其他形式的奖励可以考虑。例如，对于那些表现出色的科研人员，可以提供更多的研究经费、更好的实验设备、更多的研究助手或更有利的合作机会。这些非物质形式的奖励可以与物质奖励相结合，从而形成一个更加全面和多元的激励机制。

（三）可行性原则

设计薪酬激励机制时，虽然理念和目标是至关重要的，但如果所设计的激励机制在实际操作中难以实施或超出了高校的财务和行政能力，那么这种激励机制的价值和意义将大打折扣。这就是为什么可行性原则在设计高校科研人员的薪酬激励机制时如此重要。一个理想的薪酬激励机制应该既能激发科研人员的工作热情和创新能力，又要在实际操作中易于执行且不会给高校带来过重的财务负担。

考虑到高校有限的财务资源，设计薪酬激励机制时必须考虑到成本和效益。这意味着在制定奖励标准和分配奖金时，不仅要考虑到科研人员的需求和期望，还要确保这种分配方式在长期是可持续的。此外，一个复杂的薪酬激励机制可能需要大量的行政资源来执行，包括对科研人员的绩效进行评估、分析研究数据、制定奖励策略等。因此，在设计这种机制时，必须确保它既简单又易于管理。另外，还要考虑到高校的文化和环境，因为每个高校都有自己独特的文化和价值观，这会影响到薪酬激励机制的被接受度和有效性。因此，任何激励策略都必须与高校的文化环境和价值观相契合。

（四）灵活性原则

设计高校科研人员的薪酬激励机制时，面对一个快速变化的学术和研究环境，如何保持策略的适应性成为关键。灵活性原则强调的是，在制定任何激励策略时，都应预留出调整和更新的空间，以便及时应对外部环境的变化和不断满足内部的新需求。外部环境的变化可能来自多个方面，如学术界的新趋势、科技的快速进步、政府的政策调整等。这些变化可能会对科研人员的工作内容、方式甚至目标产生影响。如果薪酬激励机制过于僵化，不易调整，那么当外部环境发生变化时，这种机制可能就无法有效地激励科研人员了。

内部需求的变化主要来自科研人员自身的发展和成长，因为随着时间的推移，科研人员可能会获得新的技能、完成重要的研究项目或者获得学术认可。这些成就可能会改变科研人员对激励的需求和期望。如果薪酬激励机制不能及时调整以满足科研人员新的需求，那么这种机制的激励效果也会大打折扣。想要保持薪酬激励机制的灵活性，就需要在设计初期就考虑到多种可能的情况，并为之预留出足够的调整空间。

四、高校科研人员薪酬激励的具体要素

（一）绩效评价体系

在高校的科研领域中，绩效评价体系作为薪酬激励的核心，发挥着至关重要的作用。该体系旨在为科研人员提供一个明确且公正的评估标准，确保其工作表现与薪酬奖励之间存在直接的关联。绩效评价体系的构建首先要求明确性，这意味着每一项评价标准都应该有清晰的定义，无论是研究的深度、广度，还是对学术界的影响，都应该有具体的量化指标。例如，发表的论文数量、论文被引用的次数、成功申请的研究经

费等都可以作为评价标准。这些标准都应该与科研人员的实际工作内容和目标紧密相连，确保科研人员在努力提高自己的研究水平时，也能得到相应的薪酬回报。

其间，公正性是绩效评价体系的另一要素，在评价科研人员的工作表现时，不仅要结合科研人员的成果，还要考虑到科研人员面临的挑战和困难。不同的研究领域、研究方法和研究对象应该有不同的评价标准。因此，绩效评价体系应该能够反映这些差异，确保每一位科研人员都能在公平的基础上被评价。这不仅有助于收获科研人员的信任和认可，还能鼓励科研人员勇于尝试、持续创新。确保工作表现与薪酬奖励之间的直接关联则是绩效评价体系的核心目标，当科研人员取得了突出的研究成果时，科研人员应该得到相应的薪酬奖励，如提高基本工资、发放奖金或提供其他形式的奖励。这种直接的关联不仅可以激励科研人员努力工作，还能吸引更多的人才加入科研工作中。然而，绩效评价体系的设计和实施并非易事。高校需要不断地收集和分析数据，以了解科研人员的工作表现，找出可能的问题并及时调整。此外，与科研人员的沟通也是非常重要的，要确保科研人员了解评价标准，接受评价结果，并提供有关绩效评价体系改进的建议。

（二）薪酬结构设计

高校科研人员的工作不但涉及深入探索未知领域，而且在知识创新和技术进步方面起到关键作用。因此，合理和有效的薪酬结构设计对于激励科研人员至关重要。通过确保薪酬分配结构与员工的贡献相匹配，并与市场水平和行业标准保持竞争力，高校可以吸引、留住并激励顶尖的科研人才。而合理的薪酬结构应考虑到员工的多重贡献，科研人员的价值不仅包括科研人员的研究成果，还包括科研人员对学术界的贡献、对学生的教育、对项目的管理等。在进行薪酬结构设计时，需充分考虑这些因素，并根据科研人员的不同贡献进行相应的薪酬分配。例如，除了基础工资，还可以设置项目奖励、论文奖励和教学奖励等不同的奖励方式，以褒奖科研人员在各个领域的贡献。

在这里，市场化的薪酬定价机制是保持竞争力的关键。在决定薪酬水平时，高校应与市场和行业的薪酬标准进行比较，确保科研人员的薪酬不低于行业平均水平。这不仅能保持高校在人才市场上的竞争力，还能确保科研人员对自己的价值得到合理的认识。同时，也要考虑到高校的经济能力和预算，避免因过高的薪酬导致的财务压力。为满足科研人员多样化的需求，薪酬结构还应具备一定的灵活性。除了基础工资和固定奖金，还可以设置一些灵活的激励措施，如研究资金、学术交流的机会、专业发展的机会等。这些激励措施不仅可以提高科研人员的工作满意度，还可以帮助科研人员更好地完成研究任务和实现职业目标。在薪酬结构设计的过程中，沟通和反馈机制同样较为重要。高校应定期与科研人员进行沟通，了解科研人员对薪酬结构的看法和建议，并根据反馈进行相应的调整。这可以确保薪酬结构始终与科研人员的期望和市场条件保持一致，从而达到真正的激励效果。

（三）激励方式选择

在高校环境中，科研人员扮演着关键的角色，负责推进知识的边界并培育下一代的思想领袖。因此，为这一群体提供适当的激励非常重要。根据不同的需求和动机选择合适的激励方法显得尤为关键，包括但不限于货币奖励、职业发展机会以及其他非物质奖励。货币奖励通常是最直接的激励方式，它为科研人员提供了一个明确的反馈，表明了高校对科研人员努力和成果的认可。这种奖励可以是基于项目的奖金、论文发表的奖励或其他与研究质量和数量直接相关的奖励。

非物质激励对于许多科研人员来说同样重要。为科研人员提供进一步的教育和培训机会，或为科研人员在学术界和行业内建立联系，都可以视为一种激励。例如，为科研人员提供参加国际会议的机会，或者资助科研人员进行短期的海外研究，都能够帮助科研人员拓宽视野，增强自己的研究能力和完善自身的知识体系。此外，给予科研人员更多的自主权，让科研人员有更大的自由度决定研究方向和方法，也是一种强大的非物质激励。但在选择激励方式时，还需要考虑科研人员的个体差异。不同的人可能对不同的激励方式有不同的反应。一些人可能更加看重货币奖励，而另一些人可能更看重职业发展机会或非物质奖励。因此，为员工提供一个个性化的激励方案，考虑科研人员的个人需求和期望，将更有可能产生积极的效果。

（四）绩效奖励和晋升机制

在高校的科研环境中，人才是最宝贵的资源。为了确保这些人才得到应有的认可并持续产生创新成果，绩效奖励和晋升机制起到了关键的作用。在这一机制的运行过程中，绩效奖励是关键。当科研人员知道科研人员的努力和贡献会被明确、公正地评价并得到相应的奖励时，工作积极性和热情会大大提高。这种奖励可以是金钱，但也可以是其他形式，如灵活的工作时间、研究资助或参加会议和培训的机会。关键在于将绩效奖励明确地与科研人员的实际表现相挂钩，让科研人员知道优异的成果会得到应有的奖励。

晋升机制也同样重要，它为科研人员设立了一个目标，使科研人员认清自己的职业道路。晋升不仅是头衔或职位的提升，更是对科研人员能力的认可。为科研人员提供明确的晋升路径，可以极大地激发科研人员的工作热情和积极性。

五、国际视角下的薪酬激励比较与启示

（一）文化差异的影响

文化作为一种深层次的力量，无疑对不同国家和地区的薪酬激励机制产生了深远的影响。这种影响主要体现在如何看待报酬、奖励的定义

和形式以及人们对待激励和工作的态度等方面。深入了解这些差异对于全球化背景下的高校尤为重要，因为这可以帮助高校更好地制定和实施国际化的人才激励策略。

风险承受能力也是受到文化影响的重要因素。在某些文化中，人们倾向于承担较高的风险，以获取更高的回报。因此，变动薪酬、股票期权和奖金等形式在这些文化中可能更受欢迎。而在其他文化中，稳定性和保障可能更受重视，因此，固定薪酬和长期福利可能更为常见。还有一点不可否认，即不同文化对于激励的定义和形式也有所不同。在一些文化中，金钱可能是最直接和最有效的激励手段。而在其他文化中，社交认同、职业发展或者工作与生活的平衡可能更重要。这意味着在设计和实施薪酬激励策略时，必须考虑到文化背景和科研人员的真实需求。

（二）制度背景的角色

薪酬激励在全球范围内都是高校激励科研人员的关键手段，但具体的实施细节和侧重点在各国之间存在差异。这些差异在很大程度上受到各国制度背景的影响。制度背景包括法律、政策和教育体系，它们对薪酬激励策略的制定和执行进行了直接或间接的指导和约束。国家的法律体系对高校定义、实施和调整薪酬激励政策有着明显的指导作用。在某些国家，法律对薪酬激励有明确的规定，如奖励的最高和最低限额、发放时间和方式等。而在一些国家，法律可能更加宽松，为高校提供了更大的自主权。但无论哪种情况，法律都为薪酬激励设定了一个基本的框架，高校必须在这个框架内进行操作。

政策背景也为高校的薪酬激励策略提供了方向，不同国家的政府对于教育和科研有着不同的政策取向。这一取向影响了国家对高校的资金支持、科研项目的评估标准和人才培养的目标等。例如，如果一个国家强调基础研究，那么高校可能会重视这一方面的科研人员，并为科研人员提供相应的薪酬激励。反之，如果一个国家强调应用研究或产业合作，那么与企业合作的科研人员可能会获得更多的激励。教育体系也是制度背景的重要组成部分。不同国家的教育体系对科研人员的培养和评价有着不同的标准。这些标准反映了各国对科研的态度和期望。在某些国家，重视理论研究和学术成果发表的高校可能会为在顶级期刊发表文章的科研人员提供丰厚的奖励。而在其他国家，实验和实践可能更受重视，因此，完成有实际应用价值的项目的科研人员会得到更多的激励。

（三）国外经验的借鉴

在全球化背景下，高校科研人员的激励机制也呈现出多样化的特点。跨越国界的学术交流为各国高校带来了宝贵的经验和教训，但要完整地将这些经验应用于自身的实际情况，必须深入探索国外的激励实践成果。各国的高校在科研人员薪酬激励方面都有其独特的成功经验。例如，有些国家通过与企业紧密合作，为科研人员提供了直接的经济回报和技术转移的机会。这种模式鼓励了科研人员与产业界紧密合作，实现了学术研究与产业应用的无缝对接。

另一种常见的实践是建立透明和公正的评价体系，在这种体系下，科研人员不仅要注重学术成果的数量，更要注重质量和影响力。这种评价方式更有助于激发科研人员的创新精神，鼓励科研人员进行深入的、具有挑战性的研究。但也有一些高校采取了更为灵活的薪酬激励策略，这些策略通常基于科研人员的个人需求和期望，如提供研究资金、学术交流的机会、职业发展的支持等。这种个性化的激励方式更能满足科研人员的实际需求，提高科研人员的满意度和工作积极性。然而，单纯地模仿国外的激励模式并不可取。因为每个国家的文化背景、教育体系和科研环境都有其独特性。直接复制他国的激励策略可能不符合自己的实际情况，甚至可能导致反效果。因此，借鉴国外经验的关键是结合自己的实际情况，找到最合适的激励方式。

（四）融合与创新的需求

在当前的全球化背景下，高校科研人员的激励机制不仅是一个简单的管理问题，更是一个涉及文化、传统和社会价值观的复杂议题。因此，在吸取国外经验的同时，如何对这些经验进行融合与创新成为国家和高校必须面对和解决的问题。国外的薪酬激励策略虽然为我国提供了参考框架，但每个国家和地区都有其独特的国情、文化和教育背景。这意味着，在应用这些策略时，必须对其进行适当的调整和改进，确保其与我国的实际情况相匹配。

例如，某些国家可能更加崇尚集体主义的价值观，而不是个人主义。这意味着，在这些国家，薪酬激励策略可能更偏向于团队合作和集体成果，而不仅是个人的成就。同样，不同的国家和地区可能对风险的承受能力有所不同，这也会影响到薪酬激励的具体设计。在这里，高校财务人员还需要深刻意识到一点，即高校的科研项目不仅要追求经济利益，更重要的是科研人员对知识的探索和对社会的贡献。这意味着，在设计薪酬激励策略时，还必须考虑到这些非物质的因素，确保科研人员的内在动机得到充分的激发和满足。

第二节　研究的局限性

一、数据与样本局限

（一）来源偏见

深入探索研究领域，尤其是高校科研人员的激励机制，必定需要大量的数据和样本支持。然而，高校科研人员激励机制研究经常面临数据和样本局限的情况，其中之一便是来源偏见。来源偏见是一个普遍存在的缺陷，它意味着选定的样本或案例可能都来自特定的地域或特定类型的高校。例如，如果只选择某个特定省份或某类高水平的高校进行研究，可能会得到这些地域或高校的特有信息，而忽略了其他地区和类型高校的情况。这种偏见对于制定全局性的策略是非常不利的，因为它可能会导致决策者忽略其他地区和高校类型的需求和特点。

如果样本或案例来源受到限制，那么研究结果就可能过于片面。例如，某些地区可能有特定的文化或教育背景，这些特点可能会影响到高校科研人员的需求。如果研究仅仅基于这些特定地区的数据，那么得出的结论可能不具备普遍性，不能为其他地区提供有效的指导和参考。而且，样本和数据的来源偏见也可能导致某些重要的问题和现象被忽略，这对于全面了解和推广高校科研人员激励机制非常不利。

（二）样本量的局限

面对科研工作，无论多么精湛的技术或深入的分析，如果没有足够数量的样本进行支撑，那么所得结果可能会遭到很大挑战。样本量问题在研究领域内是一个经常被提及的关键因素，尤其是在涉及统计分析和研究效力的情况下。当涉及高校科研人员激励机制研究时，为了获得具有代表性和可靠性的结论，确保样本量足够是至关重要的。如果样本量不足，那么很可能会出现所谓的假阳性或假阴性的结果，这意味着某一现象或关联可能被错误地解释或忽略。这种情况可能会导致研究的结果失去意义和价值。

而且，样本量不足还可能导致统计效力的下降，统计效力是指检测到某一现象或关联的能力。如果统计效力不足，那么研究者可能会得出错误的结论，即便事实上存在某种关联。这不仅可能使科研人员被误导，还可能会为后续研究设置错误的方向。对于高校科研人员的激励机制研究，样本量问题还可能涉及具体的高校类型、地区、科研人员的级别等多种因素。例如，如果样本中主要包括某一类高校或某一地区的科研人员，而忽略了其他类型或地区的人员，那么研究的结论可能会偏离真实情况。

（三）数据时效性的局限

在研究领域，对于任何试图揭示深层次关联或趋势的研究来说，数据的新鲜度和相关性都是至关重要的。在高校科研人员激励机制研究中，同样也不能忽视这一问题。数据时效性是一个被经常忽视但对研究质量有着决定性影响的因素。在高校科研人员激励机制背景下，教育和科研领域本身就是不断变化和发展的。教育政策、资金投入、研究方向甚至教育和科研文化，都会随着时间的推移而发生变化。因此，如果根据过时的数据进行研究，可能会导致对当前情境的误解。数据的时效性问题不仅是时间跨度长短的问题，更关键的是数据是否能够准确反映研究对象在某个时间点的真实状态。例如，如果某个研究是基于经济衰退时期的数据，那么其结果可能不能完全反映经济繁荣时期的实际情况。

（四）选择性偏见

在深入研究中，样本选择过程中的选择性偏见往往是一个不可避免的挑战。正如在高校科研人员激励机制研究中提及的，当涉及诸多的高校、地域和研究背景时，确定哪些因素应被考虑，哪些应被排除，是一个复杂的问题。考虑到中国的巨大区域差异和教育体系的多样性，不同的高校，无论是地理位置、资金支持还是研究领域，都存在显著的差异。然而，当研究者开始确定样本时，某些高校可能因其显著的研究成果、资金支持或其他相关因素而被优先纳入样本选择范围。这样的选择可能会导致结果偏向某些特定的高校或研究方向。

与此同时，当决策者或研究者对某个特定的问题或领域有明显的偏向时，这也可能导致选择性偏见。例如，如果一个研究者对某一特定的激励机制特别感兴趣，那么在选择样本时，可能会优先考虑那些实施了这一激励机制的高校。这样的选择可能会忽视那些没有实施此激励机制但在其他方面比较突出的高校。更深一步分析，资金和资源的分配也可能成为选择性偏见的来源。在有限的资源和时间下，研究者可能会选择那些信息容易获取或已经建立了合作关系的高校作为样本。这可能会导致那些地理位置偏远或资源有限的高校被忽视。

二、文化和制度背景

（一）文化适应性

文化，作为一种深层次的信仰、价值观和习惯的集合，是塑造个体和群体行为的关键因素。尤其在高等教育和科研领域，文化的作用不容忽视。因此，当设计和实施激励机制时，文化适应性是至关重要的。回想一下中国的历史和文化传统，尊师重教的观念深深植根于人们的心中。在这样的文化背景下，尊重和认可往往比物质奖励更有吸引力。然而，这并不意味着金钱和其他形式的奖励不重要。问题的关键在于如何平衡这两者之间的关系，使它们都能发挥最大的效用。

再考虑一下西方的文化环境，尤其是那些重视个体主义和竞争性的国家。在这些国家，高度的竞争和个人成就可能被看作成功的关键。因此，激励机制可能侧重于提供物质奖励和竞争机会。但这并不意味着尊重和认可在这些文化中不重要。相反，它们仍然是关键的因素，只是其形式和方式可能与中国有所不同。这些差异表明，激励机制不能简单地从一个文化背景移植到另一个文化背景中。而是需要根据特定的文化和社会环境进行调整和改进。例如，如果在中国实施一个完全基于物质奖励的激励机制，可能会忽略了科研人员获取尊重和认可的重要性，从而影响其效果。同样，如果在西方国家强调尊重和认可，而忽略了物质奖励和竞争的作用，也可能不会取得预期的效果。

（二）制度适应性

制度，通常被定义为社会的"规则游戏"，为行动者提供了一个框架，指导其如何行事。在科研领域，制度不仅涉及法律和政策，还涉及学术规范、伦理准则、融资模式等。考虑制度适应性，意味着要确保激励机制与现有的制度环境相匹配。在考虑中国的科研制度时，需意识到其与其他国家存在显著的差异，这些差异主要源于历史、文化和政治背景。

因此，完全复制其他国家的激励机制并不是明智之举。考虑到中国特有的制度环境，可能需要对这些机制进行调整或修改。例如，与外部资金源合作可能需要满足特定的政策要求，或者考虑到公共和私有部门之间的合作模式。在制度环境中，法律也扮演了重要的角色。法律不仅为科研活动设定了边界，还为违规行为设定了惩罚。因此，任何激励机制都需要与相关的法律和规定一致。违反这些规定可能会导致严重的法律后果，这是任何研究机构或个人都不愿意看到的。政策和策略也是制度环境的重要组成部分。政策为科研活动提供了方向和优先事项，而策略则为实现这些目标提供了具体的方法和手段。因此，激励机制需要与这些政策和策略相匹配，以确保其效果最优化。

（三）实践的转移性

无论是国家之间还是文化之间，成功的策略和实践的转移始终是一个复杂而微妙的问题。在高校科研人员的激励机制研究中，这一点尤为明显。全球各地的高等教育制度、科研传统和学术环境都存在着显著的差异，这意味着无法简单地将一个地方的机制应用到另一个地方。考虑到激励机制的本质和目标，实践的转移性是如此关键。激励机制的目的是激发科研人员的工作热情，这通常涉及对某些行为的奖励或认可。然而，哪些行为应该被奖励以及如何奖励，很大程度上取决于特定的文化和制度背景。

例如，在某些国家或文化中，个人成就和竞争可能被高度重视，因此，基于这些因素的激励可能会非常有效。然而，在其他国家或文化中，合作和团队合作可能更为重要，因此，激励机制可能需要更加注重集体成果。这仅仅是众多差异中的一个，但足以说明为什么简单地复制激励策略是不明智的。即使是在相似的文化和制度背景下，仍然需要对激励策略进行本土化调整。因为科研人员的需求、期望和动机可能会因地区、学科或研究领域的不同而有所不同。例如，理论研究者的需求可能与应用研究者的需求不同。

三、定性与定量研究平衡

（一）研究深度与广度

探索高校科研人员激励机制的过程面临着平衡研究的深度与广度的挑战，需要根据研究的目的和实际需求来灵活应对。深度代表着研究的深入程度和对某一具体问题或情境的详尽探讨。通常，定性研究方法在此方面具有显著的优势，因为它关注个体的经验、感受和观点，可以捕捉到丰富的细节和内在联系。在激励机制的研究中，深度可能意味着对一个小型的样本或某一特定的情境进行深入分析，以深入理解科研人员动机、情感和行为。这种理解对于设计有效的激励策略至关重要，因为它可以揭示出那些隐藏在表面之下、容易被忽视的关键因素。

广度代表研究的覆盖范围和普遍性，关注的是普适性的模式和规律。定量研究方法在此方面更为出色，因为它能够处理大量的数据，并通过统计分析来探索潜在的趋势和模式。在高校科研人员薪酬激励机制的背景下，广度可能意味着对大量的样本进行调查，以获得对激励策略效果的整体和普遍性认识。这种认识是制定和推广激励政策的基础，因为它可以确保激励策略不仅在特定的情境下有效，还能在更广泛的背景下产生积极的效果。

（二）数据分析方法

在高校科研人员激励机制研究的探索过程中，如何选择和应用适当的数据分析方法是一个值得深入思考的问题。尤其是在定性与定量研究方法之间的平衡方面，需要仔细权衡两种方法的优点和局限性。纵观历史，定性研究方法主要关注对个体、情境或现象的深入描述和解释。这种方法的核心在于理解和解释，而不是简单地度量或计数。这种方法强调对数据背后的含义、关联和背景的探讨，而不仅是数据本身。但正因如此，仅仅依赖定性方法可能导致对数据的统计和计量分析不足。从数据分析的角度看，这样的局限性显而易见。没有统计和计量分析，很难确定观察到的模式或趋势是否具有统计意义。此外，没有统计和计量分析，也很难量化激励策略的效果和影响程度。定量研究方法主要优势在于能够提供精确的度量和统计验证。通过对大量数据进行计量分析，可以发现潜在的模式、关系和趋势。这种方法特别适用于测试假设、验证理论和量化效果。但纯粹依赖定量方法也有局限性，因为它可能会忽略数据背后的深层次含义和背景。对于高校科研人员激励机制的研究，如何在定性和定量之间找到平衡点显得尤为重要。纯粹的定性研究可能无法为决策者提供足够的“证据”，而纯粹的定量研究可能无法捕捉到复杂的激励机制背后的深层动机和情感。

（三）客观性与主观性

高校科研人员激励机制研究涉及多个领域和层面的问题，从微观的个体动机到宏观的组织结构，都需要不同的研究方法和视角。在这样的研究中，如何维持研究的客观性与主观性之间的平衡，是每一个研究者都必须面对的挑战。过度依赖定性分析的确可能带来主观偏见的风险，因为定性研究往往更加强调研究者与研究对象之间的互动，这种互动可能会导致研究者的个人观点、价值观或信仰对研究结果产生影响。当然，定性研究的这种“人文性”也是其独特的优势，它可以揭示那些纯粹的数据和数字无法表达的深层次含义和情感。

任何研究方法都不可能完全摆脱主观性。即使是定量研究，在选择研究变量、设定假设或解释数据时，也难免会受到研究者主观判断的影响。关键在于如何控制和减少这种主观性，确保研究结果的客观性和可靠性。对于高校科研人员激励机制的研究，尤其需要注意这一点。因为这个话题涉及人的行为、动机和情感，很容易受到个人或团体的主观看法和价值观的影响。例如，对于什么是“有效的”激励策略，不同的研究者、管理者或科研人员可能有不同的看法。

（四）验证问题

在探索高校科研人员激励机制时，很容易面临一个核心问题：如何确保研究结果的有效性和可靠性。这一问题在面对定性研究成果时尤为明显，因为可能难以通过实证数据验证某些定性的结论。在这里财务人员需意识到一点，即验证问题首先体现在数据收集和分析的过程中，定性研究往往依赖深入的访谈、观察和文献分析，这些方法提供了丰富的描述性数据，但也可能造成解释上的模糊性。例如，当询问一个高校科研人员对于某一激励策略的看法时，其回答可能受到多种因素的影响，如情绪、环境、个人经历等，这使得科研人员对于相同问题的答案存在多种可能性。

而且定性研究的结论往往基于科研人员的解释和理解，尽管科研人员会努力保持客观和公正，但在解读数据时难免会受到个人经验和认知的影响。因此，当其他科研人员或实践者试图利用这些结论指导实际行动时，可能会发现这些结论难以在不同的背景和环境中得到验证。而对于那些旨在推广到更广泛群体的结论，验证问题更为严重。定性研究通常基于有限的样本进行，因此其结论可能受到样本选择的影响。即使科研人员认为样本是具有代表性的，但在其他环境和条件下，这一结论可能不再适用。

四、激励机制的多样性

（一）完整性

高校科研人员的工作性质和需求与其他行业的员工存在显著差异，因此，为其设计激励机制时必须认真权衡各种因素。过于聚焦用财务手段进行薪酬激励的实践在过去是一种常见的情况，这可能会导致对其他激励手段的忽略。在深入研究高校科研人员的心理和动机时，很容易发现其追求不仅仅是物质报酬，专业成长、学术认可、研究自由度、与同行的合作关系以及为社会做出贡献等因素，都对其产生着深远的影响。激励手段仅局限于薪酬和奖金，可能会导致科研人员在非物质方面的需求得不到满足。

事实上，当激励策略仅仅关注财务回报时，可能会出现一系列的问题。例如，科研人员可能会为了完成短期的目标而放弃长期、具有战略意义的研究项目。此外，过分的财务激励可能还会导致团队内部的竞争加剧，从而损害团队的合作和创新能力。与此相反，综合性的激励策略，旨在满足科研人员的多元需求，可能会创造更为积极的效果。例如，为其提供充足的研究经费，支持其参与国内外的学术交流活动，或为其创造一个和谐、支持创新的团队环境，都可能对其产生积极的激励作用。这种综合性的激励策略不仅可以激发科研人员的工作热情，还可以促进其长期的专业成长和发展。

（二）研究对象需求多样性

高校科研人员构成了一个独特的、充满活力的群体，聚集了众多研究领域的领军人物。在这个群体中，每个人都有自己的研究领域、兴趣和目标。因此，认为单一的激励方式，如仅仅关注薪酬激励，就可以满足这一群体的需求，无疑是短视的。员工的需求和动机是多样的，仅考虑薪酬激励可能不能满足所有需求。深入探讨高校科研人员的需求时不难发现，科研人员追求的不仅仅是物质回报，研究的自由、学术的挑战、项目的支持、与同行的合作和交流以及为学术和社会作出的贡献，都是科研人员所珍视的。

在高校环境中，团队合作、知识分享和互助成为研究工作的基石。为了激励科研人员更好地与团队合作，需要考虑到这方面的需求，如提供更好的团队合作环境、支持学术交流和研究合作都是非常重要的。年轻的科研人员可能更关注自己的职业发展、获得更多的研究机会和提升学术地位。而已经在学术界有所建树的资深科研人员可能更加关注如何维持和提升自己的学术影响力以及如何为后继者提供更多的支持。这些都是薪酬激励难以满足的需求。

（三）长期与短期激励

高校科研工作的本质是一个长期、持续的过程。从一个研究课题的提出到最终的论文发表，可能需要数月甚至数年的时间。这样的工作特点决定了其激励机制不能局限于短期的薪酬激励，而应该更加注重长期的激励。过于注重短期的薪酬激励可能导致科研人员对于长远的研究目标失去兴趣，仅仅为了快速完成任务而进行浅尝辄止的研究。这样的短视行为可能会损害整个学术团队的研究质量和声誉。而一个真正有价值的研究成果，往往需要长时间的深入研究和探索。

反观长期的激励，如学术荣誉、研究机会、与同行的合作和交流以及为社会和学术界做出的贡献，都是科研人员非常珍视的。这些激励方式能够深入科研人员的内心，激发科研人员的创新热情，驱使科研人员为了更高的学术成就而不懈努力。长期的激励还包括为科研人员提供一个良好的研究环境、优质的研究资源和充足的时间。这样的条件可以让科研人员更加专注于自己的研究，更好地发挥自己的专长和能力。

（四）效果评估

在高校科研领域，对于单一的激励方式，如薪酬奖励，效果评估相对简单，通常只需考虑投入与产出之间的比例。但是，当激励方式多样化时，很多因素都可能影响到评估的效果。例如，一个学术会议的机会可能带来一个研究团队的突破性进展，但这样的效果是很难量化的。

同时，多样的激励方式也意味着每个激励的目标和预期效果可能都不同。一个激励可能旨在提高科研人员的创新能力，而另一个可能旨在增强团队合作。这就要求评估机制能够综合考虑这些不同的目标，而不是简单地将其归纳为“有效”或“无效”的。更重要的是，高校科研人员的需求和动机是多样的，什么样的激励方式对于科研人员最有效，也因人而异。这就需要一个更加灵活、细致的效果评估机制，能够考虑到每个个体的特点和需求。这也是传统的效果评估机制所缺乏的。

五、未来变化与趋势

（一）预测难度

未来的教育和科研环境时具有变幻莫测的特点。对于高校科研人员，激励机制的设计和实施一直是提高其工作积极性和创新性的关键。但是，随着时间的推移，研究者的需求、价值观和期望可能会发生变化。这意味着当初被认为是最有效的激励机制，在未来可能不再适用或者需要进行调整。科研领域是快速发展增加了预测其发展趋势的难度。

与此同时，技术的飞速发展和社会结构的变化也在不断地重塑高校科研的背景和环境。例如，随着远程工作和数字化的趋势，科研人员可能更倾向于灵活的工作模式和跨学科的合作，这种变化可能导致某些传统的激励手段失去吸引力。再考虑到全球化的趋势，高校科研人员现在不仅要与国内同行竞争，还需要面对全球范围内的竞争。这种竞争意味着高校必须提供更具竞争力的激励手段，以吸引和留住顶级人才。

（二）更新频率

研究的核心在于适应性和及时性，特别是在高校科研领域，这一领域饱受技术、社会和经济等多方面因素的影响。随着全球化发展、技术革新和学术界的互联互通，研究内容和方法的更新已成为日常的必要工作。在高校科研中，特别是涉及激励机制的研究，每一个小的变化，无论是从政策、资金还是科研人员的需求和动机出发，都可能导致大的影响。因此，如何及时获取信息、分析并应用到研究中，成了一个巨大的挑战。这种挑战不仅需要研究者具备高度的敏感性，还需要其能够迅速吸收和处理新信息。

但更新频率过快也带来了问题，过于频繁的更新可能导致研究方向缺乏连续性和深度，使得研究更像是对热点的追踪，而非真正有深度的研究。这不仅可能降低研究的价值，还可能导致资源的浪费。相反，过慢的更新则可能使研究失去时效性。当其他学者、机构或国家已经开始研究新的问题或采用新的方法时，落后的研究可能会被边缘化，从而降低对科研界和社会的影响。

（三）技术和工具

随着时代的发展，科技与工具的进步逐渐渗透到每一个领域，为研究和实践提供了前所未有的机会。在高校科研人员激励机制研究中，技术和工具的迅速演进也带来了一系列的挑战。考虑到现代科技的进步，如大数据分析、机器学习和人工智能，这些新技术为激励机制的研究提供了强大的数据处理和分析的工具。通过这些技术，可以更加精确地分析和理解科研人员的需求和动机，从而更好地为其提供激励。但这同时也意味着，原有的研究方法和理论框架可能需要进行相应的调整，以适应新技术带来的变革。

传统的激励机制，如薪酬、职称晋升等，可能无法满足现代科研人员的需求。为此，可能需要借助新技术和工具，如虚拟现实、游戏化等，来设计和实施新的激励策略。这不仅可以为科研人员提供更有吸引力的激励，还可以提高其工作效率和创新能力。然而，技术和工具的引入并非毫无阻碍。新技术可能带来高昂的成本，对于某些高校来说可能无法承受。此外，新技术和工具的引入可能需要高校对科研人员进行额外的培训，这也可能增加高校的科研成本和压力。同时，过度依赖技术可能导致科研人员忽视基础的研究方法和理念，从而影响研究的质量。

（四）政策和法规

政策和法规作为社会管理和治理的重要手段，对各行各业都有着深远的影响。对高校科研人员激励机制来说，未来的政策和法规变化可能会带来诸多不确定性，从而对现有的激励策略产生影响。在高等教育和科研领域，政府的政策和法规往往起到了引导和推动的作用。这些政策和法规很可能会对薪酬制度、职称评定、项目资助等方面产生影响。例如，政府可能会出台新的政策，鼓励高校加大对科研创新的投入力度，提供更多的研究资金和支持。但同时，这也可能会伴随着更加严格的考核和评价机制。

随着社会的发展和变革，公众对于高等教育和科研的期望和需求也在不断变化。这也可能会促使政府调整相关的政策和法规，以满足社会的需求。例如，未来可能会有更多的政策鼓励跨学科和跨领域的研究合作，或者对具有重要社会价值的研究项目给予更多的支持。可是政策和法规的变化往往伴随着一定的不确定性和风险，例如，新的政策可能会对一些已经开始的研究项目产生影响，导致这些项目的资金或资源受到限制，新的评价和考核机制可能会导致一些科研人员面临更大的压力和挑战。政策和法规的变化也可能会对高校的管理和决策产生影响，例如，为了适应新的政策环境，高校可能需要调整其内部的组织结构和管理机制，重新定义其研究目标和方向。这也可能会对科研人员的工作和激励产生一定的影响。无论如何，面对政策和法规的未来变化，高校和科研人员都需要做好充分的准备，及时了解和适应新的政策环境。同时，也需要加强与政府和社会的沟通和合作，确保激励机制的稳定性和持续性，为科研创新提供支持。

第三节　未来研究的方向和建议

一、扩大数据与样本范围

（一）多样性的来源

在对高校科研人员激励机制的研究中，数据和样本的广泛性对于得出有代表性的结论至关重要。将研究扩展到不同地区、不同类型、不同规模的高校，不仅可以提高研究的普遍性，也为解决具体问题提供了更为丰富的参考。高校所在的地理位置，可能直接或间接影响到高校的激励机制。例如，位于经济发达地区的高校可能有更多的资金和资源进行科研，从而为科研人员提供更高的薪酬和奖励。而位于经济较为落后地区的高校则可能更加依赖政府的资助和项目经费。因此，地区差异可能导致高校在激励机制上的差异性，这也为研究提供了更多的参考价值。

与此同时，高校的类型也是影响激励机制的一个重要因素。例如，综合性高校、工科高校、文科高校、医科高校等，由于其学科特点和研究方向的不同，可能会有不同的激励策略和机制。对此进行深入研究，不仅可以揭示不同类型高校在激励机制上的异同，也可以为高校管理者提供更为具体的策略建议。此外，高校的规模也可能影响其激励机制，大型高校由于其雄厚的师资力量和丰富的研究资源，可能会有更为完善和系统的激励策略。而小型高校则可能更加注重个性化和灵活性，为科研人员提供更为个性化的激励方案。因此，对不同规模高校的激励机制进行比较和研究，也有助于揭示激励机制的规律和特点。对于未来的研究，除了考虑高校的地理位置、类型和规模，还应该考虑其他的多样性来源，如高校的办学历史、文化背景、管理模式等。这些因素都可能影响高校的激励机制，为研究提供更为丰富的参考数据。

（二）时效性更新

在研究高校科研人员激励机制时，数据的实时性和时效性是至关重要的。定期收集和更新数据，能够为研究者提供一个清晰、全面的时空背景，进而更准确地揭示薪酬激励的最新趋势。时代在变迁，科研领域的竞争日益激烈，高校为了吸引和留住人才，激励策略也在不断演变。如果依赖过时的数据，很可能导致研究结论的偏差，进而影响决策的效果。因此，保持数据的实时更新不仅是研究的需要，也是提高研究质量的必要手段。

然而，进行时效性更新也面临着一定的挑战。数据收集、整理和分析都需要大量的时间和精力。如何在确保数据质量的同时，高效地进行更新，是一个值得探讨的问题。高校可以考虑利用现代科技手段，如大数据技术、云计算等，来提高数据处理的效率。对于不同的研究主题和方向，时效性的要求也可能有所不同。例如，对于一些短期影响明显的激励策略，如年度奖励、项目奖金等，可能需要更为频繁的数据更新。而对于一些发挥长期影响的策略，如职称晋升、长期合同等，数据更新的周期可以适当延长。时效性更新不仅要对原有数据的补充和修正，还应该关注新的数据来源和类型。随着科技的发展，现在有越来越多的渠道和手段可以获取数据，如社交媒体、在线问卷调查、行为追踪等。这些新的数据来源可能会为研究提供更为丰富和深入的视角。

（三）多元数据融合

多元数据融合的核心是对不同类型、来源和性质的数据进行整合，以提供更为丰富和深入的分析视角。结合定量和定性数据，不仅可以从宏观和微观两个层面对高校科研人员激励机制进行研究，还能捕捉到一些传统数据分析可能遗漏的细节和趋势。定量数据为研究者提供了清晰、直观的数字和图表，如科研人员的工资、奖金、发表论文数量、项目数量等。这类数据的优点是易于统计和分析，可以用于进行对比、寻找规律、建模预测等。

可是，单纯依赖定量数据可能会忽略一些关键的信息，如科研人员对于某种激励策略的真实感受和看法以及不同文化、背景和经验下的个体差异等。这时，定性数据就显得尤为重要。通过深入访谈、问卷调查、案例研究等方式，可以获取科研人员的直接反馈和意见，深入了解科研人员的需求、动机和期望。尝试将这两种数据进行融合，可以为研究者提供一个更为立体和多角度的视野。例如，当研究发现某种激励策略在定量数据上表现出色时，可以通过定性数据深入探索其背后的原因，如科研人员的内部动机、工作环境、团队合作等因素。并且多元数据融合还需要一套完善的方法和技术有效地整合、分析和解读这些不同类型的数据，这是一个复杂且充满挑战性的任务。可以考虑引入一些现代数据分析工具和方法，如数据可视化、深度学习、自然语言处理等，来提高数据融合的效率和准确性。

（四）深入个案研究

深入的个案研究在高校科研人员激励机制的研究中占据了重要的地位。不同于大规模的统计数据分析，个案研究能够揭示隐藏在数字背后的真实情境、动机和情感。针对某些典型或独特的案例进行研究，不仅有助于理解现有激励策略的实际效果，还能为未来的策略提供有力的参考。在此期间，选择合适的个案进行深入研究是一个关键步骤。高校科研人员的背景、经验、文化和价值观可能都会影响其对激励策略的看法。因此，值得关注那些在特定环境中取得成功或失败的案例，从而捕捉到其中的规律和趋势。同时，也不能忽略那些表面上不太显眼，但可能包含丰富经验和教训的案例。

研究过程中，高校应注重与科研人员进行深入的交流和互动。通过访谈、观察和参与，可以更为真实地了解科研人员的需求、困境、期望和感受。这种从科研人员角度出发的研究方法，可以为策略制定提供更为准确和细致的建议。然而，深入的个案研究也面临一些挑战。如何保证研究的客观性和公正性，避免因为个人的偏见和先入为主的观点而导致研究结果不准确，是需要认真对待的问题。此外，如何确保研究的代表性和可推广性，也是一个值得探讨的话题。毕竟，每个个案都有其独特性，不可能完全适用于其他情境。

二、跨文化与制度研究

（一）文化适应性研究

在全球化的背景下，高校的研究环境和文化差异逐渐成为影响科研人员激励机制的关键因素。不同文化背景下的薪酬激励策略，不仅涉及经济层面的奖励，还涉及对价值观、行为规范和期望的影响。文化差异意味着对待工作和薪酬的态度、期望和满意度可能会有所不同。例如，某些文化可能更加重视团队合作和集体荣誉，而其他文化可能更加重视个人成就和独立性。这就需要在设计激励策略时考虑文化差异因素，确保策略的实施能够达到预期效果。

但是，文化适应性的研究并不仅是对不同文化背景下的薪酬激励策略进行比较，更为重要的是如何在特定文化背景下，设计和实施最为有效的激励策略。这需要深入了解当地的文化价值观、信仰、传统和行为习惯，从而为策略制定提供科学和有针对性的建议。文化适应性研究也面临一些挑战。如何准确地识别和定义文化因素，如何确保研究的客观性和可靠性以及如何确保研究结果的普遍性和可推广性，都是需要认真对待的问题。但只要能够妥善应对这些挑战，文化适应性研究无疑将为高校科研人员激励机制提供宝贵的经验和启示。

（二）制度差异研究

在全球化的大背景下，不同国家和地区的高校科研人员激励机制存在显著的制度差异。这些差异可能源于各地政府政策、经济制度、教育体制、科研投入等多种因素的影响。对这些制度背景下的薪酬激励实践进行深入研究，不仅可以为国内高校提供有价值的参考，更可以对激励策略的制定和实施提供有针对性的指导。制度差异可能对薪酬激励策略的设计和效果产生深远的影响，例如，在某些国家，由于政府对科研的大力支持和投入，科研人员的薪酬待遇可能更加丰厚，而在其他国家，由于科研资金相对匮乏，薪酬激励策略就可能更加注重非物质激励，如职称晋升、提供研究机会、国际交流等。因此，了解和比较这些制度差异，可以帮助国内高校更好地制定和调整自己的薪酬激励策略。

仅仅对不同制度背景下的薪酬激励实践进行描述性的比较是不够的。更为重要的是，需要对这些实践进行深入的分析和解读，探讨其背后的制度逻辑、文化内涵、价值观念等。这不仅可以为国内高校提供更为深入和具体的参考，更可以为激励策略的制定和实施提供更为科学和有针对性的建议。

（三）国外实践本地化研究

在全球化的浪潮下，许多国家都在努力寻找高效的薪酬激励策略，以提高科研人员的工作热情和创新能力。而在这个过程中，某些国家的实践无疑取得了令人瞩目的成果。然而，将这些成功的经验简单地搬到我国，并不意味着能够发挥出同样的效果。每一个国家和地区都有其独特的文化、历史和社会背景，这些因素都会影响薪酬激励策略的实施效果。为了使国外的成功经验能够在我国发挥出应有的效果，必须进行本地化的调整。这不仅意味着在策略的设计和实施上做出一些修改，更重要的是，需要深入地了解国外经验背后的逻辑、原理和机制，并结合我国的实际情况，进行有针对性的调整和优化。

考虑到我国的文化传统和价值观，对于薪酬激励策略，可能更加注重团队合作和集体荣誉，而不仅仅是科研人员个人的物质利益。因此，在引入国外的经验时，需要对其进行本地化的调整，使其更加符合我国的文化和价值观念。同样，国内的经济结构、科研体制和人才培养机制也与许多国家存在显著的差异。这意味着，某些在国外取得成功的薪酬激励策略，在我国可能并不适用或者效果并不理想。因此，在引入这些策略时也需要结合我国的实际情况，进行必要的本地化调整。除了考虑文化、价值观念和实际情况，还需要注意到国外的实践方法并不是在所有情况下都适用。每一种薪酬激励策略都有其适用的范围和条件，超出这些范围和条件，策略的效果可能会大打折扣。因此，在引入国外的经验时，也需要对其进行本地化的调整，以确保策略的效果最大化。

（四）制度与文化的相互作用研究

制度和文化是两大影响薪酬激励实践和效果的因素，这两者之间的关系往往是复杂和动态的。在许多情况下，制度和文化相互作用。制度通常被视为“硬”因素，是外部环境对组织行为的制约。而文化则是“软”因素，它影响着组织内部的行为和决策。这两者都对薪酬激励制度产生深远的影响。不过，制度和文化并不是孤立存在的，它们之间的互动也会影响到薪酬激励的实践和效果。

制度提供了一个宏观的框架，指明了薪酬激励的方向和边界。文化则是在这个框架内，对薪酬激励实践的微观指引。两者之间相互促进。一个健全的制度环境往往可以培育出积极的组织文化，而一个良好的组织文化也会对制度的形成和完善做出积极的反馈。但必须明确的是，这两者之间的关系并不总是和谐的。在某些情况下，制度和文化之间可能存在冲突。例如，一个注重短期利益的制度环境可能会与注重长期发展和团队合作的组织文化产生冲突。这种冲突会对薪酬激励的实践和效果产生消极的影响。而且随着时代的变迁和环境的变化，制度和文化都会发生变化，这种变化会对薪酬激励的实践和效果产生深远的影响。因此，要深入研究制度和文化的互动关系，就必须把握这种动态性。为了更好地理解制度和文化的互动关系，也需要开展跨学科的研究。薪酬激励不仅是经济学和管理学的问题，也涉及社会学、心理学和人类学等多个学科。通过跨学科的研究，可以更加深入地探讨制度和文化的互动机制，为薪酬激励的实践提供更为科学和系统的指导。

三、深化定性与定量研究平衡

（一）定性与定量研究方法融合

在探索高校科研人员激励机制时，研究方法的选择成为关键。过去的研究或多或少存在着对某一方法过分依赖的情况，导致研究结果可能偏重某一方面，而忽略其他重要的维度。因此，结合定性与定量研究方法，是向前迈进的必要步骤。定性研究关注深度，它揭示了现象背后的意义和内涵，通过深入的访谈、观察和文档分析，获取关于激励机制的深入见解。定量研究则关注广度，它通过数据的收集和统计分析，提供了大量的事实和证据来支持研究结论。当这两种方法结合起来时，研究的结果将更为全面和有说服力。

当然，方法融合并不是简单地将两种方法的研究结果放在一起，而是在研究的每一个阶段都考虑如何最大化地利用这两种方法的优势。例如，在数据收集阶段可以先进行定性的访谈，了解科研人员的真实感受和看法，然后根据这些信息设计定量的问卷调查，从而获取更为全面的数据。在数据分析阶段也可以先进行定性的分析，提取出关键的主题和模式，然后使用定量的方法对这些调查结果进行验证和量化。这种融合的方法不仅可以提高研究的准确性，还可以增强研究的内部和外部效度。

（二）定量数据深挖

高校科研人员激励机制是一个复杂的系统，涉及多方面的因素和变量。在现有的研究中，尽管已经有大量的数据被收集和分析，但仍然存在大量的潜在信息尚未被充分发掘。因此，深入挖掘这些定量数据，使用更先进的统计和计量经济学方法，成为高校迫切的需求。利用先进的统计方法可以帮助研究者更准确地描述和解释数据中的模式和关系。例如，多变量回归分析可以帮助研究者确定多个自变量对因变量的综合影响，而时间序列分析可以帮助研究者探索数据随时间变化的趋势和周期性。这些方法可以更加精确地刻画高校科研人员的激励机制和效果。

计量经济学方法可以帮助研究者处理一些复杂的经济问题，如内生性、多重性和异质性等。例如，工具变量方法可以帮助研究者解决内生性问题，而固定效应模型则可以控制观测不到的异质性。这些方法不仅可以提高研究的准确性，还可以提高研究的可信度。但值得注意的是，这些先进的方法也带来了新的挑战。为了正确地使用和解释这些方法，研究者需要具备深厚的统计和计量经济学知识。而这可能意味着需要投入更多的时间和资源来进行培训和学习。虽然这些方法可以提高数据分析的精度和深度，但它们并不是万能的。在使用这些方法时，研究者需要注意其局限性，并结合实际情况进行选择和应用，而不是盲目地追求方法的先进性和复杂性。

（三）实证研究加强

高校科研人员激励机制的研究，不仅需要建立完善的理论模型，更重要的是对这些理论模型进行实证检验。实证研究的核心在于通过实际数据来验证理论模型和假设的有效性。这对于更深入地理解高校科研人员的激励机制、提出更有针对性的政策建议具有重要意义。加强实证研究，意味着需要收集更多、更详尽的数据，可以应用问卷调查、深度访谈、实验室实验等多种方法。而这些数据的收集往往需要大量的人力、物力和财力投入，以确保数据的质量和可靠性。

数据的质量和可靠性是实证研究的基石，只有高质量的数据才能得到有说服力的研究结果。为此，不仅要在数据收集阶段保证其真实性和完整性，还需要在数据处理阶段进行严格的校验，确保数据的一致性和准确性。在数据分析阶段，需要运用适当的统计方法来验证理论模型和假设是否准确。这包括描述性统计、推断性统计、回归分析等多种方法。

而这些方法的选择和应用，需要根据研究的目的和问题来确定。选择不当的方法，可能导致研究结果的偏差和误导。除了对已有的理论模型和假设进行验证，实证研究还可以为新的理论模型和假设提供方向。当实证研究结果与理论预期不符时，可能意味着理论模型和假设存在缺陷，需要进行修正或完善。这些修正和完善，可以为后续的理论研究提供新的方向和视角。

（四）案例研究与实证研究交叉验证

在高校科研人员激励机制的研究中，采用多种研究方法并进行交叉验证，是提高研究质量和可靠性的重要手段。案例研究和实证研究作为两种重要的研究方法，可以相互补充、相互验证，从而使研究结果更为准确和可信。案例研究，主要是通过深入剖析单一或少数几个典型案例，来探讨和解释某一问题或现象。这种方法的优势在于其深度和细致，可以深入问题的本质，提供丰富的细节和内在逻辑。但同时，由于案例的选取可能存在偏见且难以广泛推广，所以案例研究的结果可能存在局限性。实证研究则是基于大量的数据和样本，运用统计和计量经济学方法，对某一问题或现象进行验证。这种方法的优势在于其广度和普遍性，可以对问题进行广泛的探索和验证，结果更具有普遍性。同时，由于数据的质量和处理方法可能存在问题，实证研究的结果可能存在误差和偏差。

因此，将案例研究和实证研究相结合，是提高研究质量的重要策略。通过案例研究，可以深入探讨和解释问题，获取丰富的背景信息和内在逻辑；通过实证研究，可以对案例研究的结果进行验证和推广，确保其普遍性和可靠性。具体操作中，可以先进行案例研究，深入探讨问题，形成初步的理论和假设。然后，基于案例研究的结果，设计实证研究，对其进行验证和推广。最后，通过案例研究，深入剖析这一规律和趋势的背后原因和机制。

四、全面考虑激励机制的多样性

（一）非财务激励研究

在高校科研人员的激励机制中，多数人可能首先关注的是薪酬。然而，除了薪酬外，还有诸多非财务的因素能够有效地激励科研人员。这些非财务因素包括但不限于职业发展空间、工作满意度、工作环境、团队合作情况等。为了更全面地激励科研人员，未来的研究需要更加深入地探讨这些非财务激励的效果。为科研人员提供良好的职业发展机会和通道，不仅可以帮助科研人员实现自己的职业理想，还能够有效地激发科研人员的工作热情和积极性。因此，如何为科研人员创造良好的职业发展环境，成为一个值得深入研究的问题。

工作满意度也是非财务激励的一个重要方面，科研人员的工作满意度与科研人员的工作投入、工作效果、工作忠诚度等都有着密切的关系。提高科研人员的工作满意度，可以有效地提高科研人员的工作质量。因此，如何通过优化工作环境、改进管理方式、加强团队合作等手段，提高科研人员的工作满意度，也是一个值得关注的问题。同时，非财务激励与薪酬激励之间的互动也是一个值得研究的方向。在某些情况下，非财务激励可能与薪酬激励产生替代效应，而在其他情况下，它们可能产生互补效应。如何根据具体的工作环境和科研人员的个体差异，有效地结合非财务激励与薪酬激励，形成一个全面、综合的激励体系，是一个具有实际意义的研究问题。为了更好地探讨上述问题，可以进行深入的案例研究、实证研究等。深入的研究不仅可以为高校提供更为有效的激励策略建议，还可以为相关的理论研究提供有价值的实证证据。

（二）激励机制的综合效果

高校科研人员的工作热情和工作成果受到多种激励手段的共同影响。不同的激励手段可能会使科研人员的工作产生不同的效果，而当这些手段共同发挥作用时，它们可能产生预期外的综合效果。为了更好地理解和利用这些综合效果，需要深入研究多种激励手段如何共同作用。在多种激励手段中，财务激励和非财务激励是最为常见的两种。财务激励主要包括薪酬、奖金、股权激励等，非财务激励则包括职业发展、工作满意度、工作环境、团队合作等。这两种激励手段各自有其特点和优势，但当它们共同作用时，可能会产生出预期外的效果。

为了更好地利用这些手段，需要明确每种激励手段的目标和作用方式。不同的激励手段可能有不同的目标，例如，薪酬激励可能旨在提高科研人员的工作效率，而工作环境激励可能旨在提高科研人员的工作满意度。同时，不同的激励手段可能有不同的作用方式，例如，薪酬激励可能通过提供物质奖励来激励科研人员，而职业发展激励可能通过提供职业发展机会来激励科研人员。当多种激励手段共同作用时，它们可能会产生互补或替代的效果。互补效果是指多种激励手段共同作用，使得整体的激励效果大于各自的激励效果之和。替代效果是指一种激励手段的存在，削弱了其他激励手段的效果。为了更好地利用互补效果，需要对多种激励手段进行有效的组合。而为了避免替代效果，需要对多种激励手段进行有效的协调。除了互补和替代效果外，还可能产生其他的综合效果。为了更好地理解和利用这些效果，需要进行深入的实证研究和案例研究。通过这些研究，可以为高校提供更为有效的激励策略建议，并为相关的理论研究提供有价值的实证证据。

（三）员工个体差异

高校科研人员队伍中，每个人都带有独特的经历、知识背景、能力和兴趣。这种个体差异意味着在激励机制的设计和应用中，单一、固定的策略可能并不适用于所有科研人员。反之，一个更为细化和个性化的方法可能会产生更好的效果。考虑到员工的个体差异，在设计激励策略时应该从多个维度来考虑。例如，年轻的科研人员可能更加看重职业发展和学术交流的机会，而资深的科研人员可能更加看重对其长期贡献的认可和稳定的奖励制度。因此，对于不同年龄段、不同经验水平的科研人员，激励策略应有所区别。

同时，文化背景、性别、学科领域等因素也可能影响科研人员的激励需求和期望。例如，不同文化背景的科研人员可能对某些奖励或认可有不同的看法和感受。在设计激励策略时，需要深入了解这些因素，以确保策略的适用性和有效性。个性化的激励策略不仅可以增强激励的效果，还可以提高员工的满意度和忠诚度。当员工感到自己的需求和期望得到了重视和满足，科研人员更可能对工作产生积极的态度，从而更加努力地投入科研工作。此外，个性化的激励策略也可以帮助高校吸引和留住优秀的科研人员，提高整体的科研水平和竞争力。实施个性化的激励策略也面临着一些问题，例如，如何准确地识别每个员工的需求和期望、如何保证策略的公平性和透明性、如何有效地管理和执行这些策略等。为了应对这些问题，高校需要投入更多的资源，进行深入的研究和调查，以及定期的策略评估和调整。

（四）长期与短期激励平衡

高校科研工作的特性决定了激励策略需要在短期与长期之间找到一个恰当的平衡。为了推动科研人员日常的工作积极性，短期的激励策略显得尤为重要。然而，为了鼓励科研人员进行深入研究，致力科研的长期目标，长期激励同样不可或缺。短期激励主要针对的是近期的目标和任务，如完成某个研究项目、发表论文或者参与学术会议等。这些激励通常具有明确的时间节点和清晰的评价标准，能够迅速地给予科研人员反馈和奖励。适当的短期激励可以激发科研人员的工作热情，鼓励科研人员在短时间内取得更多的成果。

可是，过分依赖短期激励可能会导致科研人员对即时的回报过于看重，而忽视长期的研究目标。例如，为了迅速发表论文，科研人员可能会选择热门但相对浅显的研究课题，而放弃深入挖掘。相对于短期激励，长期激励更注重于科研人员的持续发展和长远目标。例如，为了鼓励科研人员深入研究，高校可以提供更多的学术交流机会、资金支持或者职业发展路径。长期激励旨在培养科研人员的研究兴趣和动力，鼓励科研人员为科研事业做出更大的贡献。

五、未来趋势与变化的研究

（一）预测与适应

高校科研人员在学术界所处的地位，与其研究成果和专业知识紧密相关。为此，对于科研人员的薪酬激励，必须不断地进行调整和优化，以适应学术界和社会经济环境的快速变化，这是保持激励机制有效性和持续性的关键。预测未来的薪酬激励趋势，需要深入了解当前的学术环境、技术发展和社会需求。例如，随着技术的进步和研究领域的不断扩大，跨学科研究可能会成为未来的主流。因此，如何设置跨学科研究的薪酬激励，如何鼓励科研人员跳出自己的专业领域与其他领域的研究者进行合作，是未来需要重点思考的问题。

随着社会对可持续发展、环境保护和公共卫生等问题的关注度逐渐增加，与这些问题相关的研究可能会得到更多的支持和资金。因此，如何针对这些领域设置合适的薪酬激励机制，以鼓励科研人员进行相关研究，也是一个值得探讨的话题。预测未来的变化，不仅需要对学术界的趋势有所了解，还需要关注国际形势的发展和全球化的影响。例如，随着国际合作的加强，很多科研项目可能需要跨国合作完成。这就需要考虑如何为参与国际合作的科研人员提供合适的薪酬激励以及如何确保激励机制在不同国家和文化背景下都能发挥作用。为了适应预测出的未来变化，高校需要对现有的薪酬激励机制进行持续的评估和调整。这包括定期收集反馈，了解科研人员对当前激励机制的满意度以及对未来变化的期望和需求。通过这些信息，高校可以对激励机制进行优化，确保它们始终与科研人员的需求和期望保持一致。

（二）科技与激励

新技术的发展对许多领域都产生了深远的影响，包括薪酬激励的领域。随着新技术的应用，高校科研人员工作的方式、内容以及交流与合作的形式都发生了变化。因此，需要深入探讨新技术如何推动薪酬激励的实践，以保证激励机制的实时性和针对性。在新技术的推动下，数据分析、人工智能等领域的应用在科研中日益增多。这些技术为科研人员提供了前所未有的研究工具和方法，使得研究更加深入、广泛。对于高校管理者而言，需要认识到这些变化，并重新设计薪酬激励机制，以适应科研的新趋势。例如，如何为利用新技术进行研究的科研人员提供更有吸引力的薪酬激励，以促使科研人员更加投入科研工作。

与此同时，随着远程工作和在线合作技术的发展，科研人员越来越多地与全球各地的同行进行合作。这种跨地域的合作模式对于薪酬激励也提出了新的挑战。例如，如何确保在不同的文化和经济背景下，薪酬激励机制都能起到积极的作用等问题，需要高校进行深入的研究和探讨。新技术的发展也为薪酬激励提供了更多的可能性，例如，利用大数据分析，可以更精确地评估每位科研人员的贡献，从而提供更为合理的薪酬。同时，利用区块链技术，可以确保薪酬激励的透明性和公正性，从而提高科研人员的满意度和信任度。在这里，新技术的引入也可能带来一些挑战。例如，如何确保在利用新技术进行薪酬评估时，不会侵犯到科研人员的隐私，如何避免新技术的过度使用，导致薪酬激励过于机械化，失去了人性化的考虑，这些问题都需要高校进行深入的研究和探讨。

（三）政策与法规研究

政策和法规作为社会行为的导向和规范，在高校科研人员的薪酬激励策略的设计与实施中占有举足轻重的地位。随着社会、经济和科技的不断进步，这些政策和法规也会随之变化。为了更好地激励科研人员，需要深入研究这些变化对薪酬激励策略的影响，并及时调整策略以适应这些变化。在过去的几十年中，高校科研工作的地位逐渐上升，政府和社会对其投入的资源也日益增多。与此同时，国家出台了一系列政策，鼓励科研创新和转化应用，为科研人员提供了更多的机会，但也对其工作内容和方式提出了新的要求。因此，高校需要根据这些政策的导向，设计更为合理和有效的薪酬激励策略，以激发科研人员的创新激情。

政策并不是唯一影响薪酬激励策略的因素，法规（特别是与劳动和薪酬相关的法规）也会对策略产生影响。例如，与工作时长、休假、福利和安全相关的法规，都会对薪酬激励策略产生直接或间接的影响。高校需要密切关注这些法规的变化，确保薪酬激励策略的合法性和公正性。除了国家层面的政策和法规，地方政府和高校自身也会出台一系列与薪酬激励相关的规定。这些规定往往更为具体和有针对性，反映了地方和高校的特殊需求和考虑。因此，高校还需要关注这些规定的变化，确保薪酬激励策略的实施更为顺畅和高效。而面对这些变化，高校需要建立一个灵活的薪酬激励策略体系。这个体系应当能够根据外部环境的变化及时进行调整，以保证策略的实时性和有效性。其间，高校还需要建立一个与政策和法规相关的信息收集和分析系统，确保策略设计的合理性和前瞻性。

（四）定期更新与改进

在当前日新月异的科研环境中，为了确保研究成果的持续相关性和适用性，定期的更新和改进已经成了不可或缺的一环。科研，作为知识和技术的源泉，其内涵和外延都在不断扩展。如何确保研究成果保持其创新性和前沿性，对高校科研人员的薪酬激励策略提出了新的挑战。科研工作不同于其他类型的工作，其成果往往需要经过长时间的积累和沉淀才能得以体现。随着科技的进步和研究领域的变化，过去的研究成果可能会失去其原有的价值和意义。因此，定期的更新和改进就显得尤为重要。

针对如何进行有效的更新和改进，需要建立一个全面的研究成果评估体系。这个体系不仅要考虑研究成果的数量，还要考虑其质量、创新性和实用性。只有这样，才能确保研究成果真正体现出其价值，为社会和经济的发展做出贡献。为了确保这个评估体系的公正性和客观性，还需要建立一个独立的评估机构，这个机构应当定期对研究成果进行评估，提出改进意见和建议。此外，这个机构还可以与其他高校和研究机构进行交流和合作，分享研究成果评估的经验和方法，从而确保评估工作的高效性和权威性。不过，更新和改进不仅是研究成果的问题，还涉及研究方法和技术的选择。随着科技的进步，很多过去的研究方法和技术已经不能满足当前的研究需求。因此，需要对这些方法和技术进行更新和改进，确保其与时俱进。

参考文献

[1] 闫淑敏，张煜良，夏青 . 高校科研人员薪酬体系与科研热情研究 [M]. 上海：同济大学出版社，2020.

[2] 李兆富 . 薪规则：开启薪酬管理的 4.0 时代 [M]. 北京：中国铁道出版社，2016.

[3] 冉斌，范海东，唐晓斌 . 宽带薪酬设计 [M]. 广州：广东经济出版社，2005.

[4] 阿特巴赫，瑞丝伯格，优德科维奇，等 . 高校教师的薪酬：基于收入与合同的全球比较 [M]. 徐卉，王琪，译 . 上海：上海交通大学出版社，2014.

[5] 叶云霞 . 高校人力资源管理发展研究与实践 [M]. 北京：企业管理出版社，2020.

[6] 陈妙娜，吴婷，陈景阳 . 民办高校人力资源管理发展与创新 [M]. 长春：吉林出版集团股份有限公司，2018.

[7] 别荣海 . 财务绩效视角下高校管理制度创新研究 [M]. 北京：中国社会科学出版社，2012.

[8] 李强 . 高校财务管理与发展新探 [M]. 成都：电子科学技术大学出版社，2021.

[9] 杨汉荣 . 高校财务管理改革与创新研究 [M]. 北京：北京工业大学出版社，2021.

[10] 吕素昌，孙永杰，徐娜娜 . 高校财务管理绩效评价研究 [M]. 北京：北京工业大学出版社，2020.

[11] 尚芳 . 内蒙古本科院校教师科研绩效影响因素实证研究 [D]. 呼和浩特：内蒙古工业大学，2021.

[12] 张增 . 基于灰色系统理论的高校科研绩效动态评估研究 [D]. 天津：天津大学，2021.

[13] 徐耀仙 . 天津市高校科研人员薪酬激励研究 [D]. 天津：天津大学，2019.
[14] 刘交交 . 高校科研团队治理研究 [D]. 广州：广东外语外贸大学，2017.
[15] 李魁 . 薪酬激励制度对大学教师科研产出的影响研究 [D]. 石河子：石河子大学，2017.
[16] 刘春艳 . 产学研协同创新团队内部知识转移影响机理研究 [D]. 长春：吉林大学，2016.
[17] 虞华君 . 基于群体特征的高校教师激励因素及其绩效影响研究 [D]. 上海：华东师范大学，2016.
[18] 张菲菲 . 基于创新型国家建设的高校科研人员激励体系研究 [D]. 秦皇岛：燕山大学，2012.
[19] 李超 . 陕西省高校人力资源激励体系研究：以西安 ×× 大学为例 [D]. 西安：西安科技大学，2010.
[20] 关云飞 . 高校教师人力资源管理模式创新研究 [D]. 长沙：中南大学，2009.
[21] 张乐 . 新时期下高校薪酬激励机制优化路径探讨 [J]. 商讯，2022（2）：175–178.
[22] 李庆珍，贾娜琳捷 . 高校人力资源管理中的激励机制：以薪酬激励为例 [J]. 人才资源开发，2021（4）：31–33.
[23] 贺菲，周波 . 广西高校高层次人才薪酬激励机制初探 [J]. 经济师，2019（12）：12–14.
[24] 刘鹤 . 江西省民办高校教师薪酬激励机制研究 [J]. 现代经济信息，2018（16）：98.
[25] 罗永健 . 高校青年教师薪酬激励机制浅析 [J]. 知识经济，2018（16）：122.
[26] 李文奇 . 基于期望激励理论的高校编制外聘用人员薪酬激励机制研究 [J]. 经济研究导刊，2018（18）：118–120.
[27] 向光慧 . 基于双因素理论的高校教师薪酬激励机制探析 [J]. 价值工程，2018，37（9）：73–75.
[28] 韩善仓 . 高校教师薪酬激励机制的现实困境 [J]. 开封教育学院学报，2017，37（11）：68–69.

[29] 郑丹 . 高校管理人员薪酬激励机制存在的问题与对策 [J]. 扬州大学学报：高教研究版，2017，21（4）：37–39.

[30] 邱学晶 . 高校薪酬激励机制的现实困境与完善策略探讨 [J]. 才智，2017（19）：84–85.

[31] 王丽 . 我国高校教师薪酬激励机制研究：基于双因素理论视角 [J]. 太原城市职业技术学院学报，2017（5）：47–49.

[32] 吕杰 . 完善我国高校教师薪酬激励机制的对策研究 [J]. 中国乡镇企业会计，2016（2）：132–133.

[33] 刘艳，王翠琳，孟琳，等 . 对高校人才聘用与薪酬激励机制的思考 [J]. 亚太教育，2015（25）：212–213.

[34] 肖立群 . 完善高校教师薪酬激励机制的现时思考 [J]. 当代经济，2015（16）：112–113.

[35] 刘俊仙，李平叶 . 完善高校教师薪酬激励机制：以山西省为例 [J]. 经营与管理，2014（3）：149–151.

[36] 吕一楠 . 基于内涵式发展的高校薪酬激励机制创新 [J]. 中国职工教育，2013（14）：130–131.

[37] 姜莉莉，沈满，沈晓敏 . 基于岗位价值的高校教师团队薪酬激励机制研究 [J]. 吉林广播电视大学学报，2012（6）：41–42.

[38] 陈莉 . 信息不对称条件下高校教师薪酬激励机制的设计 [J]. 商业经济，2011（19）：79–81.

[39] 马香媛，黄鹤 . 高校教师薪酬激励机制研究：以浙江高校为例 [J]. 杭州电子科技大学学报（社会科学版），2011，7（3）：18–22.

[40] 黄梨锦 . 高校教师薪酬激励机制的问题及对策分析 [J]. 学习月刊，2010（18）：79–80.

[41] 戴雯 . 基于人力资本理论的高校教师薪酬激励机制研究 [J]. 长春工业大学学报（高教研究版），2009，30（1）：15–18.

[42] 杨叶坤 . 应用型本科高校教师专业化发展与薪酬激励机制研究 [J]. 湖北经济学院学报（人文社会科学版），2008，5（8）：67–69.

[43] 严龙，李雪平 . 我国高校教师薪酬激励机制存在的问题及完善措施 [J]. 成都中医药大学学报（教育科学版），2008（1）：8–9.

[44] 曾长虹，刘萌芽．基于多任务代理理论的高校薪酬激励机制探讨 [J]. 南华大学学报（社会科学版），2007（6）：32–34，39.

[45] 刘敏，杜治平．构建新型的高校教师薪酬激励机制 [J]. 管理观察，2007（4）：86–87.

[46] 许志国．高校教师薪酬激励机制研究 [J]. 边疆经济与文化，2007（9）：158–160.

[47] 郭明维，刘德雄．西部高校高层次人才薪酬激励机制初探 [J]. 甘肃省经济管理干部学院学报，2007（2）：48–50.

[48] 徐锋．高校教师薪酬激励机制存在的问题与对策研究 [J]. 教育与职业，2007（11）：39–41.

[49] 王玉峰，姚允柱．高层次人才引进与薪酬激励机制构建：以某高校为例 [J]. 中国人力资源开发，2006（9）：96–99.

[50] 王萍，张宽裕．高校教师薪酬激励机制建构的理论基础 [J]. 扬州大学学报（高教研究版），2006（2）：84–86.

[51] 张现红．柔性管理模式视域下高校青年科研辅助人员薪酬激励状况研究：以江苏省南京、苏州等八地市高校为例 [J]. 投资与创业，2021，32（18）：172–174.

[52] 刘辉．激励性薪酬，高校人力资源管理法宝 [J]. 人力资源，2021（18）：66–67.

[53] 赵娜．地方综合性大学薪酬激励机制优化路径分析 [J]. 中国人事科学，2021（8）：31–37.

[54] 吴欣阳．应用型地方高校教师绩效工资激励机制优化路径研究 [J]. 黑龙江教师发展学院学报，2020，39（12）：36–38.

[55] 朱雁．高职院校教师薪酬激励机制存在的问题与对策研究 [J]. 兰州教育学院学报，2019，35（4）：91–92，95.

[56] 童石荣．双因素视角下地方应用型高校一线教师激励机制创新性探讨 [J]. 中外企业家，2019（7）：177–178.

[57] 吴秀林，封伟．高校教师薪酬激励效应的内在机理与提升对策研究 [J]. 绿色财会，2016（3）：52–56.

[58] 廖芳兰 . 独立学院薪酬激励机制现状及对策研究：以贵州师范大学求是学院为例 [J]. 新西部（理论版），2014（3）：28，30.

[59] 薛驰宇 . 企业员工报酬激励机制研究：浅论民办职业技术学院薪酬激励机制改革 [J]. 企业家天地（理论版），2011（7）：39–40.

[60] 应永胜，陈旭晖 . 美国高校激励机制在我国高校薪酬管理中的运用 [J]. 福建财会管理干部学院学报，2007（1）：25–27.

[61] 韦曼妮 . 广西高职院校高层次人才薪酬体系优化研究 [J]. 合作经济与科技，2023（24）：118–122.

[62] 孙成行，何苗 . 从薪酬设计角度论独立学院辅导员激励机制：以 JC 学院为例 [J]. 价值工程，2016，35（2）：4–6.

[63] 肖欢 . 基于公平偏好视角的高校教师薪酬激励分析 [J]. 现代经济信息，2015（22）：77.

[64] 沈小娟，孙明君，卢莎，等 . 高校教授团队薪酬激励的博弈分析 [J]. 浙江外国语学院学报，2014（5）：76–79.

[65] 许丽平，李冰，杜伟 . 基于“全面薪酬”理论的高校教师薪酬激励研究 [J]. 中国集体经济，2014（10）：112–113.

[66] 韩宏，王晓真，李涛 . 高校创新型人才薪酬激励政策研究：以济南地区三所高校为例 [J]. 济南大学学报（社会科学版），2013，23（1）：81–85.

[67] 张宝玲，李勇 . 高校教师薪酬激励博弈分析：基于委托 – 代理理论 [J]. 国家教育行政学院学报，2012（3）：20–24.

[68] 高明，王平安 . 高职院校教师薪酬激励制度研究与构建 [J]. 黑龙江高教研究，2010（9）：57–59.

[69] 郭冰阳，宋迎清 . 基于激励理论的地方院校教师薪酬体系探析 [J]. 中国经贸导刊，2010（2）：104.

[70] 孙继军，张瑛 . 西部地区地方高校教师薪酬激励制度的设立原则与模式 [J]. 陕西教育（高教版），2007（7）：99–100.

[71] 鲍润辽 . 普通高校青年教师薪酬激励问题研究 [J]. 延安大学学报（社会科学版），2020，42（5）：76–82.

[72] 刘可祎 . 基于人力资本理论的高校教师激励机制探讨 [J]. 艺术科技，2019，32（9）：63.

[73] 胡耀宗，张莹 . 我国高校教师薪酬研究的主题及其演进：基于 CSSCI 文献的可视化分析 [J]. 江苏高教，2019（2）：61–67.

[74] 黄海波 . 高校教师绩效考核激励机制的完善 [J]. 高教论坛，2017（6）：92–95.

[75] 何赛男 . 安徽省民办高校教师激励机制存在的主要问题及对策 [J]. 法制博览，2017（14）：284–285.

[76] 梁迎娣，颜玄洲 . 激励理论及其对提高我国高校教师薪酬满意度的启示 [J]. 商，2016（18）：32，22.

[77] 李燕萍，沈夏珏 . 高校薪酬体系构建：国内实践和国外经验 [J]. 中国高等教育，2016（7）：14–17.

[78] 周利芬 . 基于核心能力提升的民办高校教师薪酬机制研究：以广东 BY 学院为例 [J]. 经营与管理，2014（11）：147–151.

[79] 徐晓君 . 从国外高校教师薪酬情况看我国高校教师薪酬的改革 [J]. 市场论坛，2014（2）：52–54.

[80] 杨栋 . 实施绩效工资后高校教师薪酬激励制度的研究 [J]. 人力资源管理，2013（5）：58–59.

[81] 佟博 . 探究民办高校绿色薪酬激励机制的改革路径 [J]. 商讯，2023（8）：144–147.

[82] 张广杰 . 薪酬激励机制在企业人力资源管理中的应用 [J]. 全国流通经济，2022（12）：110–112.

[83] 刘韵 . 从绩效考核角度谈事业单位薪酬激励机制的设计方法 [J]. 中国产经，2021（3）：75–76.

[84] 李霁 . 开发区管委会薪酬激励机制研究分析 [J]. 行政事业资产与财务，2020（18）：43–44.

[85] 朱文俊 .S 企业核心技术人才薪酬激励机制设计研究 [J]. 商场现代化，2020（6）：65–67.

[86] 刘锦华 . 企业人力资源薪酬管理中如何构建薪酬激励机制 [J]. 中小企业管理与科技（下旬刊），2019（3）：144–145.

[87] 史周宁 . 科学合理的薪酬激励机制建立浅谈 [J]. 知识经济，2016（8）：96.

[88] 唐凤丽 . 以激励为导向的高校薪酬制度探析 [J]. 经济师，2011（12）：115，117.

[89] 邹舸 . 论高校薪酬新体制下长期激励机制的建立 [J]. 事业财会，2008（1）：42–43.

[90] 赵森，江历明 . 构建激励机制下的高校薪酬新设计 [J]. 人才资源开发，2007（12）：29–30.